计算机应用基础
模块化教程

李继平　主编

中山大学出版社
SUN YAT-SEN UNIVERSITY PRESS
·广州·

图书在版编目（CIP）数据

计算机应用基础模块化教程 / 李继平主编 . —广州：中山大学出版社，2024.12

ISBN 978-7-306-08080-6

Ⅰ. ①计… Ⅱ. ①李… Ⅲ. ①电子计算机—教材 Ⅳ. ①TP3

中国国家版本馆CIP数据核字（2024）第078158号

JISUANJI YINGYONG JICHU MOKUAIHUA JIAOCHENG

出 版 人：王天琪
策划编辑：吕肖剑
责任编辑：邱紫妍
封面设计：曾　斌
责任校对：王百臻　袁双艳
责任技编：靳晓虹
出版发行：中山大学出版社
电　　话：编辑部　020-84110283，84111996，84111997，84113349
　　　　　　发行部　020-84111998，84111981，84111160
地　　址：广州市新港西路135号
邮　　编：510275　　　　　　　**传　真**：020-84036565
网　　址：http：//www.zsup.com.cn　**E-mail**：zdcbs@mail.sysu.edu.cn
印 刷 者：广州一龙印刷有限公司
规　　格：787mm×1092mm　1/16　　20.625印张　　553.4千字
版次印次：2024年12月第1版　2024年12月第1次印刷
定　　价：48.00元

前 言

本书以习近平新时代中国特色社会主义思想为指导，贯彻落实国家教材委员会印发的《习近平新时代中国特色社会主义思想进课程教材指南》精神，笃定"培养什么人、怎样培养人、为谁培养人"是教育的根本问题，坚持分类发展，根据高等教育普及化阶段多样化人才需求，完善教材分类建设、分类使用，克服教材结构与内容同质化倾向，创新教材呈现方式，加快以数字教材为引领的新形态教材建设，争取实现教材特色和高质量发展。

本书从高校成人教育（简称"成教"）学生学习状态的实际情况出发，针对成人教育学生很少有固定、持续的时间来系统学习的特点，以实用、易用、好用、够用为指导思想，选择其在工作中常用的计算机知识为编写内容，力求做到精简、好学、易学。本书以Windows 10、Office 2010等为基本平台，采用少文字、多图片的方式进行编写，让读者通过直观的图片能够较快速地理解、掌握相关内容。

本书分为9章：第一章为计算机基础知识，由李继平编写；第二章为Windows操作系统，由简雄编写；第三章为文字处理软件Word，由李继平编写；第四章为电子表格软件Excel，由詹何庆编写；第五章为文稿演示软件PowerPoint，由李继平编写；第六章为计算机网络基础，由李继平编写；第七章为信息安全，由王朋、张泉海编写；第八章为计算机一般维护，由余桐编写；第九章为微信应用，由詹何庆编写。全书由李继平统稿。

本书在常规的大学计算机基础知识教学的基础上，结合成教学生的学习特点，对各知识点进行精简、提炼，以较快掌握相关知识。本书可以作为各类高等学校成人教育非计算机专业的大学计算机基础课程教学用书，也可作为读者参加全国计算机等级考试（National Computer Rank Examination，简称NCRE）一级、二级相关科目的参考用书，以及各类计算机初学人员的学习用书。

参加本书的编写、审稿、核对工作的还有靳德军、张乾、焦慧华、莫壮坚、刘晓灵等，以及为编写本书提供大力支持的林加论，在此一并致谢！

由于编者水平有限，编写时间较紧，知识涉及面及更新速度较快，书中难免有不妥、疏漏之处，敬请专家、广大读者批评指正。

目 录

第一章 计算机基础知识

1.1 计算机概述

自从1946年2月由美国军方定制的世界上第一台电子计算机"电子数字积分计算机"（Electronic Numerical Integrator and Calculator，ENIAC）在美国宾夕法尼亚大学诞生以来，计算机就成了20世纪最先进的科学技术发明之一，其对人类的各种活动产生了极其重要而深远的影响，并以强大的生命力飞速发展。如今，它的应用范围已从最初的军事科研应用扩展到社会的各个领域，带动了全球范围的技术进步，由此引发了深刻的社会变革，成为信息社会中必不可少的工具，其凭借着互联互通的特性构成了一个"虚拟世界"。

计算机的应用在中国越来越普遍，其用户的数量不断攀升。我国网民由1997年的62万激增至2023年12月的10.92亿人，特别是2023年移动互联网接入流量达3015亿GB、移动互联网用户达15.17亿户。截至2023年12月，我国网络购物用户规模达9.15亿人，占网民整体的83.8%。在21世纪，如果不能较熟练地操作计算机，将无法适应社会发展和个人生活的需要。因此，掌握计算机的基础知识和基本操作，是信息社会的基本要求。

1.1.1 计算机的概念

计算机（Computer），全称电子式数字计算机，俗称电脑，是一种能够存储程序、自动连续地执行程序、对各种数字化信息进行快速算术运算或逻辑运算的工具。它是既可以进行数值计算，又可以进行逻辑计算，并具有存储记忆功能的现代化智能电子设备。现在我们所使用的计算机大多数都属于电子式数字计算机。

计算机已经成为现代社会必不可少的工作、生活工具。下面为我们常见的几种类型的计算机的图示：图1.1.1是一台普通的台式计算机及其外设，图1.1.2是一款可随身携带的超薄笔记本电脑，图1.1.3是一款平板电脑。

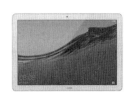

图1.1.1　台式计算机及其外设　　　　图1.1.2　笔记本电脑　　　　图1.1.3　平板电脑

1

1.1.2 计算机的发展

1.1.2.1 计算机设计思想的诞生

随着人类社会的不断发展，计算工具也经历了由简单到复杂、从低级到高级的发展过程，例如从"结绳记事"中的绳结到算筹、算盘、机械计算机等。它们在不同的历史时期发挥了各自的作用，同时也促进了电子计算机的研制思想的诞生。

第一台计算机ENIAC（图1.1.4）研制成功后，美籍匈牙利裔数学家、计算机科学家、物理学家约翰·冯·诺依曼等在共同讨论的基础上起草电子离散变量自动计算机（Electronic Discrete Variable Automatic Computer, EDVAC）设计报告初稿，这对后来计算机的设计有决定性的影响。他发表的《电子计算机装置逻辑结构初探》论文，提出了现代计算机的模型，奠定了当代数字计算机体系结构的思想基础。冯·诺依曼提出的计算机基本设计思想主要表现在以下三个方面：

图1.1.4　第一台计算机ENIAC

（1）计算机采用二进制表示数据和指令。

（2）存储程序的工作方式。

（3）计算机的硬件组成及其各部件的功能。

计算机的基本工作原理是由冯·诺依曼提出的，因此，鉴于冯·诺依曼在发明电子计算机中所起到的关键性作用，他被西方人誉为"计算机之父"。

1.1.2.2 计算机以器件划分的四个发展阶段

根据电子计算机所采用的物理器件的不同，通常将计算机的发展分为四个阶段，如表1.1.1所示。

表 1.1.1　计算机发展的四个阶段

阶段	年份	物理器件	软件特征	应用范围
第一代	1946—1957年	电子管	机器语言、汇编语言	科学计算
第二代	1958—1964年	晶体管	高级语言	科学计算、数据处理、工业控制
第三代	1965—1970年	小规模集成电路	操作系统	科学计算、数据处理、工业控制、文字处理、图形处理
第四代	1971年迄今	大规模集成电路	数据库、网络等	各个领域

随着集成电路规模越来越大，其功能及应用范畴越来越深入我们生活和工作的方方面面，直接影响我们的生活和工作方式，由此可见，计算机已经成为人们不可或缺的工具。

1.1.2.3　计算机技术发展的趋势

随着科技的进步，各种计算机技术、网络技术飞速发展，计算机的发展已经进入了一个快速而又崭新的时代，主要体现在以下几个方面。

1. 巨型化

为适应尖端科学的需要，特别是在军事和科研教育方面，对计算机的存储空间和运行速度等要求会越来越高，因此必须大力发展高速度、大存储容量和强功能的超大型计算机（也称"超级计算机"）。超级计算机成为一个国家科技实力的体现。

2. 微型化

随着微型处理器（CPU）功能增强、功耗减低，计算机体积逐渐缩小，成本也逐步降低，更由于软件行业的飞速发展，其性能大大提高了。因此，未来计算机仍会不断趋于微型化，体积将越来越小。

3. 开放化

不同制造商所制造的不同计算机的软件、硬件可以相互兼容，可以运行公共应用软件，并具有良好的操作性。

4. 多媒体化

传统的计算机处理的信息主要是字符和数字，而现在人们已经把图形、图像、音频、视频、文字等多媒体信息集成为一体。因此，多媒体技术使信息处理的对象和内容更加接近真实世界。

5. 人工智能（Artifical Intelligence，AI）化

计算机人工智能化是未来发展的必然趋势。现代计算机具有强大的功能和运行速度，但与人脑相比，其智能化和逻辑能力仍有待提高。因此，要求计算机具有人工智能，能够实现自动进行图像识别、语音识别、研究学习、推理判断、启发和理解人的思维等功能。

6. 网络化

互联网将世界各地的计算机连接在一起，从此人类进入了互联网时代。人们通过互联网进行沟通交流、教育资源共享、信息查阅共享等，特别是无线网络的出现，极大地提高了人们使用网络的便捷性，未来计算机将会进一步向网络化方向深入发展。

1.1.2.4　计算机的未来

1. 分子计算机

分子计算机的体积小、耗电少、运算快、存储量大。由生物分子组成的计算机能在生化环境下，甚至在生物有机体中运行，并能以其他分子形式与外部环境进行交换，因此它将在医疗诊治、遗传追踪和仿生工程中发挥无法替代的作用。由于分子芯片的原材料是蛋白质，因此分子计算机既有自我修复的功能，又可直接与分子活体相连。

2. 量子计算机

量子计算机是一种通过量子力学规律以实现数学和逻辑运算、处理和储存信息能力的

系统，以处于量子状态的原子作为中央处理器和内存，其运算速度比现在常用的计算机要快上亿倍，量子纠缠的特点使其信息传送的安全性大大提高。2017年5月3日，中国科学院潘建伟团队构建的光量子计算机实验样机的计算能力已超越早期计算机。此外，中国科研团队完成了10个超导量子比特的操纵，成功打破了目前世界上最大位数的超导量子比特的纠缠和完整的测量的记录。

3．光子计算机

光子计算机是一种由光信号进行数字运算、逻辑操作、信息存储和处理的新型计算机。光子计算机的运行速度可高达每秒1万亿次，其存储量是现代计算机的几万倍，还可以对语言、图形和手势进行识别与合成。随着现代光学与计算机技术、微电子技术相结合，在不久的将来，光子计算机将成为人类普遍使用的工具。

4．纳米计算机

纳米计算机是用纳米技术研发的新型高性能计算机。应用纳米技术研制的计算机内存芯片，其体积相当于人的头发丝直径的千分之一。纳米计算机能耗极低，而性能要比今天的计算机强大得多。

1.1.3　计算机的分类

1.1.3.1　超级计算机（Super Computers）

超级计算机通常是指由数百上千甚至更多的处理器（机）组成的、能计算普通个人计算机（Personal Computer，PC）和服务器不能完成的大型复杂课题的计算机。超级计算机是计算机中功能最强、运算速度最快、存储容量最大的一类计算机，是一个国家科技发展水平和综合国力的重要标志。中国"神威·太湖之光"（图1.1.5）和"天河二号"（图1.1.6）在2017年全球超级计算机500强榜单上第三次携手夺得前两名。

图1.1.5　"神威·太湖之光"

图1.1.6　"天河二号"

1.1.3.2　网络计算机

1．服务器

服务器专指某些高性能计算机，能通过网络，为客户端计算机提供各种高性能的服务，如图1.1.7所示。服务器主要有网络服务器（域名系统、动态主机配置协议）、终端服务器、磁盘服务器等。

2．工作站

工作站是一种以个人计算机和分布式网络计算为基础，主要面向专业应用领域的计算机，其最突出的特点是具有很强的图形交换能力，如图1.1.8所示。现在的工作站大多为无软盘、无硬盘、无光驱联入局域网的无盘工作站，因其具有能节省费用、系统安全性高、易管理和易维护等优点而被广泛应用。

3．网络连接与交换设备

被大量使用的有交换机（Switch）和路由器（Router），它们为网络的通畅、快速、安全运行提供有力保障。

图1.1.7　服务器

图1.1.8　工作站

1.1.3.3　个人计算机

1．台式机（Desktop）

台式机又称个人计算机，简称PC机，是一种相对独立的面向个人或家庭的计算机，如图1.1.9所示。由于它的功能越来越强，体积越来越小，价格越来越便宜，因此得以飞速发展。特别是在计算机网络大幅度提速以后，其在信息产业中已占主导地位。

2．电脑一体机

电脑一体机是一台由主机和显示器集成在一起外加键盘和鼠标组成的电脑，如图1.1.10所示。随着无线技术的发展，电脑一体机的键盘、鼠标与显示器集成体可实现无线连接，整个机器只需一根电源线，这就解决了一直为人诟病的台式机线缆多而杂的问题。

图1.1.9　台式机

图1.1.10　电脑一体机

3．笔记本电脑（Notebook）

笔记本电脑是一种小型、轻便、可携带的个人电脑，它除了键盘外，还提供了触控板

（Touchpad）或触控点（Pointing Stick），可以很好地定位和输入。笔记本电脑因具有移动性强、电池续航时间长等特点，特别适合出差、旅游等外出活动。

1.1.4 计算机的应用

1.1.4.1 科学计算

计算机因具有运算速度快和精确度高的特点，科学计算是其最合适的应用领域。在现代科学技术工作中，科学计算的任务是在超量和超复杂的情况下，充分利用计算机的高运算速度、大存储容量和自动连续运算的能力，解决各种人工难以完成的科学计算问题。例如，财务管理、桥梁道路等工程设计、地震海啸预测、气象预报等都需要由计算机承担庞大而复杂的计算任务。

1.1.4.2 信息管理

信息管理是以数据库管理系统为基础，辅助管理者精准掌握、分析信息，从而提高决策水平，改善运营策略的计算机技术。信息系统化成为计算机应用的主导和发展方向。信息管理已被广泛应用于办公自动化OA（Office Automation）、情报检索、动画设计、会计电算化等各行各业。

1.1.4.3 计算机控制

计算机控制又称为过程控制或实时控制，它是通过计算机实时多点采集检测数据，按优选法得到最优值，并迅速对控制对象进行自动控制的技术。采用计算机进行过程控制，不仅可以大大提高控制的自动化水平，而且可以提高控制的时效性和准确性，从而改善工作环境、提高工作效率。计算机控制已在工业、农业等部门得到广泛的应用，汽车、飞机、轮船、舰艇等交通工具的自动驾驶技术更是目前各国在计算机控制方面激烈竞争的领域。

1.1.4.4 计算机辅助系统

计算机辅助系统主要包括计算机辅助设计、计算机辅助制造、计算机辅助教学等。

计算机辅助设计（Computer Aided Design，CAD）：是指使用计算机应用软件辅助设计人员进行工程或产品设计，以实现最优设计效果的一种技术。目前，CAD技术已被广泛应用于飞机、船舶、建筑、机械、大规模集成电路等设计领域。采用CAD，能极大地提高设计人员的设计效率。

计算机辅助制造（Computer Aided Manufacturing，CAM）：是指利用计算机系统进行产品制造的过程，可以提高产品质量、降低成本、缩短生产周期。将CAD和CAM技术集成，可以实现设计产品生产的自动化，如果再加上其他相关的辅助技术，可形成自动化生产线甚至是"无人工厂"。

计算机辅助教学（Computer Aided Instruction，CAI）：是指利用计算机系统进行课堂教学。教学课件可以用PPT或Flash等软件制作，使教学形式多样化、形象化、时代化。CAI不仅能减轻教师的负担，还能使教学内容生动、形象逼真，与互联网相结合更能实时、动态演示实验原理或操作过程，从而激发学生的学习兴趣，提高教学质量。

1.1.4.5 人工智能

人工智能（AI）是用计算机来模拟人的高级思维活动，也是未来科技发展的一个重要里程碑。人工智能是创新科技发展的主要方向，目前一些智能系统已经可以取代人的部分脑力劳动，特别是机器人、专家系统、模式识别等方面。中国的人工智能技术正在与各行业工作、民众生活加深融合，营造智能、便捷、高效的工作和生活方式，全力帮助中国传统行业转型升级、提高生产效率；此外，在全球范围内，人工智能也引发了全新的智能产业新时代，这就是人工智能应用的发展趋势。

1.1.4.6 电子商务

电子商务（Electronic Commerce，EC；或Electronic Business，EB），是指运用计算机和网络进行的商务活动。具体来说，是指综合利用互联网进行商品与服务交易、金融汇兑等商业活动。目前中国电子商务的发展速度有目共睹，可谓是全球电子商务的领先者，以阿里、京东等平台为主。电子商务未来有十大趋势，关键词分别是移动化、平台化、三四五线城市、物联网、社交购物、O2O、云服务、大数据、精准化营销和个性化服务，以及互联网金融。

1.1.4.7 电子政务

电子政务（E-Government）是指政府机构应用先进的计算机和网络技术，将自身的管理和服务职能转移到网上去完成，以达到便民、高效和廉政的效果。我国电子政务经过多年发展和完善，基本实现了部门办公自动化、重点业务信息化、政府网站普及化。

1.1.4.8 虚拟现实

虚拟现实（Virtual Reality，VR），又称灵境技术，是20世纪发展起来的一项全新的实用技术，是指将计算机、电子信息、仿真技术集于一体，通过模拟环境，从而给人以环境沉浸感。其具有的超强仿真系统，真正实现了人机交互，使人在操作过程中可以随意操作并且得到环境最真实的反馈。正是由于虚拟现实技术的存在性、多感知性、交互性等特征，它受到了许多人的喜爱。

1.2 计算机系统

1.2.1 计算机系统的组成

任何一个完整的计算机系统都是由硬件系统（Hardware System）和软件系统（Software System）两部分组成的。计算机硬件系统是指组成一台计算机的能看得见、摸得着的电子类、机械类和光电类器件的各种物理设备的总称，是计算机完成各项工作的物质基础。硬件系统通过各类总线将其包含的运算器、控制器、存储器、I/O设备几大部分连接起来，它是软件系统赖以运行和实现的物理基础。软件系统是指在硬件系统上运行的各种程序、相关文档和数据的总称，包含系统软件和应用软件两大部分。计算机硬件系统和软件系统共同构成一个完整的系统，二者相辅相成，缺一不可。计算机系统的组成如图1.2.1所示。

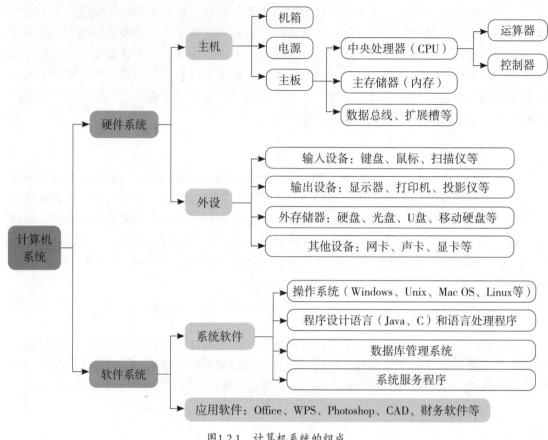

图1.2.1　计算机系统的组成

1.2.2　计算机硬件系统的组成和功能

计算机硬件系统主要包含CPU、主存储器（俗称"内存"）、外存储器（主要是硬盘）、主板（也称"母板"）、机箱、电源以及输入、输出设备。

1.2.2.1　机箱

一般来说，机箱和电源可以是配套的，也可以分别选择，主要根据自己的需求来决定。机箱（图1.2.2）作为电脑配件中的一部分，它起的主要作用是放置和固定各电脑配件，起到一个承托和保护作用。此外，它还具有屏蔽电磁辐射的重要作用。有人认为机箱在电脑配置中不是很重要，但是质量差的机箱容易让主板变形甚至造成主板与机箱短路的严重后果，使电脑在运行过程中变得很不稳定。

图1.2.2　机箱

机箱一般包括外壳、支架和面板上的各种开关、指示灯等。外壳一般用钢板和塑料结合制成，硬度和稳定性比较高，主要起到保护机箱内部配件的作用。支架主要用于固定主板、电源和各种驱动器。市面上机箱有很多种类型，不同类型的机箱只能安装与其相匹配的主板，最好不要混用，而且电源也有所差别。所以大家在购买时一定要选择质量好、结构尺寸合适的机箱。

1.2.2.2 电源

电源（图1.2.3）是电脑中不可缺少的供电设备，它是一种安装在主机箱内的封闭式独立配件，其作用是将220 V交流电通过开关电路变换为+5 V、-5 V、+12 V、-12 V、+3.3 V、-3.3 V等不同电压、稳定可靠的直流电，供给主机箱内的主板、各种配件及外部的键盘和鼠标使用。其性能的好坏，直接影响到其他设备工作的稳定性，进而会影响整机的稳定性。另外，笔记本电脑自带锂电池提供有效电源。

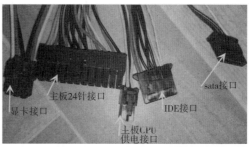

图1.2.3 电源及接口

1.2.2.3 主板

主板（图1.2.4）又叫主机板（Mainboard）、系统板（Systemboard）或母板（Motherboard），是电脑中各个部件能正常工作的一个公共平台，它把电脑的各个部件通过总线紧密连接在一起，各个部件通过主板进行数据传输。主板是整部电脑的关键部件，在电脑中起着至关重要的作用，如果主板产生故障，将会影响到整部电脑的工作。因此，要想得到稳定的电脑运行性能，在选购主板时一定要多加考虑。另外，必须选择与主板相匹配的CPU。

1. 主板的分类

主板按照结构分为AT、Baby-AT、ATX、Micro ATX、LPX、NLX、Flex ATX、EATX、WATX以及BTX等。ATX是目前市场上最常见的主板结构，其扩展插槽较多，大多数主板都采用此结构；Micro ATX是ATX结构的简化版，就是常说的"小板"，其扩展插槽较少，多用于品牌机、个人DIY机并配备小型机箱；EATX和WATX则多用于服务器/工作站主板；而BTX则是英特尔制定的最新一代主板结构。

2. 主板的组成

主板主要由以下几大部分组成。

（1）主机芯片组（Chipset）。

主机芯片组又称为外围芯片组，是与CPU相匹配的系统集成电路，一般分为"南桥"和"北桥"两个大规模集成电路。其中，北桥芯片（North Bridge）是主板芯片组中起主导作用的组成部分，也称为主桥（Host Bridge）。一般来说，芯片组的名称就是以北桥芯片的名称来命名的。北桥芯片负责与CPU联系并控制内存、AGP，PCI-E数据在北桥芯片内部传输，提供对CPU的类型和主频、系统的前端总线频率、内存的类型和最大容量、AGP插槽、PCI-E插槽、ECC纠错等支持。目前大多数的北桥芯片还集成了显示核心，也就是日常所说的集成显卡。而南桥芯片（South Bridge）主要负责I/O总线之间的通信以及IDE设备的控制等。

（2）CPU插槽。

CPU必须通过某个接口与主板连接才能进行正常工作。现在CPU的接口都是针脚式接口，对应主板上相应的插槽类型。不同类型的CPU具有不同的CPU插槽，因此，选择CPU就必须选择带有与之对应插槽类型的主板。主板CPU插槽类型不同，在插孔数、体积、形状等方面都有变化，所以不能互相接插。

（3）内存插槽。

内存插槽是主板上用来安装内存的地方，不同类型的内存插槽，它们的引脚数、电压、性能功能、结构都是不尽相同的，不同内存在不同的内存插槽上不能混插，由于结构不同，也混插不了，如目前市面上流行的DDR3和DDR4就不能混插。

（4）驱动器接口。

驱动器接口用来连接硬盘、光驱等驱动器，目前大多为SATA（串口ATA）。

（5）总线插槽。

总线插槽是内部总线的物理连接器，使总线上的电路和主板上的总线相连，一般为PCI、PCI-E显卡插槽等，可插接显卡、声卡、网卡、RAID卡、视频采集卡，以及其他种类繁多的扩展卡。

（6）端口。

端口是计算机系统和外部设备的连接口，主要有键盘、鼠标、USB接口等。

需要注意的是，主板应该包含硬件部分和软件部分，软件部分就是其驱动程序。我们安装好操作系统后应及时安装主板自带的驱动程序，从而保证系统运行稳定，也才能充分发挥不同厂家主板特有的优异性能。

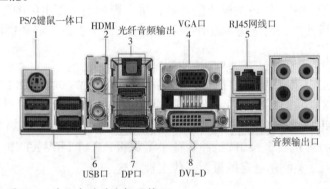

图1.2.4　个人电脑的主板及接口

1.2.2.4　中央处理器（CPU）

中央处理器是一台计算机的运算核心和控制核心，是信息处理、程序运行的最终执行单元，其功能主要是解释计算机指令以及处理计算机软件中的数据。CPU主要由运算器、控制器、寄存器、高速缓存及实现它们之间联系的数据、控制与状态的各类总线构成，影响其性能的指标主要有主频、CPU的位数以及CPU的缓存指令集。

目前主流的CPU是由美国的英特尔（Intel）（图1.2.5）和超威半导体（AMD）（图1.2.6）两大厂家生产的，我国也由龙芯中科技术股份有限公司设计研制了具有自主知识产权的"龙芯"系列芯片（图1.2.7），它们大多都为64位处理器。虽然它们在设计技术、工艺标准和部分参数指标上存在一些差异，但都能满足电脑的运行要求，在选购时可依个人的实际使用情况来决定。

图1.2.5 Intel公司生产的CPU

图1.2.6 AMD公司生产的CPU

图1.2.7 国产"龙芯"系列CPU

1.2.2.5 内存

内存（图1.2.8），又称主存储器，计算机中所有程序都是在内存中进行的，因此内存的性能对计算机的影响非常大。内存是随机存储器（Random Access Memory，RAM），属于电子式存储设备，由内存芯片、电路板、金手指等部分组成，特点是体积小、速度快、有电可存、无电清空（即电脑在开机状态时可存储数据，关机后将自动清空其中的所有数据）。目前市面上的内存主要有单条容量达到8 GB的DDR3和单条容量达到16 GB的DDR4两大类，整机容量最大可达到128 GB。

图1.2.8 内存条

1.2.2.6 硬盘

硬盘是计算机的重要外部存储设备，计算机的操作系统、应用软件、数据等都放在其中。目前市面上流行的有机械硬盘（图1.2.9）和固态硬盘（图1.2.10）：机械硬盘由金属磁片制成，而磁片有记忆功能，所以存储到磁片上的数据，不论计算机是开机状态还是关机状态，都不会丢失，主流机型硬盘的容量有500 GB、1 TB、4 TB等；固态硬盘是用固态电子存储芯片阵列而制成的硬盘，由控制单元和存储单元（FLASH芯片）组成，主流容量有120 GB、240 GB、480 GB等。固态硬盘虽然在产品外形、尺寸（3.5、2.5、1.8英寸等）、接口（SATA Ⅱ、SATA Ⅲ等）上与机械硬盘一致，但是固态硬盘比机械硬盘速度更快，随着二者价格的接近，越来越多人选择固态硬盘。移动硬盘（图1.2.11）是以硬盘为存储介质，强调便携性的存储产品。由于现在的硬盘都是采用SATA接口，因此都支持热插拔，大大方便了我们在不关机的情况下更换硬盘。

图1.2.9 机械硬盘

图1.2.10 固态硬盘

图1.2.11 移动硬盘

1.2.2.7 显卡与显示器

1. 显卡

显卡（图1.2.12）是显示适配器的简称，是微机与显示器之间的一种接口卡，承担输出显示图形的任务。其用途是将计算机系统所需要的显示信息进行转换并提供足够的驱动力从而驱动显示器，并向显示器提供扫描信号，使显示器正确显示信息，是连接显示器和主机的重要组件，是"人机"的重要设备之一。显卡主要由主板、显示芯片、显示存储器、金手指、散热器（散热片、风扇）等部分组成。显卡的主要芯片叫"显示芯片"，是显卡的主要处理单元，采用什么样的显示芯片基本决定了显卡的档

图1.2.12 显卡机及接口

次和基本性能。显存与微机内存一样，其容量越大越好，显示芯片的性能越强，需要的显存容量也就越大，可以存储的图像数据就越多，支持的分辨率与颜色数也就越高。

显卡分为集成显卡和独立显卡。集成显卡是将显示芯片、显存及其相关电路都集成在主板上；集成显卡的缺点是显示效果与处理性能相对较弱，不能对显卡进行硬件升级，其优点是功耗低、发热量小、经济实惠。独立显卡是指将显示芯片、显存及其相关电路单独做在一块电路板上，作为一块独立的板卡存在，它需占用主板的扩展插槽；独立显卡的缺点是整机功耗和发热量有所加大，且需额外花费购买显卡的资金，其优点是单独安装有显存，一般不占用系统内存，在性能上比集成显卡优秀得多。

目前主流显卡的显示芯片主要由英伟达（NVIDIA）和超威半导体（AMD）两大厂商制造，大多采用PCI-E接口形式与主板相连接，通过VGA、DVI或HDMI接口与显示器连接。

2. 显示器

显示器（图1.2.13）通常也被称为监视器，是电脑的输出设备，其作用是把电脑处理完的结果在屏幕上显示出来，是计算机系统中必不可少的部件之一。根据制造材料的不同，显示器可分为CRT显示器、LCD显示器、LED显示器等，目前基本上是LED显示器一统天下；根据连接方式的不同接口，可分为VGA显示器、DVI显示器、HDMI显示器等。

图1.2.13 显示器

1.2.2.8 声卡和网卡

1. 声卡

声卡（图1.2.14）是组成多媒体电脑最基本的一个硬件设备，它能实现声波/数字信号的相互转换；其作用是将电脑中的声音数字信号转换成模拟信号送到音箱上发出声音。声卡的基本功能是把来自话筒、磁带、光盘的原始声音信号加以转换，输出到耳机、音箱、扩音机等声响设备还原出原始声音。声卡主要分为独立式、集成式和外置式三种接口类型。目前集成式声卡以其简单方便、价格低廉、兼容性好等优势占据了PC机市场的主导地位。

图1.2.14 声卡

2. 网卡

网卡是使计算机在互联网和局域网上进行通信的硬件，用户可以通过有线网络或无线网络相互连接，从而构成一个网络世界。每一个网卡都有一个独一无二的MAC地址，没有任何两块被生产出来的网卡拥有同样的MAC地址。根据连接方式，网卡可分为有线网卡（图1.2.15）和无线网卡（图1.2.16），一般的PC电脑多采用有线网卡，笔记本电脑、平板电脑等采用无线网卡。按照网卡支持的传输速率，网卡主要分为10 Mbps网卡、100 Mbps网卡、10/100 Mbps自适应网卡和1000 Mbps网卡四类。目前常用的是10/100 Mbps自适应网卡和1000 Mbps网卡。

在整合型主板（图1.2.17）中常把声卡、显卡、网卡部分或全部集成在主板上。

图1.2.15 有线网卡

图1.2.16 无线网卡

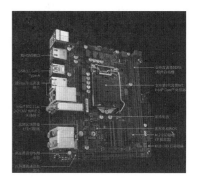

图1.2.17 整合型主板

1.2.2.9 键盘和鼠标

键盘和鼠标（简称"键鼠"）都是主要的人工学输入设备，用于把外部信息输入电脑，以及进行电脑操作。根据连线方式的不同，键鼠可分为有线键鼠和无线键鼠（图1.2.18），其中有线键鼠依不同的接口又分为PS/2有线键鼠（图1.2.19）和USB有线键鼠（图1.2.20）两种。

图1.2.18　无线键鼠

图1.2.19　PS/2有线键鼠

图1.2.20　USB有线键鼠

1.2.2.10　打印机

打印机（Printer），用于将计算机所处理的信息结果打印在相关介质上，是重要的输出设备之一。按照工作方式，打印机分为针式打印机、喷墨打印机、激光打印机等。针式打印机（图1.2.21）主要用于多层票据的打印，一般采用LPT端口（打印机专用）；喷墨打印机（图1.2.22）和激光打印机（图1.2.23）主要用于办公场合，一般采用USB端口，现在也有采用网络端口的激光打印机。目前这三种打印机呈现出三足鼎立的态势，它们各自发挥其优点，满足了各界用户不同的需求。

图1.2.21　针式打印机

图1.2.22　喷墨打印机

图1.2.23　激光打印机

1.2.2.11　自己动手做（DIY）计算机的主要步骤

（1）在主板上安装CPU、内存和CPU风扇：取出主板放在较软的绝缘平面上，仔细观察CPU和内存条的结构，使其正确匹配主板插槽后，将CPU和内存条安装在主板上并固定，再将CPU风扇安装在CPU上并固定。

（2）在主机箱里安装电源：将电源安装在主机箱里面并用螺丝固定好。

（3）在主机箱里安装主板：将主板固定孔与机箱的固定螺柱位置对好，用螺丝将主板固定在主机箱的主板安装板上。

（4）在主机箱里安装硬盘、光驱等：选择与主板上的配件不碰触的合适位置，安装好驱动器并用螺丝固定。

（5）在主板上安装其他板卡：将显卡、网卡等安装在主板上并固定，如果是集成了显卡、声卡、网卡的主板则无须安装。

（6）连接电源线和数据线：将电源上的各种连线连接到主板、硬盘等，同时用数据线将驱动器与主板相应接口相连接。

（7）连接信号线：将主机箱面板上的开关、复位、指示灯等信号线按照主板说明正确连接到主板。注意指示灯有正负极之分，连接错误会造成指示灯不亮。

（8）安装键盘、鼠标等设备，并连接好显示器。

（9）检查主机箱：开机前认真检查机箱内部是否有多余的螺丝、板卡等遗落在里面；

检查各连线是否连接正确，捆绑整理是否合适。

（10）接通电源，开机检查和测试。

1.2.3　计算机软件系统的组成和功能

软件是指在计算机上运行的各种程序、数据及其有关文档。软件系统是指由系统软件、支撑软件和应用软件组成的计算机软件系统，分为系统软件和应用软件两大类。

1.2.3.1　系统软件

系统软件也称为系统程序，由一组控制计算机系统并管理其资源的程序组成，发挥对整个计算机系统进行调度、管理、监控和服务等功能，主要有操作系统和数据库管理系统等。

操作系统的任务主要有两点：一是完整管理计算机的全部软硬件资源，充分提高计算机的利用率；二是作为用户与计算机之间的接口，其窗口化的界面使用户能通过操作系统方便地使用计算机。常用的操作系统主要有个人电脑使用的微软公司的Windows系统、苹果公司的Mac OS系统和源代码公开可供所有人开发的Linux系统，服务器使用的系统主要有Windows Server、Netware、Unix、Linux等。

1.2.3.2　计算机硬件系统和软件系统的关系

计算机硬件系统和软件系统是相辅相成、互相依存、缺一不可的，它们的关系主要体现在以下几个方面。

1．硬件和软件互相依存

硬件是支撑软件工作的物质基础，没有足够的硬件支持，软件无法正常工作；软件为计算机系统正常有效运行提供良好的工作环境，是硬件发挥作用的具体体现。

2．硬件和软件无严格界限

随着计算机技术的发展，在许多情况下，计算机的某些功能既可以由硬件来实现，也可以由软件来实现，也就是常说的硬件软件化和软件硬件化。因此，硬件与软件在一定意义上说没有绝对严格的界限。

3．硬件和软件协同发展

计算机软件随着硬件技术的迅速发展而发展，而软件的不断发展与完善又促进硬件的更新，两者密切地交织发展，共同实现越来越高的目标。

1.2.3.3　软件安装的主要步骤

（1）安装操作系统：用装载操作系统的光盘或U盘按照操作提示一步一步进行安装。

（2）安装主板驱动程序：利用主板配套提供的光盘或官网上下载的驱动程序先安装主芯片的驱动程序，后安装声卡、网卡、显卡的驱动程序。

（3）安装应用软件：按照个人所需选择安装，一般先安装Office、WPS等通用软件后再安装专业软件。

（4）安装外设驱动程序：如果连接有打印机、扫描仪等外设，就利用其自带的配套光盘，按说明和步骤进行安装。

（5）测试：所有软件安装完毕后，逐一打开进行测试，如果发现问题，应及时解决，以保证计算机的正常运转。

1.2.4 计算机的主要技术指标和性能评价

1.2.4.1 计算机的主要技术指标

1. 字长

在同一时间中处理二进制数的位数叫字长，具体就是计算机运算器中寄存器的位数。字长越长，表示数的范围越大，即有效数字的位数越多，计算精度越高。目前PC机常用的字长为32位和64位，服务器常用的字长为128位。

2. 主频

主频即CPU的时钟频率，通常所说的某CPU是多少GHZ，而这个"多少GHZ"就是CPU的主频，如3.2 GHZ。因此，时钟频率的高低在很大程度上反映了CPU速度的快慢，主频越高，CPU速度越快。目前市面上主流的CPU大多是四核CPU。

3. 运算速度

运算速度是表示计算机运算快慢程度的指标，一般以计算机单位时间内执行的指令条数来表示运算速度，单位为MIPS（每秒百万条指令数）。

4. 主存容量

主存容量指主存储器所能寄存的数字或指令的数量，单位为KB、MB、GB。现在的PC机主存容量一般为8 GB～16 GB。

5. 存取周期

存取周期是指存储器进行一次完整的存取操作所需要的时间。存取周期在很大程度上决定了计算机的计算速度，其越短越好。

1.2.4.2 计算机的性能评价

1. 兼容性

计算机的兼容性主要包括硬件与软件、操作系统和应用软件、应用软件之间的兼容。对于用户而言，兼容性越好越便于使用和维护。

2. 可靠性

计算机的硬件和软件越稳定越可靠，这就要求我们在配置电脑的时候要充分考虑硬件和软件的主要参数与要求，尽量选择稳定性好的产品。

3. 外设配置

外设中的硬盘、内存、显卡、显示器等要尽量满足目前及以后一段时间的需要，以避免出现用不了多长时间就要升级的尴尬局面。

4. 性价比

配置电脑不能只追求性能高而忽略了高价格，应从自己的实际需求出发，从性能和价格两方面均衡考虑，做到性价比越高越好。

第二章 Windows 操作系统

2.1 操作系统的基本概念

2.1.1 操作系统概述

在计算机中，操作系统（Operating System，OS）是其最基本也是最为重要的系统软件。从计算机用户的角度来说，计算机操作系统体现在其提供的各项服务；从编程人员的角度来说，其主要是指用户登录的界面或者接口；如果单从设计人员的角度来说，其就是指各式各样模块和单元之间的联系。事实上，全新操作系统的设计和改良的关键工作就是对体系结构的设计。经过近几十年的发展，计算机操作系统已经由一开始的简单控制循环体发展为较为复杂的分布式操作系统，再加上计算机用户的需求愈发复杂多样，计算机操作系统已经成为既复杂而又庞大的计算机软件系统之一。

2.1.2 操作系统分类

按用户界面的使用环境和功能特征，可将操作系统分为：分时操作系统、实时操作系统。

（1）分时操作系统：它的设计思想是将CPU的时间划分为若干个小片段，每个任务依次执行一小片段。其主要应用于多用户操作。

（2）实时操作系统：是指使计算机能在规定的有限时间内及时响应外部事件的请求的操作系统。

按计算机体系结构，可将操作系统分为：个人操作系统、网络操作系统、分布式操作系统、嵌入式操作系统、批处理操作系统。

（1）网络操作系统：可实现相互通信及资源共享，包含两种模式，即集中式模式、分布式模式。

（2）分布式操作系统：是一个统一的操作系统，以实现资源的深度共享。换句话说，当面临大的计算任务时，一台电脑信息处理不过来，可以多台电脑同时处理。

（3）嵌入式操作系统：具有高可靠性、实时性、占有资源少、智能化管理、易于连接、低成本等优点，主要用于工业控制。

2.1.3　Windows的发展历程

Windows 1.0由微软在1983年11月发布，并在两年后（1985年11月）发行。微软Windows系统的第一个版本最重要的成绩就是它将图形用户界面和多任务技术引入到桌面计算领域。它用窗口替换了命令提示符，使整个操作系统变得更有操作性，让屏幕变成了桌面，一切都非常直观。

Windows 2.0是在1987年11月正式在市场上推出的。该版本对使用者界面做了一些改进，还增强了键盘和鼠标界面，特别是加入了功能表和对话框。当然，Windows 2.0版本最大的变化是允许应用程序的窗口在另一个窗口之上显示，从而构建出层次感，用户还可以将应用程序的快捷方式放在桌面上，同时其还引进了全新的键盘快捷键功能。

Windows 3.0是在1990年5月22日发布的，它将Win/286和Win/386结合到同一种产品中。Windows 3.0是第一个在家用和办公室市场上取得立足点的版本，在这个版本中，著名的纸牌游戏Solitaire第一次登场了。

Windows NT在1993年7月发布，是第一个支持Intel 386、486和Pentium CPU的32位保护模式的版本。同时，Windows NT还可以移植到非Intel平台上，并在几种使用RISC晶片的工作站上工作。

Windows 95是在1995年8月发布的。虽然Windows 95缺少了Windows NT中的某些功能，诸如高安全性和对RISC机器的可携性等，但是其具有需要较少硬件资源的优点。Windows 95第一次引进了【开始】按钮和任务条，这些元素后来成为Windows系统的标准配置。

Windows 98在1998年6月发布，具有许多加强功能，包括执行效能的提高、更好的硬件支持以及附带了整合式IE浏览器，标志着操作系统开始支持互联网时代的到来。

Windows ME是介于Windows 98 SE和Windows 2000的一个操作系统，其发布的目的是让那些无法符合Windows 2000的硬件标准同样享受到类似的功能，但事实上，这个版本问题非常多，既失去了Windows 2000的稳定性，又无法达到Windows 98的低配置要求，因此很快被大众遗弃。

Windows 2000的诞生是一件非常了不起的事情。2000年2月17日发布的Windows 2000被誉为迄今最稳定的操作系统，其由Windows NT发展而来，从Windows 2000开始，正式抛弃了9X的内核。时至今日，依然有很多电脑是用这一操作系统的。Windows 2000主打特点是速度会比前几代Windows明显提升，它瞄准的客户主要是大型企业。

Windows XP在Windows 2000的基础上，增强了安全特性，同时加大了验证盗版的技术。Windows XP是微软Windows产品开发历史上的一个具有飞跃性的产品，不管是外观还是给用户的感觉，它都与前几代Windows很不一样，但它也保留了以前Windows系统的很多核心功能。也正是从这一代Windows开始，微软将各种网络服务与操作系统联系到了一起。从某种角度看，Windows XP是最为易用的操作系统之一。

Windows Server 2003在2003年发布，这是微软提出"可信赖计算"软件设计方法后开发的第一款服务器平台级产品。与原有的Server版本相比，Windows Server 2003在安全性、可靠性、易用性等方面做出了巨大的改变和创新。Windows Server 2003共有六个版本，包括：32位的Web版、标准版、企业版、数据中心产品，以及64位的企业版、数据中心版。

2006年11月，具有跨时代意义的Windows Vista系统发布，它引发了一场硬件革命，使PC正式进入双核、大（内存、硬盘）时代。不过，因为Windows Vista的使用习惯与Windows

XP有一定差异，软硬件的兼容问题导致它的普及率差强人意，但它华丽的界面和炫目的特效还是值得赞赏的。

Windows Server 2008于2008年2月27日发布。Windows Server 2008代表了微软新一代服务器操作系统，它继承了Windows Server 2003的诸多优点。同时，Windows Server 2008增强了网络和服务器能力，提高了操作系统和网络服务的安全性，并提供了管理工具，让管理人员能更加方便快捷地使用。

Windows 7于2009年10月22日在美国发布，于2009年10月23日下午在中国正式发布。Windows 7的设计主要围绕五个重点——针对笔记本电脑的特有设计、基于应用服务的设计、用户的个性化、视听娱乐的优化、用户易用性的新引擎。它是除了Windows XP外第二经典的Windows系统。

Windows 8于2012年10月26日在美国正式推出。Windows 8支持来自Intel、AMD和ARM的芯片架构，被应用于个人电脑和平板电脑上，尤其是移动触控电子设备，如触屏手机、平板电脑等。该系统具有良好的续航能力，且启动速度更快、占用内存更少，并兼容Windows 7所支持的软件和硬件。另外，在界面设计上，采用平面化设计。Windows 8最大的成就是将微软领入了平板电脑时代，它的界面是专为触摸式控制而设计的。

Windows Server 2012是微软于2012年9月4日发布的服务器系统，并且是Windows Server 2008的继任者。它可向企业和服务提供商提供可伸缩、动态、支持多租户以及通过云计算得到优化的基础结构。Windows Server 2012包含了大量的更新以及新功能，通过虚拟化技术、Hyper-V、云计算、构建私有云等新特性，让Windows Server 2012变成一个无比强大且灵活的平台。

Windows 10于2015年7月29日发布。Windows 10大幅减少了开发阶段，自2014年10月1日开始公测，其经历了Technical Preview（技术预览版）以及Insider Preview（内测者预览版），下一代Windows将作为Update形式出现。2015年7月29日12点起，Windows 10推送全面开启，Windows 7、Windows 8.1用户可以升级到Windows 10，其他用户也可以通过系统升级等方式升级到Windows 10。

Windows Server 2016是微软于2016年10月13日正式发布的最新服务器操作系统。微软公司在Windows Server 2016中引入了一些特殊的组策略功能，但是整个Windows Server 2016组策略架构仍没有改变。在Windows Server 2016系统中，系统用户和用户组策略、管理功能仍然存在。这些组策略设置权限可以在域、用户组织单位OU、站点或本地计算机权限层级上申请。

微软从1985年发行的第一代Windows操作系统到如今的Windows Server 2016，经历了30多年的时间，其间的版本变换更迭可谓繁多，时至今日，我们用到的比较人性化和功能全面的操作系统，也是微软不断兼顾用户需求改进而来的。因此，无论怎样，我们今后仍需要这样拥有强大的技术革新力量的公司给我们提供更多、更好的操作系统应用体验。

2.2　常用操作系统

在计算机的发展过程中，出现过许多不同的操作系统，其中最为常用的有DOS、Mac OS、Windows、Linux、Free BSD、Unix/Xenix、OS/2等。下面介绍几种常见的微机操作系统的发展过程和功能特点。

2.2.1 DOS操作系统

DOS操作系统可以说是最原始的操作系统。该系统于1981年问世。DOS最初是微软公司为IBM-PC开发的操作系统，因此它对硬件平台的要求很低，适用性较广。常用的DOS有三种不同的品牌，分别是Microsoft公司的MS-DOS、IBM公司的PC-DOS以及Novell公司的DR DOS，这三种DOS相互兼容，但仍有一些区别，三种DOS中使用最多的是MS-DOS。

2.2.2 Windows操作系统

微软公司的Windows可以说是最普遍、最常用的操作系统。前面已经介绍了Windows的发展史，这里不再过多叙述。

2.2.3 Mac OS X操作系统

美国苹果计算机公司的Mac OS操作系统是为它的Macintosh计算机设计的操作系统，该机型于1984年推出。Mac OS操作系统率先采用了一些至今仍很流行的技术，比如GUI图形用户界面、多媒体应用、鼠标等。Macintosh计算机在出版、印刷、影视制作和教育等领域有着广泛的应用。Microsoft Windows至今在很多方面还有Mac OS操作系统的影子，苹果公司于1998年首次推出Mac OS X，截至2024年6月已经发了最新的Mac OS 15 Sequoia 操作系统。IOS系统随着苹果手机的普及而日益广为人知。

2.2.4 Unix系统

Unix系统是1969年在贝尔实验室诞生的，最初是在中小型计算机上运用。最早被移植到80286微机上的Unix系统，称为Xenix系统。Xenix系统的特点是短小精干，系统开销小，运行速度快。Unix系统为用户提供了一个分时的系统以控制计算机的活动和资源，并且提供了一个交互灵活的操作界面。Unix系统能够同时运行多项进程，支持用户之间共享数据。现在Unix系统的用户日益增多，应用范围也日益扩大。无论是各种类型的微型机、小型机，还是中、大型计算机，以及计算机工作站甚至个人计算机，很多都已配有Unix系统。不仅新推出的机型配Unix系统，而且一些历史较久的生产厂商，也竞相给原有机型配上Unix系统，以便打开销路、占领市场。

2.2.5 Android系统

Android系统是一种基于Linux的自由及开放源代码的操作系统。Android系统主要在移动设备上使用，如智能手机和平板电脑。Android系统最初由Andy Rubin开发，主要用于支持手机。2005年8月，Android系统由Google收购注资。2007年11月，Google与84家硬件制造商、软件开发商及电信营运商组建开放手机联盟共同研发改良Android系统。随后Google以Apache开源许可证的授权方式，发布了Android的源代码。第一部Android智能手机发布于

2008年10月。之后，Android逐渐扩展到平板电脑及其他领域上，如电视、数码相机、游戏机、智能手表等。2011年第一季度，Android系统在全球的市场份额首次超过塞班系统，跃居全球第一。2013年第四季度，Android平台手机的全球市场份额已经达到78.1%。2013年9月24日，Google开发的Android系统迎来了5岁生日，全世界采用这款系统的设备数量已经达到10亿台。

2.3 Windows 10操作系统

2.3.1 Windows 10概述

Windows 10是由美国微软公司开发的应用于计算机和平板电脑的操作系统，微软公司于2015年7月29日发布该系统的正式版。

相比前代，Windows 10操作系统在易用性和安全性方面有了极大的提升，除了针对云服务、智能移动设备、自然人机交互等新技术进行融合外，还对固态硬盘、生物识别、高分辨率屏幕等硬件进行了优化完善与支持。

2.3.2 桌面设置

Windows 10安装完成后的启动桌面（图2.3.1）主要由任务栏、桌面背景、桌面图标三部分构成。

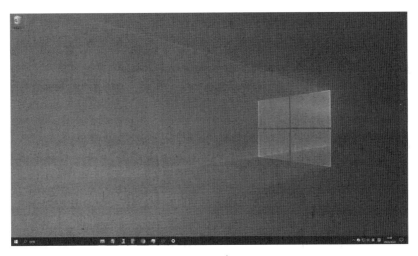

图2.3.1 桌面

2.3.2.1 任务栏

Windows 10的【开始】菜单和任务栏是用户日常操作计算机和运行应用程序的主要路径。初始的任务栏一般在桌面的底端，它可以被拖拽到顶端、左边或者右边，能为用户提供快速启动的途径和显示已经打开窗口的状态，如图2.3.2所示。

图2.3.2　任务栏

1．【开始】菜单

【开始】菜单按钮位于任务栏的最左侧，大部分Windows系统的操作和启动都可以通过【开始】菜单来完成，它是执行启动应用程序的最常用的方式，如图2.3.3所示。

图2.3.3　【开始】菜单

2．快速启动栏

【开始】菜单按钮右侧是快速启动栏，用于放置常用应用程序的快捷方式图标，以方便快速启动常用程序。用户可以对其进行删除和增加。

3．窗口切换区

快速启动栏右侧区域为已经打开窗口区域。用户每打开一个窗口或程序，在该区域都会显示一个按钮，该按钮可以用于快速切换。

4．通知区域

通知区域位于任务栏最右侧，很多程序最小化后会隐藏在通知区域，用户可以单击图标显示该程序，如图2.3.4所示。

图2.3.4　通知区域

5．语言栏

语言栏位于通知区域的左侧，用户可点击语言栏图标快速切换输入法，也可以调出软键盘，如图2.3.5所示。

图2.3.5　语言栏

2.3.2.2　桌面背景

在Windows操作系统，桌面设置是用户自定义个性化的体现。用户可以根据自己的爱好选择桌面背景图案、桌面效果、颜色、分辨率、屏幕保护程序等。在桌面空白处单击鼠标右键可以调出相关的功能菜单，如图2.3.6所示。

图2.3.6　在桌面单击鼠标右键调出菜单

2.3.2.3　桌面图标

刚刚安装好的Windows 10桌面只有一个回收站图标，我们可以根据需要添加快捷方式，从而快捷地访问相应的程序或者资源。

2.3.3　窗口

2.3.3.1　窗口的组成

在Windows 10中不同的应用程序所对应的窗口不同，且它们的组成也不尽相同。

一般来说，窗口由标题栏、菜单栏、工具栏、主窗口、状态栏、窗口角（位于窗口右下角的三角形，用鼠标拖动它可以改变窗口的大小）组成（图2.3.7为画图应用程序的窗口）。用户可以将窗口最大化、最小化，也可以改变窗口大小。

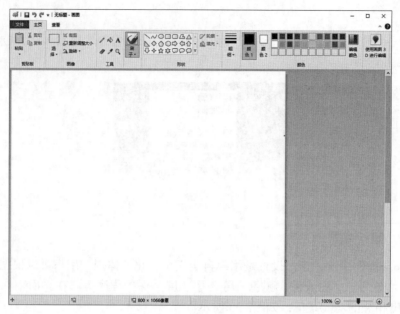

图2.3.7　画图应用程序的窗口

2.3.3.2　窗口操作

在Windows 10中，用户打开任何程序，都会打开一个窗口方便用户进行管理和使用相应的内容。窗口操作是用户最频繁的操作之一，用户可以对打开的窗口进行各种操作，包括关闭、最大化、最小化、移动等。

1. 打开窗口

在桌面上双击【我的电脑】，即可弹出【我的电脑】窗口。在桌面图标【我的电脑】上右击，在出现的菜单中单击【打开】同样可以打开【我的电脑】窗口。

2. 关闭窗口

常用的关闭窗口的操作方法有键盘操作方法和鼠标操作方法。

键盘操作方法：使用"Alt"+"F4"组合键。

鼠标操作方法有以下四种。

（1）单击窗口右上角【关闭】按钮。

（2）选择文件菜单，选择【退出】。

（3）右键单击任务栏图标，选择【关闭】。

（4）按组合键"Ctrl"+"Alt"+"Del"，在打开的任务管理器中选择要关闭的程序，单击【结束任务】。

3. 缩放窗口

（1）最大化窗口。

当需要在一个窗口中显示尽可能多的信息时，可以将该窗口最大化。单击该窗口的【最大化】按钮，窗口将最大化，占据整个桌面，与此同时，【最大化】按钮变为【还原】按钮。

（2）最小化窗口。

当桌面上打开了许多个窗口，可以将暂时不用的窗口最小化。单击窗口右上角的【最小化】按钮，窗口消失，图标移动到桌面任务栏。

（3）还原窗口。

窗口最大化后，该窗口原有的【最大化】按钮变为【还原】按钮。要恢复最大化的窗口，单击【还原】按钮即可。

当要改变窗口的尺寸但不是将其最大化或最小化时，就要改变操作规程，具体做法是将鼠标指针放在要调整的窗口的某条边框（或四角）上，这时鼠标指针变为双向箭头，按下鼠标左键并移动鼠标，可向窗口的内、外拖动，当窗口移到合适的大小时，放开鼠标左键即可。

4．移动窗口

单击窗口标题栏，拖动窗口，可以移动窗口的位置。

5．浏览窗口菜单

单击菜单栏的每一个菜单，都能弹出下拉菜单，里面有许多命令可供选择。

6．拖动窗口滚动条

用滚动条可以将屏幕上未显示的内容显示出来，也可以将窗口中超出窗口当前可视区域的内容显示出来。

当一个窗口里的内容很多时，窗口的右边和下边就会分别出现滚动小滑块。我们可以用鼠标拖住小滑块，在滚动条里移动，这样，我们就可以看到窗口中的其他内容了。

7．窗口切换

Windows 10是多任务操作系统，可以允许同时打开多个窗口。但只能对一个窗口进行操作，这个窗口称之为当前窗口，其余窗口称之为后台窗口。当我们需要进行任务切换时，就可以对当前窗口和后台窗口进行切换。

一般切换的方法有以下几种。

（1）单击对应窗口，就可以及时切换该窗口为当前窗口。

（2）通过任务栏选择窗口为当前窗口。

（3）可以在之前打开的窗口间切换。

2.3.4　帮助

Windows 10提供的帮助系统是获得帮助信息和寻求技术支持的最佳途径。当你在操作Windows时遇到任何问题，第一时间寻求帮助系统的帮助是最佳的选择。Windows 10的帮助系统有较大的改动。

打开帮助系统的方法有以下两种。

（1）F1。

F1一直是Windows内置的快捷帮助文件。Windows 10只继承了这种传统一半的功能。如果你在打开该应用程序后按下键盘的"F1"，而该应用提供了帮助功能的话，则会将其打开。否则，Windows 10会调用用户的默认浏览器打开Bing搜索页面，以获取Windows 10的帮助信息（图2.3.8）。

图2.3.8　Bing搜索页面

（2）使用"入门"应用。

Windows 10里面内置了一个"入门"的App应用，我们也可以通过它获取该系统各方面的帮助和配置信息。

2.4　资源管理器

资源管理器是Windows系统提供的资源管理工具，我们可以用它查看本台电脑的所有资源，特别是它提供的树形文件系统结构，使我们能更清楚、更直观地认识电脑的文件和文件夹。

2.4.1　文件与文件夹

2.4.1.1　文件的概念

计算机文件（File）是以计算机硬盘为载体存储在计算机上的信息集合。文件可以是文本文档、图片、程序等。在计算机中，任何程序和数据都以文件的形式存放在计算机的外存储器中。任何文件都有一个文件名，文件名用来标识文件，在同一目录下不能有两个文件名完全相同的文件。

文件有两个特征。

（1）文件名的可操作性。

在计算机中，用户可以对文件进行新建、更改、移动、删除等操作。

（2）文件的唯一性。

在同一文件夹下，不允许有两个相同的文件名存在，因为文件名是访问文件的唯一标识。

2.4.1.2　文件夹的概念

文件夹（Folder）是指专门用来装文件的夹子，是用于装整页文件和资料的，使用文件夹的主要目的是更好地保存文件，使它整齐规范。

计算机里的文件夹，也是供我们装各类文件的，是文件的集合。

Windows中的文件夹是用于存储程序、文档、快捷方式和其他子文件夹的地方。多数情况下，一个文件夹对应一块磁盘空间。文件夹的路径是一个地址，它可以告诉操作系统如何才能找到该文件夹（如许多Windows系统的系统文件都存储在一个路径为C:\Windows的文件夹中）。

标准文件夹：当你打开一个文件夹时，它是以窗口的形式呈现在屏幕上的，关闭它时，则收缩为一个图标。文件夹是标准的窗口，用来作为其他对象（如子文件夹、文件）的容器，它以图符的方式来显示目录中的内容。使用它，可以访问大部分应用程序和文档，很容易实现对象的拷贝、移动和删除。

特殊文件夹：Windows还支持一种特殊的文件夹，它们不对应于磁盘上的某个目录，这种文件夹实际上是应用程序，如控制面板、拨号网络、打印机等。你不能在这些文件夹中存储文件，但是，可以通过资源管理器来查看和管理其中的内容。

2.4.1.3　文件的类型和属性

文件名的构成包含文件名和扩展名，其中间用"."连接。比如："信息.txt"，表示文件名为"信息"的文本文件。根据文件扩展名的不同，可以把文件划分为很多种类型。而对于文件的命名规则，Windows 10也有相应的要求。

文件的类型和对应的文件扩展名如表2.4.1所示。

表2.4.1　文件类型和文件扩展名

文件类型	文件扩展名
文档文件	txt（文本文件）、doc（Word文档）、hlp（可用Adobe Acrobat Reader打开）、wps（WPS软件文档）、rtf（Word及WPS等文档）、html（网页文档）、pdf（Adobe文档）
压缩文件	rar（Winrar压缩软件）、zip（Winzip压缩文件）、gz（Unix系统的压缩文件）、z（Unix系统的压缩文件）
图形文件	bmp、gif、jpg、pic、png、tif（可用常用的图像处理软件打开）
声音文件	wav（可用媒体播放器打开）、aif（可用常用的声音处理软件打开）、au（常用声音处理软件打开）、mp3（用Winamp播放）、ram（用Realplayer播放）、wma、mmf、amr、aac、flac
动画视频	avi（视频文件）、mpg（视频文件）、mov（用ActiveMovie播放）、swf（可用Flash自带的Players程序播放）
系统文件	int、sys、dll等
可执行文件	exe、com、bat等

2.4.1.4　Windows 10文件和文件夹的命名规则

Windows 10文件和文件夹的命名规则如下。

（1）文件或者文件夹名称不得超过255个字符。

（2）文件名除了开头之外，任何地方都可以使用空格。

（3）文件名中不能有下列符号："?""/""\""*""<"">""|"。

（4）Windows文件名不区分大小写，但在显示时可以保留大小写格式。

（5）文件名中可以包含多个间隔符，如"我的文件.我的图片.001"。

2.4.2　文件与文件夹管理

2.4.2.1　管理工具

Windows资源管理器是Windows 10中管理文件和文件夹的重要工具，它可以显示计算机上所有的文件与文件夹的树状结构。在Windows 10中，有很多种方式打开资源管理器窗口。

文件资源管理器的启动方法：

（1）双击桌面文件资源管理器快捷方式图标。

（2）单击任务栏文件资源管理器快捷方式图标。

（3）右击任务栏上【开始】→选择【文件资源管理器】。

（4）双击桌面上【此电脑（我的电脑）】、【库】、【网络】、【回收站】等系统图标，从菜单中选择【资源管理器】。

（5）通过语音助手，输入"文件资源管理器"，打开文件资源管理器。

资源管理器打开后，窗口如图2.4.1所示。

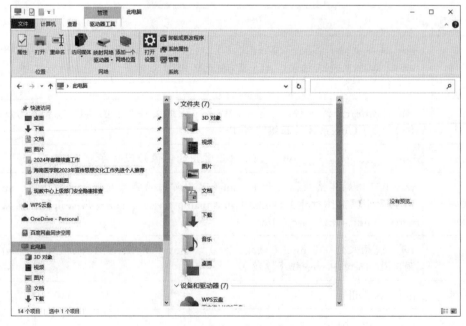

图2.4.1　【资源管理器】窗口

文件资源管理器的组成：

（1）左窗口。

左窗口显示各驱动器及内部各文件夹列表等。

选中（单击文件夹）的文件夹称为当前文件夹，此时其图标呈打开状态。

文件夹左方有"+"标记的表示该文件夹有尚未展开的下级文件夹，单击"+"可将其展开（此时"+"变为"-"），没有标记符号的表示没有下级文件夹。

（2）右窗口。

右窗口显示当前文件夹所包含的文件和下一级文件夹。

右窗口的显示方式可以改变：右击或选择菜单【查看】，可选择大图标、小图标、列表、详细资料或缩略图等。

右窗口的排列方式可以改变：右击或选择菜单【排列图标】，可选择按名称、按类型、按大小、按日期或自动排列等。

（3）窗口左右分隔条。

拖动窗口左右的分隔条可改变窗口的大小。

（4）菜单栏、状态栏、工具栏。

2.4.2.2　文件的搜索与查看

为了更好地使用、管理文件和文件夹，能够快速地找到所需要的资源，用户需要更好地掌握如何查看、搜索文件和文件夹。

如果用户忘记了文件或者文件夹存放的位置、名称等信息，可以通过资源管理器窗口的搜索功能来进行快速查找，操作十分简单，只要在窗口的右上方的【搜索】文本框（图2.4.2）中，或在【开始】菜单的【搜索程序和文件】文本框中输入所需要搜索的文件名，也可以搜索需要查找的文件名的部分内容，系统会根据用户输入的内容进行自动搜索，搜索完成后将在打开的窗口中显示搜索到的全部内容。

图2.4.2　搜索此电脑

2.4.2.3　查看文件和文件夹

在Windows 10资源管理器中，文件和文件夹的查看方式有五种：图标、列表、详细信息、平铺和内容。图标的查看按图标大小又可分为超大图标、大图标、中图标、小图标。可在图2.4.3中所框的区域选择图标的查看方式及大小。

图2.4.3　查看文件和文件夹的方式

2.4.3　文件与文件夹操作

文件管理是操作系统最重要的功能之一，管理各种文件和文件夹就是对各类文件和文件夹进行操作。常用的操作包括选取、复制、移动、删除、新建、重命名、发送等。文件与文件夹的操作一般在文件资源管理器中进行。

2.4.3.1　对象选取

选定对象是Windows 10最基本的操作之一，绝大多数的操作都是从选定对象开始的。只有在选定对象后，才可以对它执行下一步操作，即先选定后操作。

有关选定对象的常用操作方法如下所示。

（1）单击：选定单个对象。

（2）先单击选取单个对象，再按"Shift"+单击选取多个对象：选定多个连续对象。

（3）先单击选取单个对象，再按"Shift"+方向键"←""↑""→""↓"：选定多个连续对象。

（4）先单击选取单个对象，再按"Ctrl"+单击选取单个对象：选定多个不连续对象。

（5）全部选取：选择【编辑】➔【全选】，或者按"Ctrl"+"A"进行全部选择。

2.4.3.2　复制操作

（1）选中要复制的文件或文件夹。

（2）右击选中的文件或文件夹，在弹出的快捷菜单中单击【复制】命令（图2.4.4）或者使用快捷键（"Ctrl"+"C"）。

（3）再选定目标位置。

（4）右击目标窗口空白处，单击【粘贴】（图2.4.5）或者使用快捷键（"Ctrl"+"V"）。

图2.4.4　复制

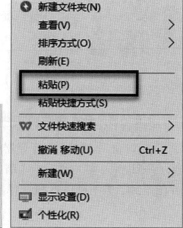

图2.4.5　粘贴

2.4.3.3 移动操作

（1）选中要移动的文件或文件夹。

（2）右击选中的文件或文件夹，在弹出的快捷菜单中单击【剪切】命令（图2.4.6）或者使用快捷键（"Ctrl"＋"X"）。

（3）再选定目标位置。

（4）右击目标窗口空白处，单击【粘贴】或者使用快捷键（"Ctrl"＋"V"）。

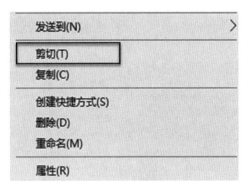

图2.4.6 剪切

2.4.3.4 发送操作

发送操作是指把文件快速地复制到传真、蓝牙、文档、邮件、桌面快捷方式、移动硬盘等。

操作方式：右键单击要发送的文件，选择发送到指定对象，如图2.4.7所示。

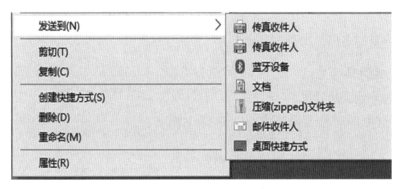

图2.4.7 发送的快捷菜单

2.4.3.5 创建操作

创建操作可以是创建文件、文件夹、快捷方式等。

（1）打开所需要创建文件、文件夹等的目标位置。

（2）在窗口空白处单击右键，选择【新建】→【文件夹】、【快捷方式】、各类文件，如图2.4.8所示。

（3）输入新建文件、文件夹或者快捷方式的名称，按回车键确定。

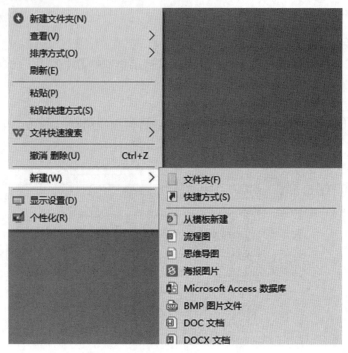

图2.4.8　新建操作

2.4.3.6　重命名操作

（1）选取要重命名的对象。

（2）在选取的对象上单击右键，选择【重命名】命令。

（3）输入新的名称，按回车键确认。

2.4.3.7　删除操作

（1）选取要删除的对象。

（2）在选取的对象上单击右键，选择【删除】命令。

（3）在弹出的【删除文件】或【删除文件夹】对话框中，选择【是】，即把文件或者文件夹删除到回收站。

2.4.3.8　属性设置

任何文件或则文件夹都有其属性，属性记录了该文件的大小、位置、类型、创建时间等属性。

（1）选取要设置属性的对象。

（2）在选取的对象上单击右键，在弹出的快捷菜单中选择【属性】命令，打开【操作属性】对话框，如图2.4.9所示。

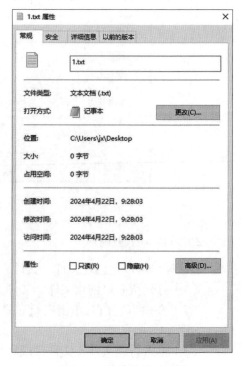

图2.4.9　操作属性对话框

2.5　Windows环境设置和系统配置

Windows 10是多用户操作系统，它允许每个用户拥有自己的个性化设置，以便用户能够方便快捷地使用计算机。所有的个性化设置和系统配置都可以通过控制面板来完成。

2.5.1　控制面板

控制面板（Control Panel）是Windows图形用户界面的一部分，可通过【开始】菜单访问。它允许用户查看并操作基本的系统设置，比如添加、删除软件，控制用户账户[①]，更改辅助功能选项等。Windows的大部分软硬件设置都集中放在控制面板里。

启动控制面板常用的方法有下面两种：

（1）单击【开始】按钮，然后单击【控制面板】。

（2）在任务栏上的搜索框中键入"控制面板"，然后选择【控制面板】。

控制面板启动后，如图2.5.1所示。

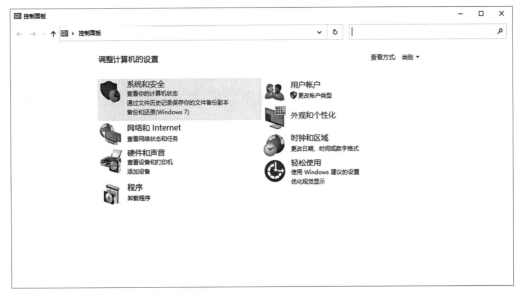

图2.5.1　【控制面板】窗口

2.5.2　系统和安全

【控制面板】中的【系统和安全】对计算机系统中的资源进行集中管理，对系统的设置是全局的，将直接关系到计算机的性能和安全。

在【控制面板】窗口选择【系统和安全】选项，打开【系统和安全】窗口，如图2.5.2所示。

---

① 操作界面称为"帐户"。

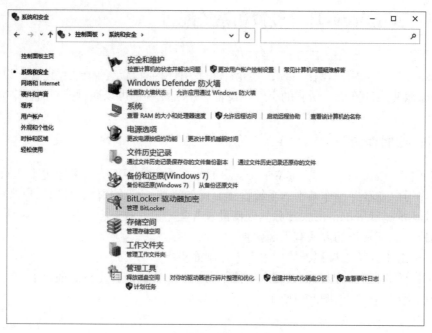

图2.5.2 【系统和安全】窗口

2.5.2.1 系统

在【系统和安全】右侧窗口中选择【系统】选项，打开【系统】窗口，在其右侧窗口中显示了计算机的简要概述，如图2.5.3所示。

【系统】的信息包含Windows版本，处理器、内存、操作系统类型、用于显示的笔或者触控输入，计算机名称、域、工作组，Windows是否激活，以及本机注册的Windows产品ID等情况。

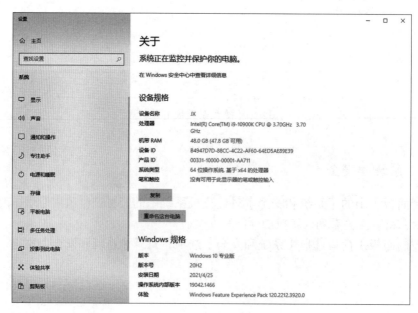

图2.5.3 【系统】窗口

在【系统】窗口的左侧选择【设备管理器】可打开计算机的设备管理器。设备管理器用于管理计算机的硬件设备，在此可以添加、删除计算机的硬件设备（图2.5.4）。

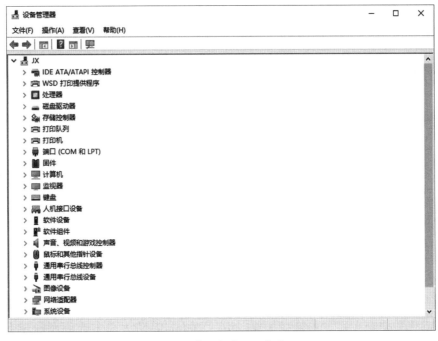

图2.5.4 【设备管理器】窗口

在【系统】窗口的左侧选择【远程桌面】可打开计算机的远程设置，用于设置计算机是否能够被远程访问（图2.5.5）。

在系统属性窗口中选择计算机名，可以更改计算机名和域名，更改完成后重启系统即可生效，计算机名是计算机在网络的标识（图2.5.6）。

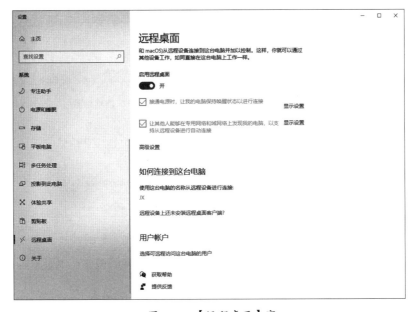

图2.5.5 【远程桌面】窗口

图2.5.6　更改计算机名的窗口

2.5.2.2　Windows防火墙

在【系统和安全】窗口中选择【Windows Defender防火墙】选项，打开【Windows Defender防火墙】窗口，可以对Windows防火墙进行启用、关闭设置，如图2.5.7所示。

防火墙（Firewall）是一项协助确保信息安全的设备，会依照特定的规则，允许或是限制传输的数据通过。防火墙可以是一台专属的硬件，也可以是架设在一般硬件上的一套软件。Windows防火墙，顾名思义就是在Windows操作系统中系统自带的软件防火墙。防火墙对于每一个电脑用户的重要性不言而喻，尤其是在当前网络威胁泛滥的环境下，通过专业可靠的工具来帮助自己保护电脑信息是十分重要的。

图2.5.7　【Windows Defender防火墙】窗口

在【Windows Defender防火墙】窗口的左侧我们可以看到五个关联的设置：允许应用或功能通过Windows Defender防火墙；更改通知设置；启用或关闭Windows Defender防火墙；还原默认设置；高级设置。

2.5.2.3　电源选项

电源计划是指对计算机中各项硬件设备电源的规划，通过使用电源计划能够非常轻松地配置电源。比如，用户可将电源计划设置为在用户不操作计算机的情况下20分钟后自动关闭显示器，在1个小时不操作计算机后使计算机进入睡眠状态。不仅如此，还可以设置更为详细的电源设置，比如在用户不操作计算机的情况下20分钟后关闭硬盘的电源、降低处理器的使用率以及改变系统散热方式等。

Windows 10支持非常完备的电源计划，并且内置了三种电源计划，分别是"平衡""节能"以及"高性能"，默认启用的是"平衡（推荐）"电源计划。合理地利用能源，助力节能减排能为节约地球资源做贡献。

在【系统和安全】右侧窗口中选择【电源选项】选项。打开【电源选项】窗口，在其右侧窗口中可以对电源计划进行设置，如图2.5.8所示。

图2.5.8　【电源选项】窗口

2.5.2.4　备份还原

在【系统和安全】右侧窗口中选择【备份和还原（Windows 7）】选项，即可打开【备份和还原（Windows 7）】窗口。备份还原功能可以对当前系统的状态进行备份，并且可以还原到备份初始的状态，这样可以避免因为错误操作而重装系统。

2.5.2.5　管理工具

管理工具提供了更高级别的计算机管理工具。在【系统和安全】右侧窗口中选择【管理工具】选项，打开【管理工具】窗口，如图2.5.9所示。

常用的管理工具有【磁盘清理】、【打印管理】、【服务】、【计算机管理】等。

图2.5.9　【管理工具】窗口

2.5.2.6　应用软件

应用软件也叫应用程序，是和系统软件相对应的，主要是为解决各类实际问题而设计的程序集合。应用软件需要系统软件的支持才能在计算机系统中有效运行。从其服务对象的角度，应用软件又可分为通用软件和专用软件两类。我们常用的Office、WPS就属于通用软件，Photoshop、Auto CAD就属于专用软件。

2.5.3　网络和Internet

在【控制面板】窗口中选择【网络和Internet】选项，打开【网络和Internet】窗口（图2.5.10），选择【查看网络状态和任务】可以设置当前计算机的网络。

图2.5.10　【网络和Internet】窗口

2.5.4 硬件和声音

在【控制面板】窗口中选择【硬件和声音】选项，打开【硬件和声音】窗口（图2.5.11）。

图2.5.11 【硬件和声音】窗口

常用的有【设备和打印机】、【声音】、【显示】等。

2.5.4.1 设备和打印机

在【硬件和声音】窗口中选择【设备和打印机】，打开【设备和打印机】窗口，可以添加、设置、删除打印机（图2.5.12）。

图2.5.12 【设备和打印机】窗口

2.5.4.2 声音

在【硬件和声音】窗口中选择【声音】，打开【声音】窗口，可以对声音设备进行设置，如图2.5.13所示。

图2.5.13 【声音】窗口

2.5.4.3 显示

在【硬件和声音】窗口中选择【显示】选项，打开【设置】窗口，可以更改显示器设置，也可以自定义显示器设置，如更改显示器的分辨率、设置屏幕保护等，如图2.5.14所示。

图2.5.14 【显示】中的【设置】窗口

2.5.5 程序

在【控制面板】窗口中选择【程序】选项，打开【程序】窗口（图2.5.15），可以对软件进行修复、更改、删除，也包括对操作系统的更新操作。

图2.5.15　【程序】窗口

在【程序】窗口中选择【程序和功能】，可以查看计算机已经安装的程序，可对其进行卸载、更改或者修复（图2.5.16）。

图2.5.16　【程序和功能】窗口

单击【程序和功能】窗口左侧的【查看已安装的更新】，可以查看计算机已经安装的更新程序，可对其进行卸载或更改（图2.5.17）。

图2.5.17　【已安装更新】窗口

2.5.6　用户账户

用户账户是用来记录用户的用户名和口令、隶属的组、可以访问的网络资源，以及用户的个人文件和设置。每个用户都应在域控制器中有一个用户账户，才能访问服务器，使用网络上的资源。在【控制面板】窗口中选择【用户账户】，打开【用户账户】窗口（图2.5.18）。

图2.5.18　【用户账户】窗口

单击【用户账户】窗口右侧的【更改账户类型】，打开【更改账户信息】窗口（图2.5.19），可对账户的名称、类型、密码等进行更改。

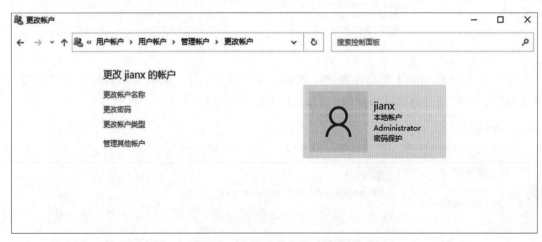

图2.5.19　【更改账户信息】窗口

2.5.7　外观和个性化

外观个性化面板主要是用来设置Windows界面显示效果的，包括桌面的显示内容以及一些文件夹、文件的显示选项，我们可以通过它美化我们的桌面。在【控制面板】中选择

【外观和个性化】选项，打开【外观和个性化】窗口，如图2.5.20所示。

图2.5.20 【外观和个性化】窗口

2.5.7.1 个性化

在【外观和个性化】窗口中选择【个性化】选项，打开【个性化】窗口（图2.5.21）。

图2.5.21 【个性化】窗口

当然也可以在桌面单击右键弹出的菜单中选择【个性化】选项，打开【个性化】窗口。可通过【个性化】窗口中桌面背景、彩色、声音、屏幕保护程序四个选项来进行个性化设置。例如选择【屏幕保护程序】，可打开【屏幕保护程序设置】窗口（图2.5.22）。

图2.5.22　【屏幕保护程序设置】窗口

2.5.7.2　显示

这里的【显示】和【硬件和声音】里的【显示】作用一样，在此不再叙述。

2.5.7.3　任务栏和导航

在【外观和个性化】窗口中选择【任务栏和导航】，打开【个性化】窗口，如图2.5.23所示。在这里可以对任务栏进行设置，如锁定任务栏、隐藏任务栏、使用小任务栏按钮等。

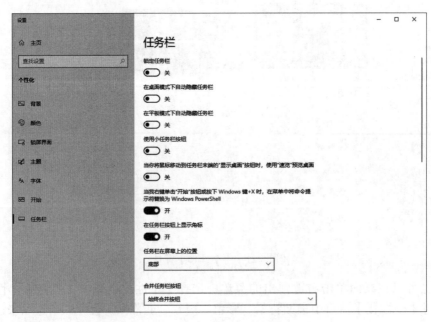

图2.5.23　【任务栏和导航】的【个性化】窗口

2.5.7.4 文件资源管理器选项

在【外观和个性化】窗口中选择【文件资源管理器选项】，打开【文件资源管理器选项】窗口，如图2.5.24所示，在这里可以查看和管理电脑上的所有资源，包括文件和文件夹。

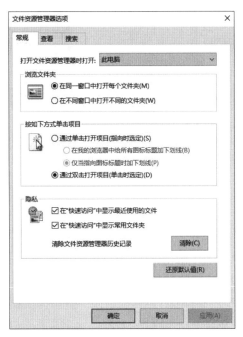

图2.5.24 【文件资源管理器选项】窗口

2.5.8 时钟、语言和区域

时钟、语言和区域主要用于设置时间和输入法，在【外观和个性化】窗口中选择【时钟、语言和区域】选项，打开【时钟、语言和区域】窗口，如图2.5.25所示。

图2.5.25 【时钟和区域】窗口

在【时钟和区域】窗口选择【日期和时间】，打开【日期和时间】对话框，可对日期和时间进行设置，如图2.5.26所示。还可以在任务栏的右下角单击【时间】，会弹出如图2.5.27的窗口。

图2.5.26　【日期和时间】对话框

图2.5.27　【日期和时间】窗口

2.6　常用附件

Windows 10提供了很多应用程序来方便用户使用，这些应用程序可以完成文档编辑、计算、绘图、媒体播放等任务。这些应用程序可以从Windows 10的【开始】菜单中的【附件】打开，如图2.6.1所示。常用的附件有记事本、写字板、画图、计算器、系统工具等。下面介绍一些常用的附件的使用方法。

图2.6.1　附件

2.6.1　记事本

记事本指的是Windows操作系统附带的一个简单的文本编辑、浏览软件。记事本只能处理纯文本文件，但是，由于多种格式源代码都是纯文本的，因此其也成了使用得最多的源代码编辑器。记事本只具备最基本的编辑功能，所以体积小巧，启动快，占用内存低，容易使用。

2.6.1.1 记事本的启动

通过【开始】→【所有程序】→【附件】→【记事本】，或【开始】→搜索框中输入 "notepad"→【确定】，即可启动记事本，如图2.6.2所示。

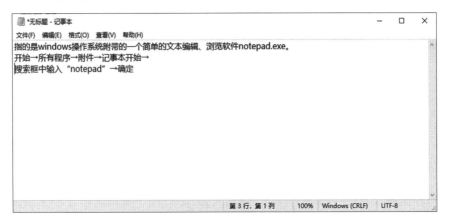

图2.6.2 【记事本】窗口

2.6.1.2 文档编辑

在记事本编辑区可以对文档进行输入、编辑等操作。

2.6.1.3 文档保存

在记事本窗口中选择【开始】→【保存】选项，打开【另存为】窗口，可保存文档，如图2.6.3所示。

图2.6.3 【另存为】窗口

2.6.1.4 文档打印

在窗口中选择【开始】→【页面设置】选项，打开【页面设置】窗口，可进行页面设置，如图2.6.4所示。

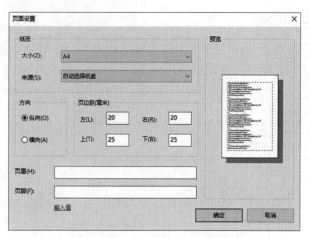

图2.6.4　【页面设置】窗口

在窗口中选择【开始】→【打印】选项，打开【打印】窗口，可打印文档，如图2.6.5 所示。

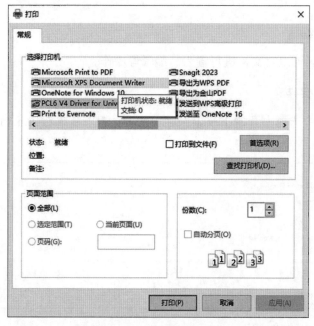

图2.6.5　【打印】窗口

相对于微软的Word来说，记事本的功能确实是太单薄了，只有新建、保存、打印、查找、替换这几个功能。但是记事本却拥有Word等文本编辑器难以拥有的优点：打开速度快，文件小。同样的文本，用Word保存和用记事本保存，文件的大小就大不相同，所以保存小的纯文本文件，使用记事本是最佳的选择。

记事本另一项不可取代的功能是可以保存无格式文件。你可以把记事本编辑的文件保存为".html"".java"".asp"等任意格式。这使得记事本又有了一个新的用途：作为程序语言的编辑器。翻开任何一本介绍编程语言的入门教材，里面几乎都会建议读者在记事本中编写第一个源程序。

2.6.2 写字板

写字板具有Word的最初的形态，有格式控制等功能，而且保存的文件格式默认是
".rtf"。写字板的容量比较大，对于大一点的文件，记事本打开比较慢或者打不开时可以
用写字板程序打开。同时，写字板支持多种字体格式，使用操作比较简单方便，如图2.6.6
所示。

图2.6.6 写字板

2.6.3 画图

画图是一个简单的图像绘画程序，是微软Windows操作系统的预装软件之一。画图程序
是一个位图编辑器，可以对各种位图格式的图画进行编辑。用户可以自己绘制图画，也可
以对扫描的图片进行编辑修改。在编辑完成后，用户可以将文件以BMP、JPG、GIF等格式
存档，还可以将文件发送到桌面或其他文档中，如图2.6.7所示。

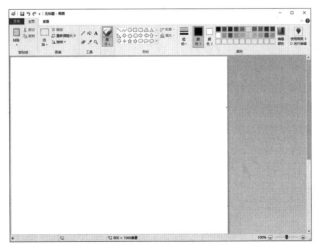

图2.6.7 画图

2.6.4　Windows Media Player

　　Windows Media Player是微软公司出品的一款免费的播放器，属于Microsoft Windows的一个组件，通常简称为"WMP"，支持通过插件增强功能。通过Windows Media Player，计算机将变身为媒体工具，用户可以进行刻录、翻录、同步、流媒体传送、观看等操作，如图2.6.8所示。

图2.6.8　Windows Media Player

2.6.5　计算器

　　Windows系统自带了计算器，如图2.6.9所示。其打开方式：【开始】→【程序】→【附件】→【计算器】，或【开始】→【运行】→输入"calc"。

　　Windows 10还提供了其他类型的计算器，用户可以选择计算器上的菜单进行不同类型的计算器的切换，如图2.6.10所示。

图2.6.9　标准计算器

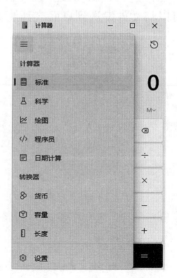

图2.6.10　计算器类型切换

第三章

文字处理软件 Word

3.1 Word 2010的基本知识

Word 2010是美国微软公司开发的Office 2010办公组件之一，主要用于文字处理工作。用户利用Word 2010提供的文档格式设置工具，可以轻松、高效地组织和编写文档。相比以前的版本，Word 2010最显著的变化就是使用【文件】按钮代替了【Office】按钮。同时，Word 2010取消了传统的菜单操作方式，而代之以各种功能区，即大量采用选项卡+功能区的方法，在Word 2010窗口上方看起来像菜单的名称其实就是功能区的名称，当单击这些名称时并不会打开菜单，而是切换到与之相对应的功能区面板。

3.1.1 Word 2010的安装、启动与退出

3.1.1.1 Word 2010的安装

Word 2010是Office 2010的组件之一，安装了Office 2010就自动安装了Word 2010。

（1）在电脑中插入装载有Office 2010安装包的光盘或U盘，打开安装包（若是压缩包，则需解压），显示内容如图3.1.1所示。

（2）在程序中找到并运行Setup程序，显示内容如图3.1.2所示。

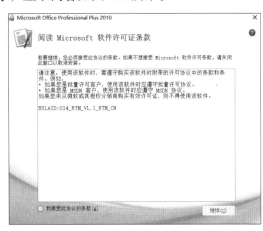

图3.1.1　打开安装包　　　　　　　　　图3.1.2　运行Setup程序

（3）先勾选【我接受此协议的条款】，然后点击【继续】，显示内容如图3.1.3所示。

（4）点击【立即安装】，软件就安装在C盘（点击【自定义】，软件就可以按照安装者自己的意愿安装在硬盘中的其他分区盘），然后可以看到安装进度，如图3.1.4所示。

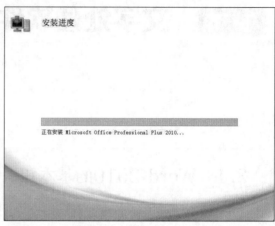

图3.1.3　安装界面　　　　　　　　　　　　　图3.1.4　安装进度

（5）安装完毕后就可以点击【关闭】按钮，如图3.1.5所示。在【开始】菜单上点击【Microsoft Word 2010】进行测试，未出现任何问题的话就表示成功安装了该软件。需要注意的是，Office软件的试用期为30天，想要长期使用，需要继续激活软件。

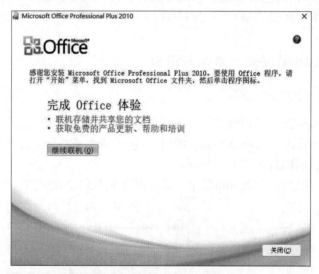

图3.1.5　安装完成

3.1.1.2　启动Word 2010程序

常用的启动Word 2010程序的方法有以下四种。

1．通过Windows【开始】菜单启动

单击屏幕左下方的【开始】→【Microsoft Office】→【Microsoft Word 2010】选项，即可启动Word 2010程序，如图3.1.6所示。

图3.1.6　通过Windows【开始】菜单启动Word 2010

2．通过桌面快捷方式启动

双击桌面上的Microsoft Word 2010的快捷方式，即可启动Word 2010程序，如图3.1.7所示。

图3.1.7　通过桌面快捷方式启动Word 2010

3．将Word 2010快捷方式固定在任务栏以启动Word 2010程序

单击【Windows】按钮，将鼠标指针悬停在【Word 2010】选项上，然后右击，在弹出的快捷菜单中，单击【更多】→【锁定到任务栏】选项。然后即可在任务栏点击该快捷方式，以启动Word 2010程序，如图3.1.8所示。

图3.1.8　将Word 2010快捷方式固定在任务栏

4．通过已存在的Word工作簿启动

双击已存在的Word工作簿，例如，双击文件名为"文档"的工作簿（图3.1.9），即可启动Word 2010程序并同时打开此工作簿文件。

图3.1.9　已存在的Word工作簿

3.1.1.3 退出Word 2010程序

在Word 2010中完成内容的编辑和保存操作后，如果不准备继续使用Word 2010，可以退出Word 2010，以节省内存空间。退出方式有以下三种。

（1）单击【文件】选项卡，选择【退出】选项，如图3.1.10所示。

（2）单击Word 2010应用程序界面右上角【关闭】按钮 。

（3）右击Word 2010应用程序标题栏，在弹出的快捷菜单中选择【关闭】，如图3.1.11所示。

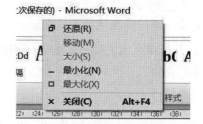

图3.1.10　通过【文件】选项卡退出Word 2010程序　　　　图3.1.11　通过快捷菜单退出Word 2010程序

3.1.2 Word 2010的窗口组成

Word 2010的窗口主要由标题栏、状态栏、文档编辑区、选项卡、功能区等部分构成，如图3.1.12所示。

图3.1.12　Word 2010的窗口组成

（1）标题栏：显示正在编辑的文档的文件名以及所使用的软件名。

（2）文件按钮：包含了基本命令，如【新建】、【打开】、【关闭】、【另存为】和【打印】。

（3）快速访问工具栏：常用命令位于此处，例如【保存】和【撤销】，用户也可以添加个人常用命令。

（4）功能区：工作时需要用到的命令位于此处。

（5）文档编辑区：显示正在编辑的文档。

（6）视图控制栏：可用于更改正在编辑的文档的显示模式。

（7）滚动条：可用于更改正在编辑的文档的显示位置。

（8）显示比例：可用于更改正在编辑的文档的显示比例。

（9）状态栏：显示正在编辑的文档的相关信息。

3.1.3 Word 2010的性能特点

（1）改进的搜索和导航体验：利用Word 2010新增的改进查找体验，用户可以按照图形、表、脚注和注释来查找内容。而改进的导航窗格更为用户提供了对所需内容进行快速浏览、排序和查找的功能。

（2）与他人同步工作：利用Word 2010，大家可以一起处理某个文档，实现共同创作和与他人分享。

（3）几乎可在任何地点访问和共享文档：联机发布文档，然后通过计算机或基于Windows Mobile的Smartphone，用户可以在任何地方访问、查看和编辑这些文档。

（4）向文本添加视觉效果：利用Word 2010，可以向文本应用图像效果（如阴影、凹凸、发光），也可以向文本应用格式设置。

（5）将文本转化为引人注目的图表：利用Word 2010提供的更多选项，可将视觉效果添加到文档中，从新增的SmartArt图形中选择，可以在数分钟内构建图表。SmartArt中的图形功能同样也可以将点句列出的文本转换为视觉图形，充分展示用户的创意。

（6）向文档加入视觉效果：利用Word 2010中新增的图片编辑工具，无须其他照片编辑软件，即可插入、剪裁和添加图片特效。

（7）恢复丢失的文档：Word 2010可以像打开任何文件一样恢复最近编辑的草稿，即使是没有保存的文档。

（8）跨越沟通障碍：利用Word 2010，用户可以轻松跨越不同语言障碍进行沟通交流，翻译单词、词组或文档。可针对屏幕提示、帮助内容和显示内容分别进行不同的语言设置。

（9）将屏幕快照插入到文档中：插入屏幕快照，以便快捷捕获可视图示，并将其合并到正在进行的工作文档中。当跨文档重用屏幕快照时，利用"粘贴预览"功能，可在放入所添加内容之前查看其外观。

（10）利用增强的用户体验完成更多工作：Word 2010简化了各项功能的使用方式。新增的Microsoft Office Backstage视图替换了传统文件菜单，用户只需单击几次鼠标，即可保存、共享、打印和发布文档。

3.2 Word的基本操作

3.2.1 创建文档

3.2.1.1 直接在Word软件中创建文档

1. 利用快捷键新建文档

在当前打开的文档中，同时按下"Ctrl"+"N"键，直接创建一个空白文档，如图3.2.1所示。

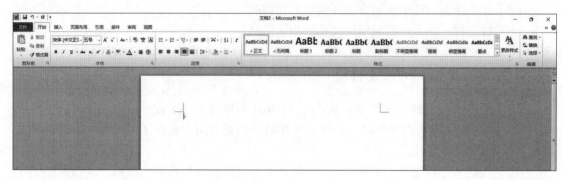

图3.2.1 空白文档

2. 通过【新建】命令建立空白文档

单击【文件】按钮，选择【新建】命令，在右侧的【可用模板】选项区中双击【空白文档】，或先选择【空白文档】，再单击右侧的【创建】图标，如图3.2.2所示。

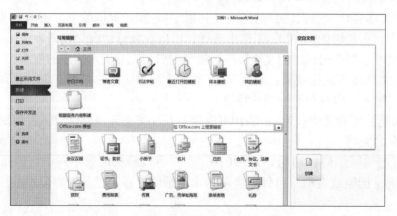

图3.2.2 新建空白文档

3.2.1.2 利用快速访问工具栏创建文档

单击快速访问工具栏上的【新建空白文档】图标，也可以新建一个空白文档。

3.2.1.3 利用模板创建文档

如果对新建的文档在格式方面有所要求，可以利用文档模板，快速创建出固定格式的文档，如证书、奖状、报告、论文等，方法如下。

（1）单击【文件】按钮，选择【新建】命令，显示【新建】任务窗口，如图3.2.2所示。

（2）在【可用模板】区域和【Office.com模板】区域，选择并单击所需的模板，或者在【Office.com模板】文本框内输入所需要搜索的模板格式，然后单击【开始搜索】按钮。

（3）双击所需要的模板即可创建文档。

3.2.2　输入文档

创建好新文档后，用户就可以根据自己的需要输入文档内容，但在输入的过程中应掌握一些基本方法，主要有以下几个方面。

（1）中英文输入法切换。

同时按"Ctrl"+空格键，或用鼠标单击输入法指示器选择中英文输入法，或在搜狗输入法状态下直接按"Shift"键进行切换。

（2）中文标点符号的输入。

只要是在中文输入法的状态下，直接使用键盘上的标点符号即可。

（3）符号或特殊字符的输入。

单击【插入】按钮，再单击【符号】命令选择所需符号，如图3.2.3所示。

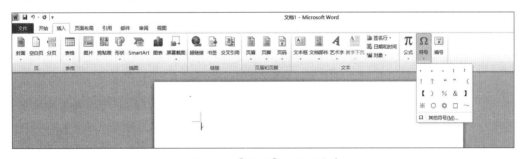

图3.2.3　【符号】的下拉菜单

如果所需要的符号未能显示出来，可点击【其他符号】按钮，弹出【符号】对话框，如图3.2.4所示。选择需要插入的符号后，单击【插入】按钮即可完成符号的插入。

图3.2.4　【符号】对话框

（4）空格键和回车键的使用。

在输入文本时最好不要随意使用空格键和回车键。各行结尾处不要按回车键，段落结束时才按此键；对齐文本时也不要使用空格键，可用缩进等对齐方法。

3.2.3 保存文档

当文档中输入的内容需要保留时，需要对文档执行保存操作，如果不执行保存操作，有可能会因为硬件或软件出现意外而导致编好的文档丢失。文档的保存主要有以下两种情况。

3.2.3.1 保存新文档

新建文档都使用默认文件名"文档1""文档2"等，若要保存，可以选择快捷访问工具栏中的【保存】按钮🖫，或单击【文件】选项卡中的【保存】按钮，打开【另存为】对话框，如图3.2.5所示，具体步骤如下。

（1）在【保存位置】下拉列表中选择文档要存放的位置，最好不要选择C盘和桌面，以免由于系统出现问题而难以找回文档。

（2）将【文件名】右边框中的"Doc1"改为自己要保存的文件名。

（3）在【保存类型】中默认为"Word文档"，其扩展名为".docx"。

（4）单击【保存】按钮就可以保存该文档了。

图3.2.5 【另存为】对话框

3.2.3.2 保存已有文档

若打开的文档已经命名，并且对该文档进行了编辑修改，可以用以下方法进行保存。

1. 以原文档名保存的方法

（1）单击【文件】选项卡，选择【保存】命令。

（2）单击快速访问工具栏上的【保存】按钮 。

（3）按"Ctrl"＋"S"组合键。

2．另存文档

单击【文件】选项卡，选择【另存为】命令或使用功能键"F12"，打开【另存为】对话框，可以在新位置或用新文档名保存文档。

3．自动保存

为防止断电、死机、系统崩溃、Office软件故障等意外事故导致文档因未及时保存而丢失，最好在编辑文档前执行自动保存功能，设置自动保存时间间隔，让Word自动保存文档，其操作步骤如下。

（1）单击【文件】选项卡，选择【选项】命令，打开【Word选项】对话框。

（2）单击【保存】选项，选择【保存自动恢复信息时间间隔】复选框，在其右侧数值框中按自己所需设置自动保存间隔的时间，一般5～10分钟就行，如图3.2.6所示。

（3）单击【确定】按钮，Word将以【保存自动恢复信息时间间隔】所设的时间为周期，定时保存文档。

图3.2.6 【保存自动恢复信息时间间隔】设置

3.2.4 打开文档

3.2.4.1 打开单个文档

用户可以打开以前保存过的文档，单击左上角快速访问工具栏上的 按钮，或打开最近使用过的文件 按钮，或选择【文件】选项卡中的【打开】命令，显示【打开】对话框，如图3.2.7所示。

图3.2.7　单个文档的【打开】对话框

用户还可以在【查找范围】列表中选择要打开文档的位置，在文件和文件夹列表中选择要打开的文件，单击【打开】按钮即可。如果记不清楚文档的存放位置和文档名，可在【查找范围】框中选择此电脑，在其右侧的搜索框中输入完整的文档名或文档名的关键词，即可搜索到所需打开的文档，选择后按回车键或单击【打开】按钮即可。

3.2.4.2　同时打开多个文档

有时我们需要同时使用多个文档，Word 2010能够满足这个要求，它可以同时打开多个文档，方法及步骤如下。

（1）单击【文件】选项卡，选择【打开】命令，显示【打开】对话框。

（2）选中需要同时打开的多个文档，单击【打开】按钮即可同时打开多个文档，如图3.2.8所示。

图3.2.8　同时打开多个选中的文档

3.2.5　文档的关闭与退出

文档编辑完毕就可以关闭文档，用户既可以关闭单个文档，也可以直接退出Word程序关闭所有文档，常用的两种方法如下。

3.2.5.1 关闭单个文档

（1）单击窗口右上角的【关闭】按钮即可关闭该文档。

（2）若在文档关闭时还未执行保存命令，则会显示如图3.2.9所示的对话框，询问"是否将更改保存到附件中？"。若单击【保存】按钮则保存对文档的修改；若单击【不保存】按钮则不保存；若单击【取消】按钮则重新返回文档编辑窗口。

图3.2.9 "关闭未保存文档"的提示对话框

3.2.5.2 同时关闭多个文档

退出Word程序可关闭所有打开的Word文档。方法为：单击【文件】按钮，点击【退出】命令，如图3.2.10所示。

图3.2.10 退出Word程序

3.3 文档编辑

Word有强大的文字排版、表格处理、图文混排等功能。我们在进行编辑时，应该掌握基本的对文档的输入、选择、添加、复制、粘贴、修改、查找、替换等一系列操作，下面分别给予介绍。

3.3.1 文本的基本操作

3.3.1.1 文本的选定

1. 鼠标选定

（1）拖动选定。

将鼠标指针移动到要选择部分的第一个字符的左侧，拖至要选择部分的最后一个字符的右侧，此时被选中的字符如图3.3.1所示。

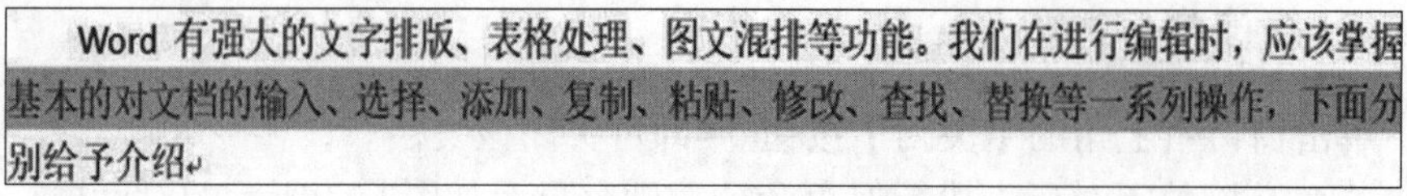

> **Word** 有强大的文字排版、表格处理、图文混排等功能。我们在进行编辑时，应该掌握基本的对文档的输入、选择、添加、复制、粘贴、修改、查找、替换等一系列操作，下面分别给予介绍。

图3.3.1　被选中的字符

（2）利用选定区。

文档窗口的左侧的空白区域为选定区，当把鼠标移动到这一区域时，鼠标指针会变成右上箭头 ⟋，此时就可以利用鼠标对一整行、一段和整个文档进行选定操作，操作方法为：

单击鼠标左键：选中箭头所指向的一整行。

双击鼠标左键：选中箭头所指向的一段。

三击鼠标左键：可选中整个文档。

2．键盘选定

通过键盘上的"Shift""Ctrl"与其他按钮相结合可以快速选定相应的位置，常用的配合键有以下几种：

（1）"Shift" + "↑"：选定上一行。

（2）"Shift" + "↓"：选定下一行。

（3）"Shift" + "Page Up"：选定上一屏。

（4）"Shift" + "Page Down"：选定下一屏。

（5）"Shift" + "Ctrl" + "Home"：选取到文档开头。

（6）"Shift" + "Ctrl" + "End"：选取到文档结尾。

（7）"Ctrl" + "A"：选定整个文档。

3．组合选定

（1）选定一句。

将鼠标指针移动到指向该句的任何位置，按住"Ctrl"的同时，单击鼠标。

（2）选定连续区域。

将插入点移到要选定文本的起始位置，按住"Shift"的同时，用鼠标单击结束为止，可以实现连续区域的选定。

（3）选定不连续区域。

按住"Ctrl"，再选择不同的区域。

（4）选定整个文档。

将鼠标指针移动到文本选定区，按住"Ctrl"的同时，单击鼠标。

3.3.1.2　文本的编辑

通过文本的复制、粘贴、移动等常用操作，可以修改输入的位置错误从而节约录入时间、提高录入速度。下面分别介绍几种常用的操作方法。

1．文本的移动

文本移动就是将选定的文本从当前位置移动到文档的其他位置，常在输入文字时需要修改某部分内容的先后次序的场景中使用。常用的操作方式有以下两种。

（1）利用剪贴板。

首先，选择要剪切的文本，按住"Ctrl"+"X"快捷键，如图3.3.2所示，或右击并在弹出的快捷菜单中选择【剪切】命令，如图3.3.3所示；其次，移动鼠标，将插入点定位到移动的目标位置；最后，右击并在弹出的快捷菜单中选择【粘贴】命令，或按住"Ctrl"+"V"快捷键，即可粘贴已经剪切的文本。

（2）利用鼠标。

假设需要将"文字"移到"内容"的前面，则先按住鼠标左键，选定"文字"，再按住鼠标左键将其拖到"内容"的前面，松开鼠标左键即可，如图3.3.4所示。

图3.3.2　"Ctrl"+"X"快捷键

图3.3.3　【剪切】命令

图3.3.4　移动鼠标

2．文本的复制

当文档中需要输入相同的内容时，可通过复制操作快速完成。需要注意的是，复制文本后原来位置的文本仍然在原位置，而移动文本后原来位置的文本就会消失。常用的操作方法有以下三种。

（1）选中需要复制的文字内容，点击鼠标右键，在弹出的选项中点击【复制】按钮，如图3.3.5所示。

（2）在选中了文字内容后按下键盘上的"Ctrl"+"C"按钮，执行复制操作，如图3.3.6所示。

（3）在选中需要复制的文字后点击【开始】选项卡，在页面左上角点击【复制】图标，进行复制操作，如图3.3.7所示。

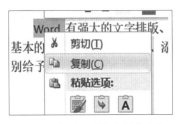

图3.3.5　选项中的【复制】按钮

图3.3.6　"Ctrl"+"C"快捷键

图3.3.7　【开始】选项卡的【复制】图标

3．文本的删除

删除就是将文本从文档中去掉，常用的操作方法有以下四种。

（1）按键盘上面的"Backspace"键，就删除了鼠标光标前面的文字。

（2）按键盘上面的"Delete"键，就删除了鼠标光标后面的文字。

（3）选中文字之后，点击右键，弹出侧拉菜单，选择【剪切】，如图3.3.8所示。

（4）通过撤销来删除。在符号图标里面找到【撤销】图标，点击一下就撤销了上一步操作，点击【恢复】图标，就会还原上一步操作，如图3.3.9所示。

图3.3.8　单击鼠标右键选择【剪切】　　　　图3.3.9　【撤销】和【恢复】图标

3.3.1.3　文本的查找与替换

在对文本进行编辑时经常需要执行查找和替换操作，用来在文档中查找不同类型的内容或进行内容的替换。Word 2010提供了较为强大的查找和替换功能，并且新增了导航功能，操作方法如下。

1．查找的方法与步骤

（1）打开Word 2010文档，单击文档【开始】按钮，在右上角的【编辑】中单击【查找】右边的下三角按钮，在菜单中选择【高级查找】命令，如图3.3.10所示；在【查找】选项卡的【查找内容】编辑框中输入要查找的文字，单击【查找下一处】按钮，查找到的匹配文字以蓝色底纹标识，单击【查找下一处】按钮继续查找，直至完成查找，如图3.3.11所示。查找完成后单击【取消】按钮关闭对话框。

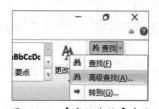

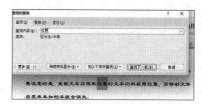

图3.3.10　【高级查找】命令　　　　图3.3.11　【查找和替换】对话框

（2）打开Word 2010文档页面，单击文档【开始】按钮，在【编辑】中单击【查找】按钮，在出现的【导航】搜索编辑框中输入需要查找的文字，导航窗格中将显示所有包含该文字的页面片段，同时查找到的匹配文字将会在正文部分全部以黄色底纹标识，如图3.3.12所示。

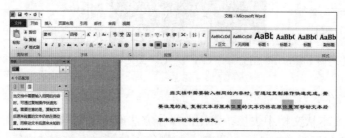

图3.3.12　通过【导航】查找

2．替换的方法与步骤

（1）打开Word 2010文档页面，单击文档【开始】按钮，在【编辑】中单击【替换】

按钮，弹出【查找和替换】对话框，如图3.3.13所示。

图3.3.13 【查找和替换】对话框

（2）在对话框的【查找内容】编辑框中填写要查找的文字，在【替换为】编辑框中填写要替换的文字，如把"方案"替换为"计划"，再点击下面的【全部替换】，如图3.3.14所示。

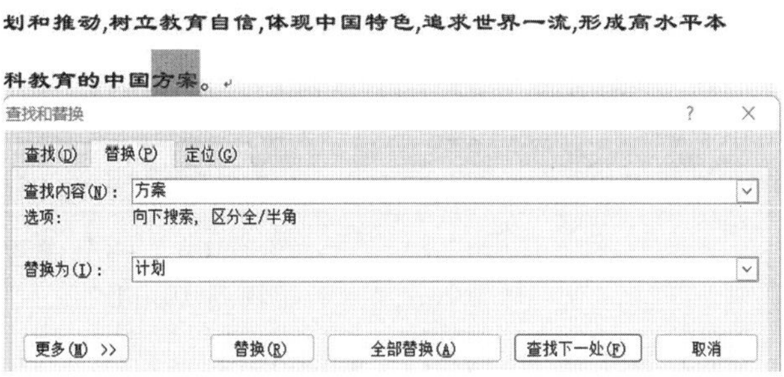

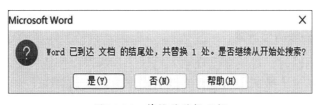

图3.3.14 替换过程

（3）弹出替换结果提示框，不要点击默认选项【是】，而是点击【否】，即可完成本次替换，如图3.3.15所示。

图3.3.15 替换结果提示框

（4）完成替换后回到如图3.3.16所示的设置框，直接点击右下角的【关闭】则可将该段文字里的查找内容都替换了，如图3.3.17所示。

图3.3.16 替换后返回的对话框

谋划和推动,树立教育自信,体现中国特色,追求世界一流,形成高水平

本科教育的中国计划。

查找和替换			? ×
查找(D)	替换(P)	定位(G)	

查找内容(N)：方案

选项：　　向下搜索，区分全/半角

替换为(I)：计划

　更多(M) >>　　　　　替换(R)　　　全部替换(A)　　　查找下一处(F)　　　取消

图3.3.17　替换完成对话框

除此之外，还可以利用Word 2010强大的导航功能实现替换，其操作方法与"查找"所介绍的内容相似，在此不再赘述。

当查找和替换不能确定具体内容时，可使用通配符操作。表3.3.1为常用的通配符含义和应用实例。

表 3.3.1　常用的通配符及举例

通配符	说明	举例
?	单个任意字符	Wo?d，可以找到Wo（一个任意字符）d，可以找到Word，但不能找到World
★	零个或多个任意字符	Wo★d，既可以找到Word，也可以找到World
<	单词的开头	<wo，可以找到word和world
>	单词的结尾	>rd，可以找到word，但找不到world

3.3.1.4　文本的撤销与恢复

在对文本进行编辑时，难免会出现输入错误、排版误操作或需要对文档的某一部分内容进行修改，可以通过【撤销】功能将错误的操作取消，如果在【撤销】时也出现错误，则可以利用【恢复】功能恢复到撤销前的内容。

1．撤销的方法与步骤

（1）打开一个文档，选定一些需要操作的文本，如图3.3.18所示。

（2）删除一些文字后，得到如图3.3.19所示内容。

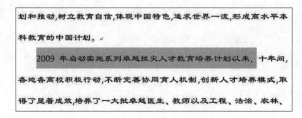

划和推动,树立教育自信,体现中国特色,追求世界一流,形成高水平本科教育的中国计划。

2009 年启动实施系列卓越拔尖人才教育培养计划以来，十年间，各地各高校积极行动,不断完善协同育人机制,创新人才培养模式,取得了显著成效,培养了一大批卓越医生、教师以及工程、法治、农林、

图3.3.18　选定操作文本

划和推动,树立教育自信,体现中国特色,追求世界一流,形成高水平本科教育的中国计划。

十年间,各地各高校积极行动,不断完善协同育人机制,创新人才培养模式,取得了显著成效,培养了一大批卓越医生、教师以及工程、法治、农林、新闻传播和基础学科拔尖人才,为经济社会发展提供了

图3.3.19 删除选定文字后

（3）单击快速访问工具栏左上方的【撤销】按钮 ↻，可撤销上一步操作，继续单击该按钮，可撤销多步操作，直到按钮变成灰色才不能继续执行撤销命令，如图3.3.20所示。

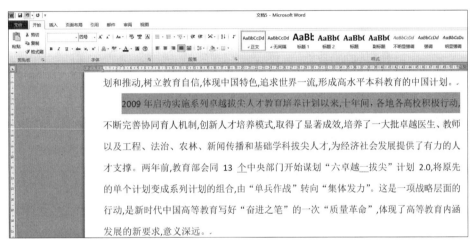

图3.3.20 执行【撤销】命令后

2．恢复的方法与步骤

撤销某一操作后，可通过【恢复】功能取消之前的撤销操作，单击快速访问工具栏中左上方的【恢复】按钮 ↻，可恢复被撤销的上一步操作，继续单击该按钮，可恢复被撤销的多步操作，如图3.3.21所示。需要注意是，只有执行了【撤销】命令后，【恢复】命令才可使用，进行了多少步的【撤销】操作，就可以进行多少步的【恢复】操作。

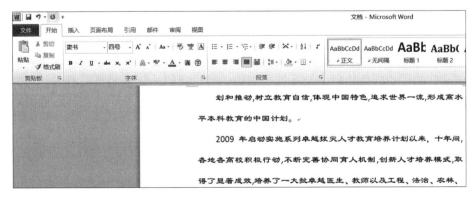

图3.3.21 恢复操作结果

3.3.2　窗口拆分

当文档较长时，在一个窗口中处理起来非常不方便，这时可以将文档的不同部分拆分后同时显示在屏幕上，常用的方法有以下两种。

3.3.2.1　新建窗口，并排查看

（1）执行【新建窗口】命令，打开顺序为【视图】→【窗口】→【新建窗口】，如图3.3.22所示。

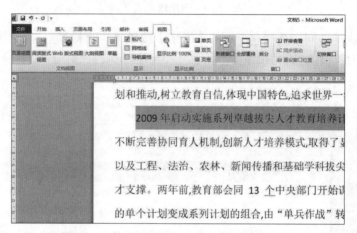

图3.3.22　新建窗口

（2）单击【并排查看】命令，打开顺序为【视图】→【窗口】→【并排查看】，如图3.3.23所示。

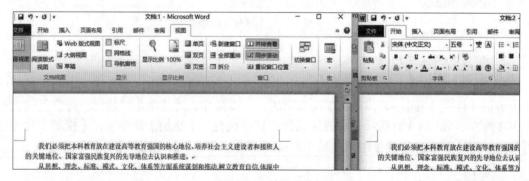

图3.3.23　并排查看

（3）同步滚动的启用和取消。在默认情况下，启用【并排查看】会对两个窗口自动启用同步滚动，为了更好地比较文档不同位置的内容，我们往往就需要取消这一功能。点击【同步滚动】按钮即可。【同步滚动】按钮底色为浅黄色时是启用状态，底色为灰白色时是取消状态。

3.3.2.2　拆分窗口

（1）打开一份Word文档，移动鼠标到页面的右上侧找到并单击鼠标左键按住【－】按钮，如图3.3.24所示。

（2）按住【－】按钮▬▬向下拉取，然后到某个需要的位置时松开鼠标左键，这样就形成了两个窗口，如图3.3.25所示。

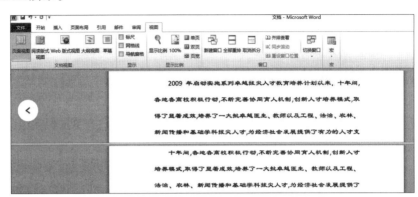

图3.3.24　定位到【－】按钮　　　　　　　　　图3.3.25　拆分后的图示

拆分后，任何一个子窗口都可以独立进行编辑。由于它们都是统一窗口的子窗口，因此当前都是活动的，完全能够快速地在文档的不同部分间传达信息。

3.4　文档排版

文档排版是对所编辑好的文档进行格式上的调整，使其达到不同条件下的不同要求和美化文档的目的。文档排版格式的设置主要有字符格式、段落格式、页面格式的设置。在Word中设置文档格式时常用到【字体】组和【段落】组、【字体】和【段落】对话框以及【页面布局】选项卡中的【页面设置】等工具，使其达到外观美观并符合人们的阅读习惯的要求。

3.4.1　字符格式的设置

字符格式的设置包括文本的字体、字形、字号、字体颜色、下划线、字间距、文字效果等。字符格式的设置可以在字符输入前或输入后进行，字符输入前可以通过选择新的格式，设置将要输入的字符格式；对已输入的字符格式进行修改，只需选定需要进行格式设置的字符进行格式选择即可。

3.4.1.1　通过【开始】选项卡中的【字体】和【字号】列表设置字体组

（1）打开Word文档，选中要设置的文字，在功能区中切换至【开始】选项卡，在【字体】选项组中单击【字体】下拉菜单，展开字体列表，用户可以根据需要来选择设置的字体，如图3.4.1所示。

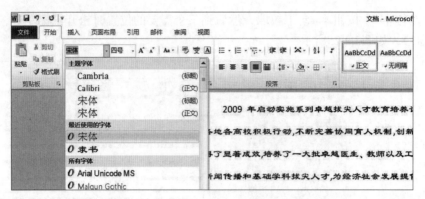

图3.4.1　选择字体

（2）在【字体】选项组中单击【字号】下拉菜单，展开字号列表，用户可以根据需要来选择设置的字号，如图3.4.2所示。

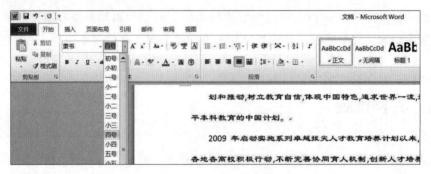

图3.4.2　选择字号

在设置文字字号时，如果有些文字设置的字号比较大，如100号字，而在【字号】列表中没有这么大的字号，此时可以选中设置的文字，将光标定位到【字号】框中，直接输入"100"，再按回车键即可。

3.4.1.2　通过【字体】对话框设置文字

（1）打开Word文档，选中要设置的文字，在功能区中切换至【开始】选项卡，在【字体】选项组中单击 按钮，打开【字体】对话框，如图3.4.3所示。

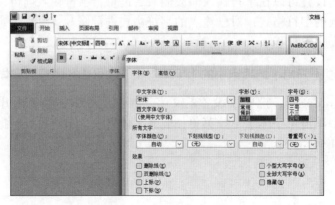

图3.4.3　【字体】对话框

（2）在【字体】对话框中的【中文字体】框中，可以选择要设置的文字字体，如【华文行楷】，接着可以在【字号】框中，选中要设置的文字字号，如【四号】，如图3.4.4所示。除此之外，还可以对文字字形、颜色、下划线线型等进行设置。设置完成后，单击【确定】按钮即可。

图3.4.4　对字体进行设置

（3）在设置的文字字体和字号应用到选中的文字后，查看设置完成后的字体效果，如图3.4.5所示。

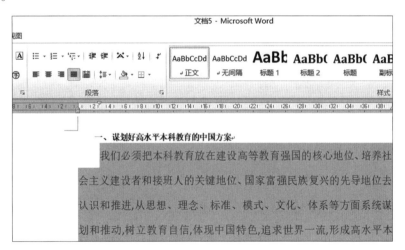

图3.4.5　字体效果

3.4.1.3　通过【高级】选项卡进行字符间距、位置等设置

（1）单击【字体】选项框中的 ，弹出【字体】对话框，单击【高级】选项卡，如图3.4.6所示。

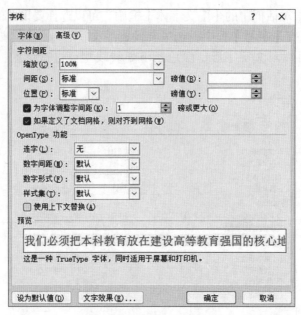

图3.4.6 【高级】选项卡

（2）字符间距设置：在【间距】下拉列表框中可以选择【标准】、【加宽】及【紧缩】三个选项。选择【加宽】和【紧缩】时，可以在其右侧的【磅值】数值框中输入所需要的磅值，如图3.4.7所示。

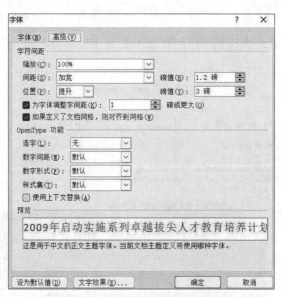

图3.4.7 字符间距设置

（3）位置设置：在【位置】下拉列表框中可以选择【标准】、【提升】、【降低】3个选项。在选择【提升】和【降低】2个选项时，可以在其右侧的【磅值】数值框中输入所需要的磅值，如图3.4.7所示。

（4）为字体调整字间距：选择【为字体调整字间距】复选框后，可以从其右侧的【磅或更大】调整框选择字体的大小，Word会自动调整选定字体的字间距。

3.4.1.4 复制字符格式

复制字符格式是将一个文本的格式复制到其他文本中，可以使用【格式刷】命令进行操作，操作步骤如下。

（1）打开需要进行操作的Word文档。

（2）确定复制的格式：确定好需要复制的格式为哪些文字的格式，以图3.4.8中加粗字体为例。

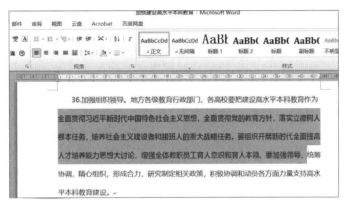

图3.4.8 选定需要复制格式的文字

（3）确定需要复制格式的文字：确定好哪些文字需要用相同的格式，以图3.4.8中加粗字体以外的其他字体为例。

（4）选中加粗字体：单击鼠标左键，拖动鼠标，选中加粗字体。

（5）点击【开始】选项卡下的【格式刷】按钮：在工具栏找到【开始】选项卡，单击【格式刷】按钮。

（6）给文字粘贴相同的格式：单击【格式刷】按钮后，当光标箭头朝向反方向后，在段落开始处单击鼠标左键，并拖动至文字结尾处，即对所选中的文字完成了格式的复制，如图3.4.9所示。

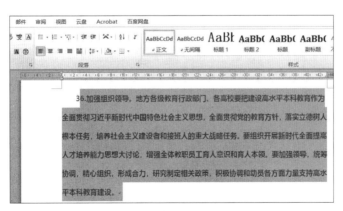

图3.4.9 文字格式复制结果

3.4.1.5 文字方向的设置

在编辑文本时，有时需要对文字进行横排或竖排的设置，常用的操作方法有以下两种。

1．利用文字方向选项命令

（1）打开一篇Word文档，点击【页面布局】选项卡功能区中的【页面设置】组中的【文字方向】命令，在【文字方向】命令中选择【文字方向选项】，打开【文字方向】对话框，如图3.4.10所示。

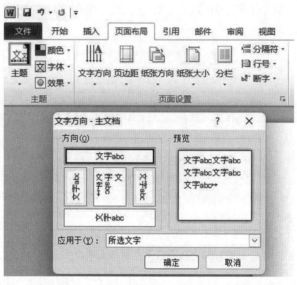

图3.4.10　选择及打开【文字方向】对话框

（2）选择【方向】区域中所需要设置的文字方向的图框后，在【预览】框中可以显示效果，单击【确定】就完成了文字方向的选择。

2．利用【文字方向】下拉列表中的【水平】、【垂直】命令

（1）打开一篇Word文档，选中文字后点击【页面布局】选项卡，接着点击【文字方向】，就会弹出下拉列表，如图3.4.11所示。

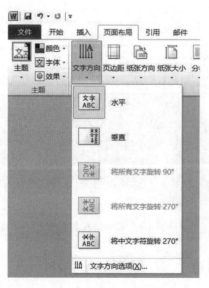

图3.4.11　【文字方向】下拉列表

（2）选择【垂直】命令，单击后被选中的文字就变成了竖排，如图3.4.12所示。

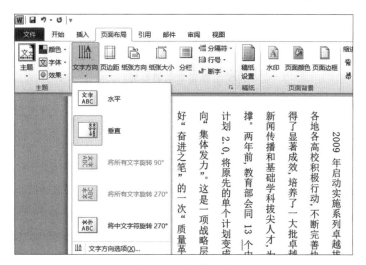

图3.4.12　竖排效果

3.4.2　段落格式的设置

段落格式的设置是指对整个段落的外观处理，段落可以由文字、图形等构成，以回车键作为结束标识符。段落格式的设置包括段落文本对齐方式、段间距、边框和底纹的设置等。在【开始】选项卡中打开【段落】组，如图3.4.13所示，可以通过选择该组中的相应按钮来进行所需要的操作。

图3.4.13　【段落】组

3.4.2.1　文本对齐方式的设置

段落的文本对齐方式有左对齐 ▤ 、右对齐 ▤ 、两端对齐 ▤ 、居中 ▤ 和分散对齐 ▤ 五种，其默认文本对齐方式是两端对齐。如要设置某一段落文本对齐方式为右对齐，操作步骤如下。

（1）选定要设置格式的段落。

（2）单击【段落】组的【右对齐】按钮 ▤ ，即可将段落文本设置为右对齐。

3.4.2.2　底纹的设置

（1）选定需要设置底纹的段落或文本。

（2）单击【段落】组的【底纹】按钮 ▤ 右侧的下三角形按钮，在弹出的颜色选择列表中选择需要的颜色，可多次选择直到满意为止，如图3.4.14所示。

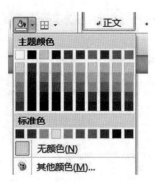

图3.4.14 【底纹】选择列表

3.4.2.3 行间距和段间距的设置

行间距是指段落中每行文本之间的距离，Word默认的行间距是单倍行距。段间距是指段与段之间的距离，包括本段与上一段之间的段前间距及本段与下一段之间的段后间距。它们都可以通过【段落】对话框来设置，也可以通过【段落】组来设置。

1．行间距的设置步骤

（1）选择需要设置行间距的段落。

（2）单击【行和段落间距】按钮 ≡· 右侧的下三角形按钮。

（3）在弹出的下拉列表中选择合适的行间距，如图3.4.15所示。

（4）如果没有合适的行间距可选，单击【行距选项】命令，则会弹出【段落】对话框，在【间距】栏可设置行距，如图3.4.16所示。

图3.4.15 【行和段落间距】下拉列表

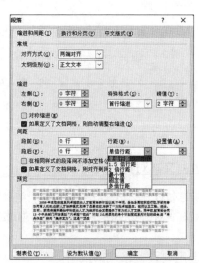

图3.4.16 【段落】对话框

2．段间距的设置

（1）单击【段落】组中的 按钮。

（2）在图3.4.16中的【间距】栏下方的【段前】、【段后】文本框中直接输入间距的数值或点击上、下三角形按钮进行选择设置。

3.4.2.4　段落缩进的设置

段落缩进是指段落文字的边界相对于左、右页边距的距离，包括以下四种格式：

（1）左缩进：段落左侧边界与左页边距的距离。

（2）右缩进：段落右侧边界与右页边距的距离。

（3）首行缩进：段落首行第一个字符与左侧边界的距离。

（4）悬挂缩进：段落中除首行以外的其他各行与左侧边界的距离。

设置段落缩进可以使段落区别于前面的段落，使段落层次分明。常用以下四种方法进行段落缩进的设置。

1．利用【段落】选项卡进行设置

（1）选中要设置缩进的段落，单击右键后选择【段落】命令（图3.4.17），打开【段落】对话框。

（2）对【缩进】、【间距】选项卡进行所需要的段落缩进设置，如图3.4.18所示。

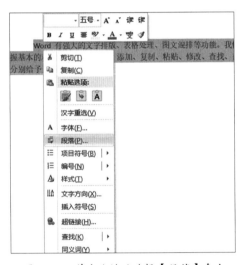

图3.4.17　单击右键后选择【段落】命令

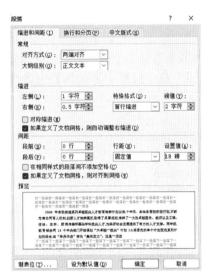

图3.4.18　段落缩进设置对话框

2．利用水平标尺进行设置

（1）水平标尺上有四个段落缩进滑块：首行缩进、悬挂缩进、左缩进以及右缩进，如图3.4.19所示。

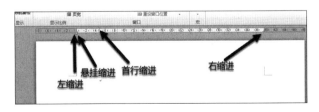

图3.4.19　水平标尺

（2）选定后，按住鼠标左键拖动它们即可完成相应的缩进，如果要精确缩进，可在拖动的同时按住"Alt"键，此时标尺上会出现刻度。

Word段落设置缩进两个字符，是针对中文而言的，其相当于英文的四个字符，所以在进行英文字符的缩进设置时要注意。

3．利用【段落】组进行设置

单击文档的【开始】按钮选择【段落】组，单击其中的【减少缩进量】按钮 或【增加缩进量】按钮 ，可以将所选段落左移或右移一个汉字位置。

4．利用【页面布局】选项卡进行设置

单击【页面布局】功能区中的【段落】，使用其中的【缩进】命令，通过调整字符数可以实现所选段落左移或右移相应的字符数。

3.4.2.5 边框和底纹的设置

在文档中往往要对某些内容进行强调或美化，这时可以为指定的段落、图形或表格等添加边框、底纹。其操作步骤如下。

（1）打开一篇Word文档，选择要标记的段落或文字。

（2）单击【开始】选项卡功能区中的【段落】组，单击【边框】按钮 中的下三角形，弹出【边框】下拉列表，如图3.4.20所示。

（3）在【边框】下拉列表中选择【边框和底纹】命令，弹出【边框和底纹】对话框，如图3.4.21所示。

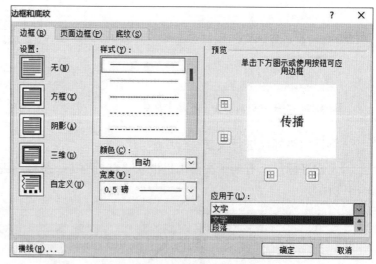

图3.4.20 【边框】下拉列表　　　　图3.4.21 【边框和底纹】对话框

（4）在【边框和底纹】对话框中可以进行以下设置。

①加边框：对编辑对象边框的样式、颜色、宽度等外观效果进行设置。

②加页面边框：为页面加边框，设置页面边框与设置边框类似，在此不再赘述。

③加底纹：在【填充】下拉列表中选择底纹的颜色（背景色），在【样式】下拉列表

中选择底纹的样式，在【颜色】下拉列表中选择底纹内填充的颜色（前景色），如图3.4.22所示。

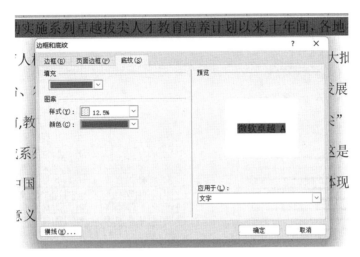

图3.4.22 加底纹的效果

④设置完毕后，单击【确定】按钮退出对话框。

3.4.3 项目符号和编号的设置

项目符号和编号是添加在段落前面的符号，可以是字符、符号、图片和编号。添加项目符号和编号可以使一些需要分类阐述的条目显示更清晰，也可以起到美化的作用。

3.4.3.1 添加项目符号操作步骤

（1）打开一篇Word文档，选定要添加项目符号的文本内容。

（2）在工具栏选择【开始】，单击【段落】组中的【项目符号库】的下三角形按钮，就可以选择系统已有的一些符号，如图3.4.23所示。

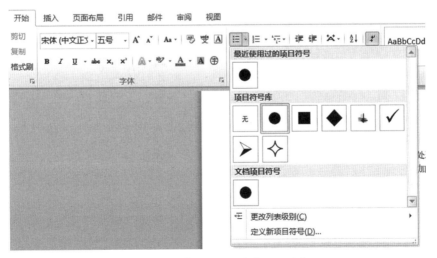

图3.4.23 【项目符号库】下拉列表

（3）选定自己想要的符号图片后，单击其即可。如果对其中的图片都不满意也可以点击【定义新项目符号】进行自定义符号图案，如图3.4.24所示。单击【符号】按钮，弹出【符号】对话框，如图3.4.25所示。

（4）点击选定的符号后单击两次【确定】按钮即可插入该符号，同时退出对话框。

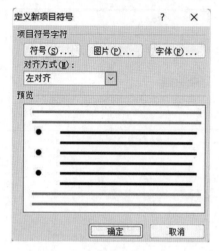

图3.4.24　【定义新项目符号】对话框

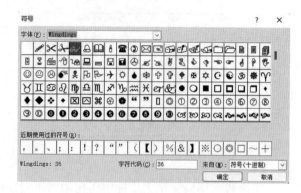

图3.4.25　【符号】对话框

3.4.3.2　添加编号操作步骤

（1）打开一篇Word文档，选定要添加编号的段落。

（2）在工具栏选择【开始】，单击【段落】组中的【编号】的下三角形按钮就可以选择【编号库】中已有的编号格式，如图3.4.26所示，单击即可选定自己想要的编号格式。

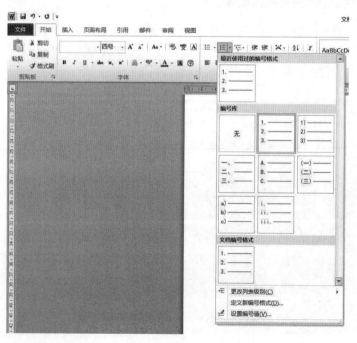

图3.4.26　【编号库】

（3）如果对其中的编号格式都不满意，也可以点击【定义新编号格式】进行自定义编号设置，如图3.4.26所示。在【定义新编号格式】对话框中可以按照自己的需要对【编号样式】、【字体】、【对齐方式】等内容进行设置，如图3.4.27所示。

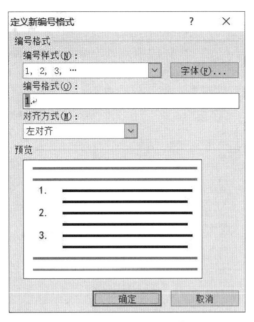

图3.4.27　【定义新编号格式】对话框

（4）设置完毕后单击【确定】按钮即可得到所需的编号，同时退出对话框。

3.4.4　页面格式的设置

3.4.4.1　页面设置

页面设置是指根据需要对文档的纸张大小、页边距与纸张方向等内容进行设置。

1．纸张大小设置

（1）选用内置纸张大小。

打开一个要设置纸张大小的Word文档，选择【页面布局】选项卡，单击【纸张大小】图标的下拉三角形，弹出下拉列表。一般的Word文档，默认纸张为A4纸，没特殊要求的文档用A4纸即可，如图3.4.28所示。

（2）自定义纸张大小。

打开一个要设置纸张大小的Word文档，选择【页面布局】选项卡，单击【纸张大小】图标的下拉三角形，选择下拉列表中的【其他页面大小】，打开【页面设置】对话框，在【纸张】选项卡中单击【纸张大小】的下拉列表框，把滑块拖到最下面，选择【自定义大小】，在【宽度】和【高度】中输入数值，单击【确定】，则当前文档的所有页面变为所设置的宽度和高度，如图3.4.29所示。

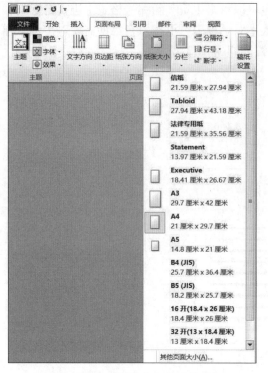

图3.4.28 【纸张大小】下拉列表

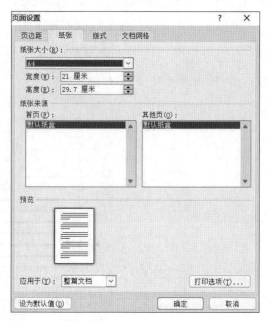

图3.4.29 点击【其他页面大小】后弹出的对话框

2．页边距设置

（1）选用内置页边距。

打开一个要设置页边距的Word文档，选择【页面布局】选项卡，单击【页边距】图标的下拉三角形，弹出下拉列表，一般的页边距样式默认选中【普通】（上、下都为2.54厘米，左、右都为3.18厘米），如图3.4.30所示。

（2）自定义页边距。

选择【页面布局】选项卡，单击【页边距】图标的下拉三角形，选择下拉列表最下面的【自定义边距】，打开【页面设置】对话框，并选择【页边距】选项卡，根据需要设置上、下、左、右的数值，单击【确定】，则当前文档的页边距变为所设置的值。

在【页面设置】对话框中，还可以设置装订线的位置和距离，其中【装订线位置】可设置为"左"或"右"。装订线默认为0厘米，也就是装订线在两张连着纸的中间，这种情况一般用于书本页数不多的时候；如果书本页数多，一般要把装订线内移一点，例如设置为0.3厘米，如图3.4.31所示。

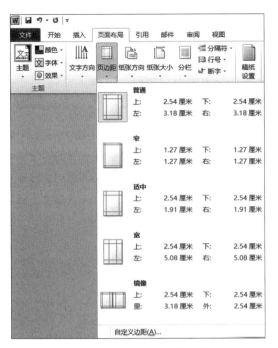

图3.4.30 【页边距】下拉列表

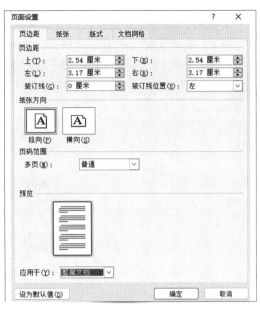

图3.4.31 点击【自定义边距】后弹出的对话框

3．纸张方向设置

纸张方向分为纵向和横向两种，一般默认为【纵向】，即页面的水平宽度小于页面的垂直高度。纸张方向的设置方法比较简单，单击【页面布局】选项卡的【纸张方向】图标，在弹出的对话框中只有纵向和横向两个选项，如图3.4.32所示。如果要求页面宽度大于高度时，可以选择【横向】，例如制作一些宽表格的时候。

图3.4.32 【纸张方向】对话框

3.4.4.2 页眉和页脚的设置

页眉与页脚就是指文档中每个页面的顶部、底部和两侧页边距中的区域。排版时可以在页眉和页脚中插入文件名、标题名、页码等内容，从而大大丰富页面的样式。其操作步骤如下。

（1）打开一篇Word文档，在功能区点击【插入】选项卡。

（2）单击【页眉】命令，在弹出的对话框中选择【编辑页眉】，也可以在预设中选择内置的模板，如图3.4.33所示。

（3）在编辑页眉内容的界面，既可以输入文字，也可以和文字编辑一样设置字体格式；位置可以双击定位，或者用段落对齐的方式调整页眉位置，如图3.4.34所示。

（4）转至页脚，设置页码格式，插入页码，方法与页眉设置相似。

（5）单击【关闭页眉和页脚】按钮退出编辑。

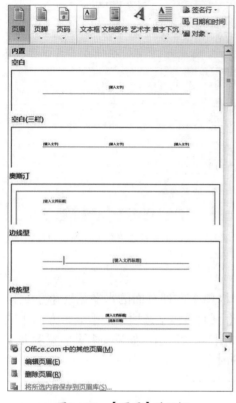

图3.4.33 【页眉】对话框

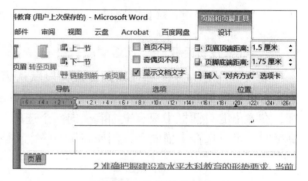

图3.4.34 编辑页眉内容

补充说明：

（1）如果要创建首页不同的页眉和页脚，可以双击已经插入在文档中的页眉和页脚区域，在出现的【页眉和页脚工具】选项卡中选定【首页不同】的复选框，这样文档首页定义的页眉与页脚就会被删除，可以重新进行设置。

（2）如果想为奇偶页创建不同的页眉或页脚，在【页眉和页脚工具】选项卡中选定【奇偶页不同】的复选框，就可以分别进行设置了。

3.4.4.3 分栏的设置

在进行Word文档编辑时，通常会用到分栏设置，从而达到编排出类似于报纸、公告、卡片等形式的多栏版式效果。其操作步骤如下。

（1）打开一个Word文档，在功能区选择【页面布局】选项卡，单击【分栏】按钮，从下拉列表中可以选择分栏数目，若觉得内置的模板不符合要求，可以选择【更多分栏】命令，如图3.4.35所示。

（2）在单击【更多分栏】命令后弹出的对话框中，【栏数】里面按需要填写数字，还可以设置栏的宽度等，如图3.4.36所示。

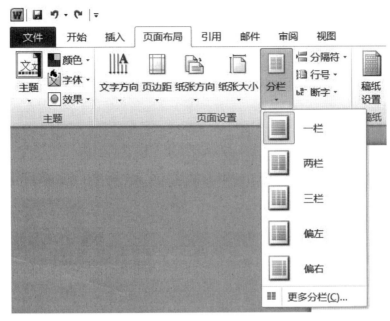

图3.4.35　【分栏】的下拉列表

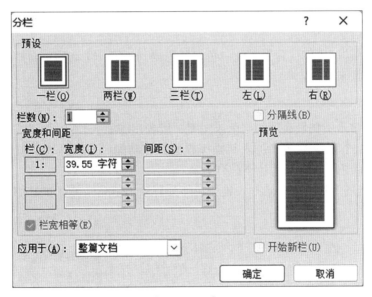

图3.4.36　点击【更多分栏】后弹出的对话框

（3）设置完毕后单击【确定】按钮退出设置。

3.4.4.4　分页符和分节符的设置

1．分页符

分页符为强制分页，是从插入点开始分页的，前后页还是在同一节中，设置的格式、样式等不受分页影响。其操作步骤如下。

（1）打开一个Word文档，将插入点定位到计划强制分页的位置。

（2）点击工具栏中的【页面布局】选项卡，单击【分隔符】命令后弹出下拉列表，在列表中点击【分页符】，强制分页的内容就会被移到下一页，这样就完成了分页符的插入，如图3.4.37所示。

2．分节符

分节符是将文档在插入点分为不同节，在同一节内各页可以统一设置页码、页眉和页脚等。其操作步骤如下。

（1）将光标放在一段文字的前面，然后点击工具栏中的【页面布局】选项卡，单击【分隔符】命令后弹出下拉列表。

（2）在弹出的下拉列表（图3.4.37）中，选择【分节符】下的【连续】选项。

（3）不断点击【连续】选项，该段文字就不断下移，这就是插入分节符后的效果。

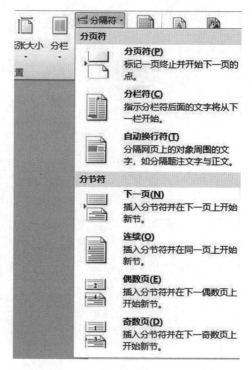

图3.4.37　【分隔符】的下拉列表

3.4.4.5　背景的设置

Word 2010默认的工作区背景是纯白色，要想得到丰富、生动的页面显示效果，可以通过给文档设置背景来实现。

1．背景

文档背景是显示文档最底层的颜色或图案，设置步骤如下。

（1）打开一个Word文档，进入其操作界面，在功能区选择【页面布局】选项卡，单击其中的【页面颜色】选项后弹出下拉列表。

（2）在弹出的下拉列表中选择一种颜色作为背景色填充即可，如图3.4.38所示。

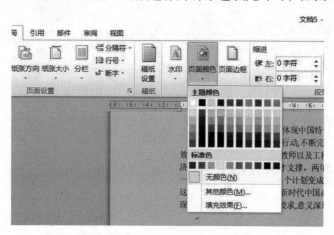

图3.4.38　在【页面颜色】下拉列表中选定背景色

（3）点击下拉列表的【填充效果】会出现【填充效果】对话框，点击【纹理】选项卡，可以进行纹理填充，如图3.4.39所示。

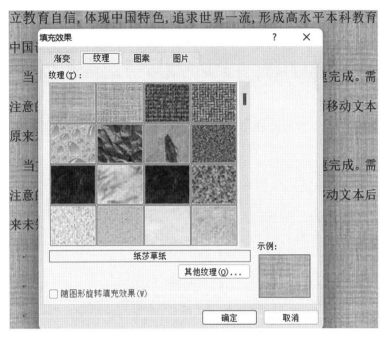

图3.4.39　纹理的填充

（4）在【填充效果】对话框点击【图案】选项卡，则可以进行图案填充，如图3.4.40所示。

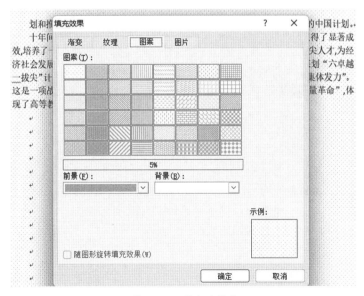

图3.4.40　图案的填充

2．水印

用户可在正文文字的下面添加文字或图形，设置步骤如下。

（1）打开一个要添加水印的文档，选择【页面布局】选项卡。

（2）点击【水印】的下拉箭头，弹出水印内置模式的对话框，按需选择其中的一种模式即可，如图3.4.41所示。

图3.4.41　【水印】设置效果

（3）如果内置模式不符合需要，可以选择【自定义水印】，在弹出的【水印】对话框中对水印的属性按照需要进行设置即可，如图3.4.42所示。

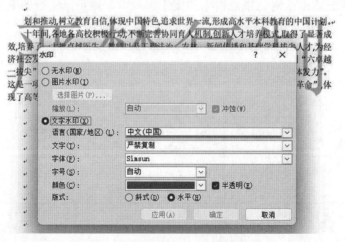

图3.4.42　【自定义水印】的设置选项

3.5　表格制作

表格是一种简单、扼要的表达方式。在许多文档中，常用表格的形式来表达某一事物，它具有清晰、直观、信息量大的特点。Word 2010提供了表格插入、表格编辑、表格计算等功能，使用户可以方便地制作和使用表格。

3.5.1 创建表格

一张表格由若干行和列组成，行和列的交叉区域称为单元格，它是表格的最小组成单元。在处理表格之前，需要先创建表格，Word 2010提供了自动插入表格和手工绘制表格两种创建表格的方式，一般情况下多采用自动插入表格的方式，而对不规则表格则采用手工绘制表格的方式。

3.5.1.1 自动插入表格

若插入的表格少于8行10列，可采用自动插入表格的方式来灵活创建，操作步骤如下。

（1）打开一个Word文档，将鼠标光标移到需要插入表格的地方，点击【插入】选项卡中的【表格】命令，弹出其下拉列表，如图3.5.1所示。

图3.5.1 【表格】的下拉列表

（2）在下拉列表中按需要在单元格中选择行、列的数目。

（3）选定后，表格就添加在插入的地方，如图3.5.2所示。

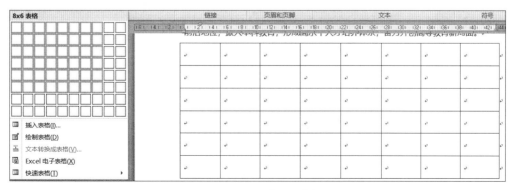

图3.5.2 插入选定的表格

3.5.1.2　手工绘制表格

（1）打开一个Word文档，将鼠标光标移到需要插入表格的地方，在工具栏中单击【插入】选项卡中的【表格】命令，在弹出的列表中选择【绘制表格】，如图3.5.3所示。

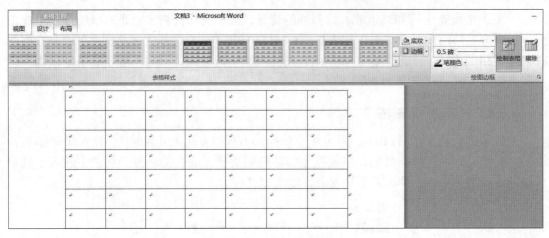

图3.5.3　选择【绘制表格】

（2）这时就可以在文档中根据自己的需要来制作各种各样的表格，如果制作错误可以使用右上角的【擦除】工具进行擦除。

3.5.1.3　快速插入表格

为了快速制作出符合要求的表格，Word 2010提供了许多内置表格，通过这些内置表格可以快速插入表格并输入信息。操作方法为：点击【表格】选项卡下拉列表中的【快速表格】命令，选择所需的格式，点击后就可以插入内置表格，如图3.5.4所示。

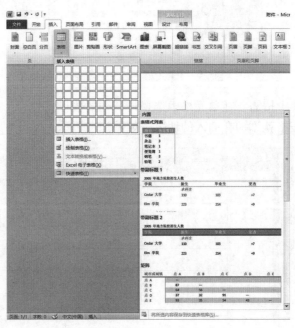

图3.5.4　【快速表格】的选项

3.5.1.4　文本与表格的相互转换

1. 文本转换成表格

（1）打开一个Word文档，选中要转换的文本，选择【插入】选项卡，单击【表格】下三角形按钮，在弹出的下拉列表中点击【文本转换成表格】，如图3.5.5所示。

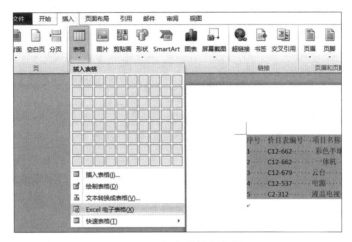

图3.5.5　文本转换成表格

（2）在弹出的【将文字转换成表格】对话框中，在【文字分隔位置】中选择【逗号】（图3.5.6），然后点击【确定】。

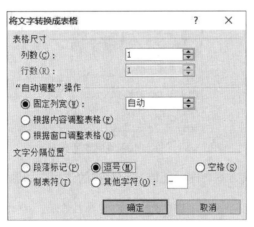

图3.5.6　设置文字分隔位置

（3）完成转换，如图3.5.7所示。

序号	价目表编号	项目名称	数量
1	C12-662	彩色半球摄像机	1
2	C12-662	一体机	1
3	C12-679	云台	1
4	C12-537	电源	5
5	C2-312	液晶电视	3

图3.5.7　文本转换成的表格

2．表格转换为文本

（1）选中表格，选择【布局】选项卡，再点击【转换为文本】，如图3.5.8所示。

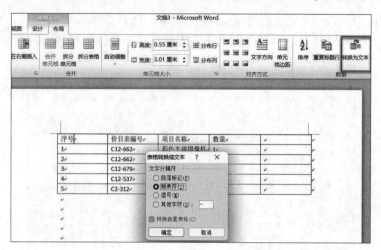

图3.5.8　选择【转换为文本】命令

（2）在弹出的【表格转换成文本】对话框中，在【文字分隔符】位置选择【制表符】（图3.5.9），然后点击【确定】。

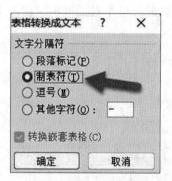

图3.5.9　【表格转换成文本】对话框

（3）完成表格转换成文本，同时还能起到对齐的作用，如图3.5.10所示。

序号	→	价目表编号	→	项目名称	→	数量
1	→	C12-662	→	彩色半球摄像机→	1
2	→	C12-662	→	一体机	→	1
3	→	C12-679	→	云台	→	1
4	→	C12-537	→	电源	→	5
5	→	C2-312	→	液晶电视	→	3

图3.5.10　转换后的文本

3.5.2　编辑表格

表格创建好以后还需要对表格进行一些编辑，以达到实际需要的要求，主要包括添加表格的行、列，调整它们的高度和宽度，表格的合并与拆分，删除表格等内容。

3.5.2.1 选择表格

对表格进行编辑前，先要确定编辑的对象，然后才能进行表格、行列及单元格的操作。选择表格对象常用的操作方法有以下几种：

（1）选择整个表格。

将鼠标光标定位到表格的左上角，用鼠标左键单击出现的【表格的移动控制点】图标就可以选定整个表格。或者按住鼠标左键将光标从左上角拖到右下角，松开鼠标即可选定整个表格。

（2）选定表格中的一行。

将鼠标光标移到要选择的行左侧的空白区，当鼠标指针变为时单击即可选定该行。

（3）选定表格中的一列。

将鼠标光标移到需要选择的列的上方，当鼠标指针变为时单击即可选定该列。

（4）选定单元格。

可选定单个、连续或非连续单元格。单个单元格的选定方法是将鼠标光标移到要选定单元格，出现右上的箭头时单击即可；连续或非连续单元格的选定方法是拖动鼠标选定单元格即可。

3.5.2.2 单元格大小的调整

创建表格时，表格的行高和列宽都是默认值，可能并不符合实际要求，因而需要进行调整。

1．调整列宽

将鼠标光标移到表格区的竖线上，当鼠标指针变成 时，按住鼠标左键向左或右方向拖动，就可以实现列宽的调整。

2．调整行高

将鼠标光标移到表格区的横线上，当鼠标指针变成时，按住鼠标左键向上或下方向拖动，就可以实现行高的调整。

3．使用【自动调整】命令

可以直接使用【自动调整】命令中的三种自动调整方式，如图3.5.11所示，操作步骤如下。

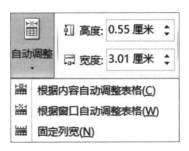

图3.5.11 【自动调整】的选项

（1）将鼠标光标移到表格的任意单元格。

（2）点击【布局】选项卡中的【单元格大小】选项，选择【自动调整】命令即可打开下拉选项，选择一种自动调整方式即可；也可以在表格的任意位置单击鼠标右键，在弹出的快捷菜单中选择【自动调整】中的所需命令。

4．使用【单元格大小】组

直接点击【布局】选项卡中的【单元格大小】右下角的 ▣ 按键，在弹出的【表格属性】对话框中根据需要填入相应的内容，如图3.5.12所示。

图3.5.12　【表格属性】对话框

3.5.2.3　行、列的插入和删除

在文档编辑中经常会出现表格的行数、列数不够用或有多余的情况，这时就要进行行和列的增加或删除。

1．插入行或列

（1）指定插入行或列的位置，然后单击【布局】选项卡中的【行和列】选项组的相应插入方式按钮即可，如图3.5.13所示。

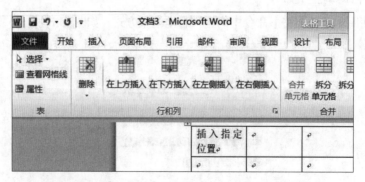

图3.5.13　在【行和列】选项组中选择行、列的插入方式

（2）指定插入行或列的位置，直接在插入的单元格中点击鼠标右键，在弹出的快捷菜

单中选择【插入】命令，在其右侧的选项框中选择所需要的选项即可，如图3.5.14所示。

图3.5.14 【插入】选项框

2．删除行或列

（1）选择需要删除的行或列，按键盘上的"Backspace"键；或者单击鼠标右键，在弹出的【删除单元格】对话框中根据提示删除选定的行或列，如图3.5.15所示。

图3.5.15 【删除单元格】对话框

（2）选择需要删除的行或列，单击【布局】选项卡中的【删除】按钮，在弹出的下拉菜单中选择【删除行】或【删除列】命令即可，如图3.5.16所示。

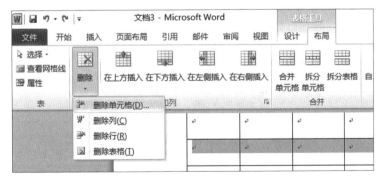

图3.5.16 【删除】命令的下拉列表

3.5.2.4　单元格的合并与拆分

合并单元格就是在制作表格时将两个或多个单元格合并为一个单元格，拆分单元格是将一个单元格分解为两个或多个单元格。

1. 合并单元格

（1）选定需要合并的单元格，如图3.5.17所示。

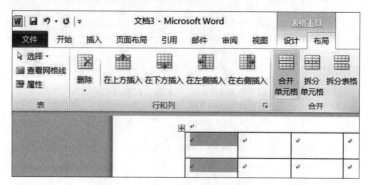

图3.5.17　选定需要合并的单元格

（2）在【布局】选项卡中点击【合并单元格】，效果如图3.5.18所示。

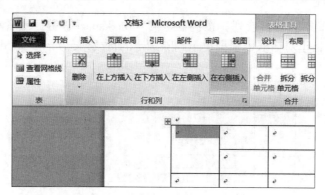

图3.5.18　合并单元格后的效果

2. 拆分单元格

（1）选定需要拆分的单元格，在【布局】选项卡中点击【拆分单元格】，在弹出的对话框中按照需要填写列数和行数，如图3.5.19所示。

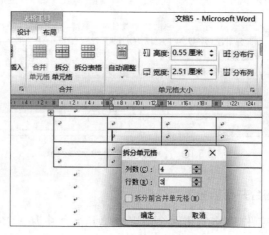

图3.5.19　【拆分单元格】对话框

（2）点击【确定】后就对选定单元格进行了拆分，效果如图3.5.20所示。

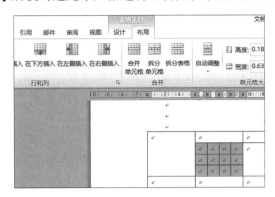

图3.5.20 拆分单元格后的效果

3.5.3 表格格式的设置

3.5.3.1 设置文字在单元格中对齐方法

（1）利用【布局】中的对齐方式：选定需要设置文字对齐的单元格，单击【布局】选项卡，在【对齐方式】组中选择所需的对齐方式即可，如图3.5.21所示。

图3.5.21 【对齐方式】组

（2）利用【表格属性】。
①选中整个表格，同时选中表格中的文字。
②接着右键点击选中的文字，在弹出菜单中选择【表格属性】，如图3.5.22所示。

图3.5.22 选择【表格属性】命令

③在弹出的【表格属性】对话框中点击【单元格】的选项卡，在【垂直对齐方式】中选择需要的对齐方式，如图3.5.23所示，点击【确定】即可。

图3.5.23　【表格属性】对话框

④表格中的文字居中对齐的效果如图3.5.24所示。

一流学科	一流学科	一流学科	一流学科	一流学科
一流学科	一流学科	一流学科	一流学科	一流学科
一流学科	一流学科	一流学科	一流学科	一流学科
一流学科	一流学科	一流学科	一流学科	一流学科

图3.5.24　居中对齐效果

3.5.3.2　设置文字方向

（1）打开一个Word文档，在含有文字的表格中，选择需要设置文字方向的单元格。

（2）单击【布局】选项卡，在【对齐方式】组中找到【文字方向】按钮，如图3.5.21所示。

（3）单击【文字方向】按钮，可将当前单元格的横排文字变为竖排；再次单击该按钮，又可将竖排文字变为横排。

3.5.3.3　设置表格边框和底纹

（1）打开一个有表格的Word文档。

（2）选择【表格工具】，点击【设计】选项卡，其中有许多模板可以选用，选中之后对其单击即可，如图3.5.25所示。

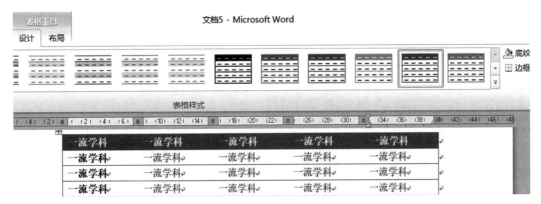

图3.5.25 【设计】选项卡

（3）还可以自定义边框，在【设计】选项卡中点击【边框】的下三角形按钮进行设置。

（4）此外，也可以直接选中要设置的单元格，然后在【设计】选项卡中点击【底纹】，就可以设置需要的底纹颜色。

3.5.4 表格中的数据处理

3.5.4.1 表格中的数据计算

（1）选中要进行计算的单元格。

（2）选择【表格工具】中【布局】功能区的【数据】组，点击【公式】选项，弹出的【公式】对话框，如图3.5.26所示。

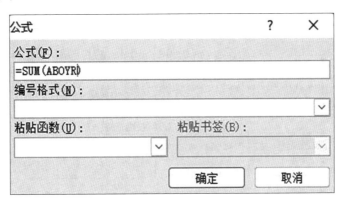

图3.5.26 【公式】对话框

（3）在【粘贴函数】的下拉列表中选择所需的函数，或在【公式】下的方框中直接输入公式。

（4）设置好后单击【确定】按钮。

3.5.4.2 表格中的数据排序

（1）选择需要排序的表格。

（2）选择【表格工具】中【布局】功能区的【数据】组，点击【排序】，弹出【排序】对话框，如图3.5.27所示。

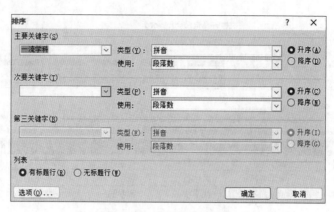

图3.5.27 【排序】对话框

（3）在对话框中设置【主要关键字】、【类型】等。

（4）设置好后单击【确定】按钮。

3.5.5　插入图表

Word可以将表格中的部分或全部数据生成各种形象的统计图，这些统计图能使文档更加简单明了地表达内容。插入图表的基本操作步骤如下。

（1）单击【插入】选项卡【插图】中的【图表】，弹出【插入图表】对话框。

（2）单击【插入图表】对话框左侧的图表类型，再在右侧选择所需的图表后单击【确定】按钮，即可完成图表的插入，如图3.5.28所示。

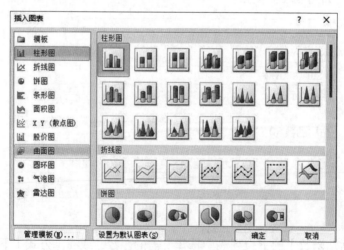

图3.5.28 【插入图表】对话框

3.6　图文混排

Word 2010不但能够对文本进行编辑，还能够在文档中插入图片、艺术字等，通过图文混排可以使文档更加美观，也更能直观明了地表达内容。

3.6.1　图片

3.6.1.1　插入图片文件

（1）打开一个Word文档，选择需要插入图片的位置。

（2）点击【插入】功能区的【插图】组中的【图片】命令，弹出【插入图片】对话框，如图3.6.1所示。

图3.6.1　【插入图片】对话框

（3）在【插入图片】对话框中找到所需要插入图片的盘符及所在的文件夹位置，打开文件夹选中图片之后，点击【插入】按钮，就完成了所选图片的插入。

3.6.1.2　插入剪贴画

（1）打开一个Word文档，选择需要插入剪贴画的位置。

（2）点击【插入】功能区的【插图】组中的【剪贴画】命令，在弹出的【剪贴画】任务窗口中输入需要查找的内容，单击【搜索】按钮，显示本电脑中保存的剪贴画，如图3.6.2所示。

（3）单击要插入的剪贴画，即可完成插入剪贴画的操作。

图3.6.2　【剪贴画】任务窗口

3.6.1.3 编辑图片

1. 图片的移动、复制和删除

图片的移动、复制和删除的操作方法与文本的操作相同，只需将鼠标光标定位在图片上就可以实现。

2. 图片大小的调整

图片大小的调整方法有两种：拖动鼠标调整和设置数据精确调整。

（1）拖动鼠标调整大小：选择图片，此时，图片四周边框上会出现八个调整控制点，如图3.6.3所示，将鼠标光标放于控制点上，当鼠标光标变为双向箭头时按住鼠标左键拖动，调整图片大小。

（2）设置数据精确调整大小：选择文档中的图片，点击【图片工具】中的【格式】选项卡，在【大小】组的【高度】和【宽度】文本框中，可输入指定的数值来精确设置图片的大小，如图3.6.4所示。

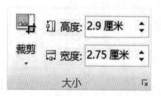

图3.6.3　拖动鼠标调整图片大小　　　　　图3.6.4　精确调整图片大小

3. 设置文字的环绕方向

（1）打开一个Word文档，鼠标光标定位在文档中的某个位置，插入图片。

（2）选中图片，工具栏上方弹出【图片工具】菜单，单击【格式】选项卡，在【排列】组中单击【位置】按钮，使用【位置】下拉列表内置的位置样式可以改变图片在文档中的位置，如图3.6.5所示。

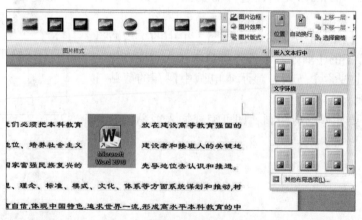

图3.6.5　【位置】的下拉列表

（3）选中插入的图片，单击【格式】选项卡，在【排列】组中单击【自动换行】的下三角形按钮，即可在【自动换行】下拉列表中选择文字环绕方向。如选择【四周型环绕】，即在图片矩形区域外环绕文字，如图3.6.6所示。

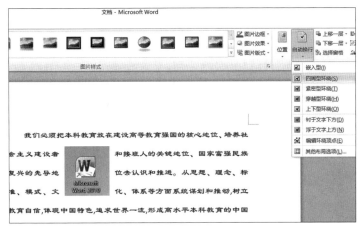

图3.6.6 【自动换行】的下拉列表

4．裁剪图片

（1）打开一个Word文档，选中要裁剪的图片，在【格式】选项卡的【大小】组中单击【裁剪】按钮，图片进入裁剪状态，如图3.6.7所示。

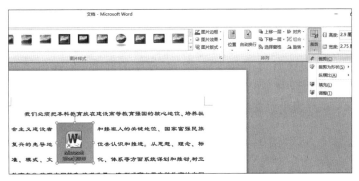

图3.6.7 选定的图片进入裁剪状态

（2）把鼠标光标移到虚线框的其中一段或一个直角上，就可以调整框选区域，例如把鼠标光标移到图片右下角的虚线框直角上，鼠标光标随即也变为直角的形状，按住左键往里移动，把虚线框移到更靠近图标的位置，如图3.6.8所示。

（3）按回车键，虚线框外的区域被裁剪掉，如图3.6.9所示。

图3.6.8 裁剪操作　　图3.6.9 裁剪完成

5．调整图片的颜色、亮度、对比度和背景

最为简单直接的方法是利用【调整】组中的各项命令按钮来实现，如图3.6.10所示。还可以利用【设置图片格式】对话框中的相关选项来实现，如图3.6.11所示。

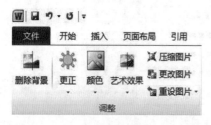

图3.6.10 【调整】组中的各项命令按钮　　　图3.6.11 【设置图片格式】对话框

3.6.2 插入艺术字

Word中的艺术字也是作为一种图形来设置的，文档自带的艺术字功能能够使文档变得更加美观。在文档中插入艺术字的操作步骤如下。

（1）打开一个Word文档，选中要修饰的一段文字。

（2）在顶部菜单栏中点击【开始】，找到艺术字的选项按钮 A·，点击下三角形按钮打开，在艺术字的设置界面当中，我们可以选择自己喜欢的一种艺术字形式，点击其即可，同时也可以通过选择下拉列表设置文字的轮廓、阴影、映像和发光效果等，如图3.6.12所示。

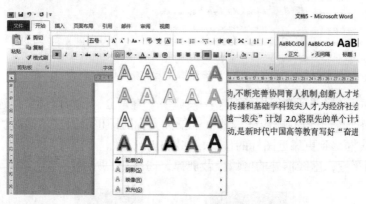

图3.6.12 【艺术字】的设置界面

3.6.3 绘制图形

3.6.3.1 绘制自选图形

（1）打开一个Word文档，选择【插入】功能区，在【插图】组中单击【形状】按钮，并在打开的形状面板下拉列表中单击需要绘制的形状（例如选中【箭头总汇】区域的【右箭头】选项），如图3.6.13所示。

（2）将鼠标指针移动到Word 2010页面位置，按下左键拖动鼠标即可绘制图形。如果在释放鼠标左键以前按下"Shift"键，则可以成比例绘制形状；如果按住"Ctrl"键，则可以在两个相反方向同时改变形状大小。将图形大小调整至合适大小后，释放鼠标左键，即可完成对自选图形的绘制，如图3.6.14所示。

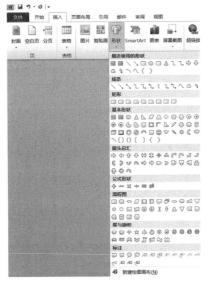

图3.6.13 【形状】的下拉列表

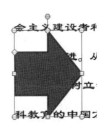

图3.6.14 绘制完成效果

3.6.3.2 在自选图形中添加文字

（1）打开一个Word文档，选择【插入】功能区，点击功能区的【形状】选项。

（2）在【形状】下拉菜单中选择好要添加的图形，单击鼠标左键，图形就添加到文档里面，如图3.6.15所示。

图3.6.15 选择并插入图片

（3）点击鼠标左键将其选中，然后点击鼠标右键出现侧拉菜单，再点击侧拉菜单上面的【添加文字】，如图3.6.16所示。

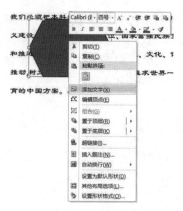

图3.6.16　选择【添加文字】

（4）点击【添加文字】后根据需要对拟输入文字的字体、字号、颜色等进行设置。

（5）设置好后，在图形里面输入文字，就完成了文字添加，如图3.6.17所示。

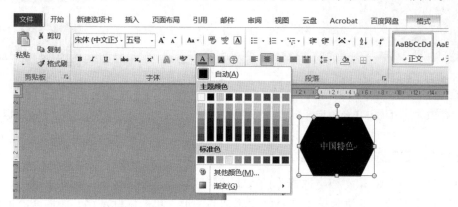

图3.6.17　添加文字后的效果

3.6.3.3　图形的组合

（1）点选一个图形，再按"Shift"键，加选另一个图形，这时两个图形都被同时选中。

（2）点开【格式】选项卡，在下方展开的功能组中，找到【组合】的按钮，如图3.6.18所示。

（3）点击后在弹出菜单中再点击【组合】即可完成图形的组合，如图3.6.19所示。

图3.6.18　找到【组合】按钮

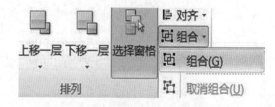

图3.6.19　打开并选定【组合】按钮

3.6.3.4　图形的叠放次序

（1）选择要调整叠放次序的图形。

（2）点开【格式】选项卡，在【排列】组中点击【上移一层】或【下移一层】的下拉列表，选择相关选项即可完成次序的叠放。

3.6.3.5 图形的旋转

（1）打开一个Word文档，选中形状或图片，单击【图片工具】中【格式】选项卡。

（2）单击【排列】组中的【旋转】按钮，在弹出的下拉列表中根据需要选择【向右旋转90°】、【向左旋转90°】等选项，如图3.6.20所示。

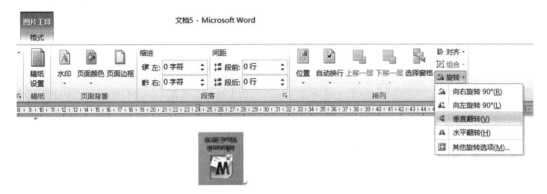

图3.6.20 【旋转】按钮的下拉列表

（3）精确调整旋转的角度，有三种方法。

①单击【形状样式】的按钮，在弹出的【设置形状格式】对话框中单击【三维旋转】命令，可以对图片进行旋转设置，如图3.6.21所示。

图3.6.21 【三维旋转】命令

②单击【排列】组中的【旋转】按钮，在下拉列表中选择【其他旋转选项】，在弹出的【布局】对话框中选择【大小】选项卡，在【旋转】栏输入需要旋转的具体角度，然后单击【确定】即可，如图3.6.22所示。

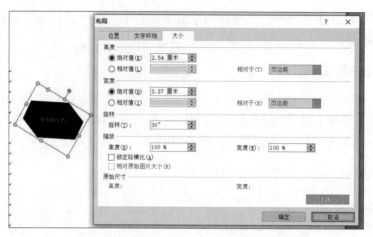

图3.6.22　【大小】选项中的【旋转】设置

③使用图形上的旋转手柄旋转图形。

3.6.3.6　SmartArt图形

（1）打开一个Word文档，点击【插入】，选择【SmartArt】，在弹出的【选择SmartArt图形】对话框中，单击【层次结构】，单击【组织结构图】，然后单击【确定】，如图3.6.23所示。

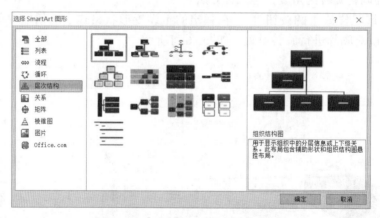

图3.6.23　【选择SmartArt图形】对话框

（2）单击左侧【文本】窗格中的文本输入框，键入文本内容，完成SmartArt图形的设置，如图3.6.24所示。

图3.6.24　完成SmartArt图形的设置

3.6.4　文本框的插入和简单编辑

文本框可以将文字和图片精准定位，在文档中，它既可以被当作图形处理，也可以被当作文本处理，编辑好的文本框可以被拖动到任何位置。

（1）打开一个 Word 文档，单击【插入】选项卡功能区中【文本】组的【文本框】按钮，从弹出的【内置】下拉列表框中选择【简单文本框】选项，在文档中就插入了一个简单文本框，如图3.6.25所示。

图3.6.25　插入简单文本框

（2）在文本框中输入文本如"六卓越一拔尖"，然后将鼠标指针移动到文本的边线上，按住鼠标左键不放，将文本框拖动到合适的位置，释放左键。

（3）选中文本如"六卓越一拔尖"，单击【开始】选项卡，对其字体、字号等进行编辑，如图3.6.26所示。

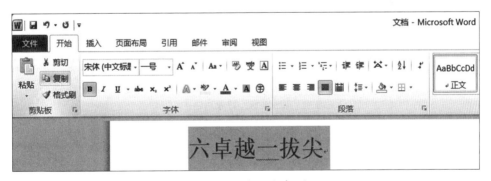

图3.6.26　文本的简单编辑

3.6.5　公式的插入

使用Word编写某些学术文档时，经常要用到许多数学公式，在Word 2010中既可以快速地在文档中插入多种常见的数学公式，也可轻松地创建自己的数学公式，操作步骤如下。

（1）打开一个Word文档，将鼠标光标定位到需要插入数学公式的目标位置，单击

【插入】选项卡的【符号】选项组中的【公式】按钮的下三角形按钮，在随即打开的【内置】下拉选项中，单击某个公式，便可将其快速插入到文档中，如图3.6.27所示。

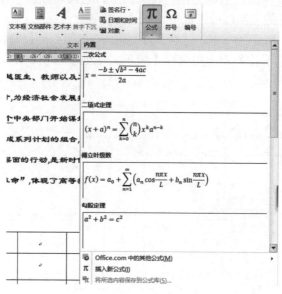

图3.6.27　【公式】的下拉列表

（2）此时，功能区中将出现【公式工具】的【设计】选项卡，使用它便可轻松编辑数学公式。在【符号】选项组中单击下拉的"其他"按钮，展开符号库以便查找更多数学符号，如图3.6.28。而单击符号库标题按钮，则可通过下拉列表切换到其他符号库。

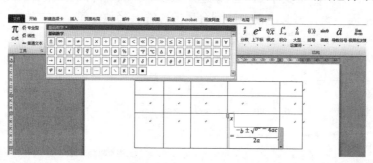

图3.6.28　符号库

（3）在【结构】选项组中，执行相应结构命令，可以轻松编写不同结构的数学公式。

（4）数学公式编写完成后，在【工具】选项组中执行【专业型】、【线性】、【普通文本】命令，可以显示不同形式的公式。

3.7　文档输出

当一个Word文档经过编辑处理，并完成建立之后，既可以以文件的形式保存在媒介上，也可以通过打印机打印在纸上。

3.7.1 输出到媒介

目前常用的可供输出保存文档的媒介有移动硬盘、光盘、本机硬盘外的其他电脑硬盘、邮箱、云盘等，采用的方式一般有复制、粘贴、发送、上传等，它们的操作方法都比较简单，在此不再赘述。

3.7.2 输出到打印机

文档建立后，大多情况下通过打印机将文档打印出来使用。为保证打印出来的文档的正确性，一般分两步走，即先预览再打印，Word 2010提供了这两种功能。

1．打印预览

（1）打开一个Word文档，单击【文件】选项卡中的【打印】命令，弹出如图3.7.1所示的对话框界面，其右侧就是【打印预览】的效果。

（2）在对话框中可以对不符合要求的项目单击【页面设置】，在【页面设置】对话框中进行修改。

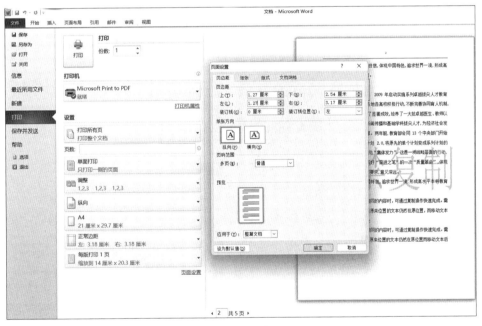

图3.7.1 【打印】对话框

2．打印文档

（1）在图3.7.1对话框【打印机】选项下拉列表中选择使用的打印机，不选择则为默认的打印机。

（2）选择【打印份数】，设置打印范围、单双面打印（具备双面打印功能的打印机才会出现双面打印选项）、打印方向、打印纸张等。

（3）选择并设置好后，单击对话框中的【打印】按钮，开始打印，完成文档的打印输出。

3.8　Word常用小技巧

大多数教材只讲解Word的基本知识，对一些常用的小技巧鲜有介绍，这往往造成大家想要的一些编辑方法找不到，需要花大量时间再去查找资料和学习。为方便大家用少量时间掌握一些教材上没讲的知识，本书整理出以下一些Word常用小技巧，希望能够为大家编辑文档提供帮助。

3.8.1　插入的图片与文本不对齐

为丰富文档内容，有时候需要在Word中插入一些图片或数学公式，但有时会发现插入的图片或公式等对象与文本不对齐，如图3.8.1所示。

解决办法：将光标定于需要修改的地方，单击鼠标右键打开【段落】对话框，在对话框中选择【中文版式】，在【文本对齐方式】选择【居中】即可，如图3.8.2所示。若调整后，插入图片所在行的行间距比较大，就需要调整一下图片的大小，或者调整所在行的行间距，将行间距设置为固定值，数值根据文本行间距设置，调整为合适即可。

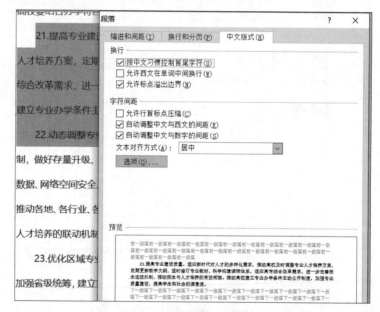

图3.8.1　插入对象与文本不对齐　　　　　　　　图3.8.2　【段落】对话框

3.8.2　合并文件

在编辑文档时，若要将多个文件合并在一起，除了复制、粘贴的方法外，还可以采用合并文件的方法。合并文件的操作步骤如下。

（1）将需要合并的文件（按顺序命名）准备好，新建一个目标文件。

（2）单击【插入】选项卡中【对象】的下拉列表中的【文件中的文字】，如图3.8.3所示。

图3.8.3 【对象】的下拉列表

（3）选中文件并单击【插入】即可完成文件的合并，如图3.8.4所示。

图3.8.4 选择合并的文件后点击【插入】

（4）对合并文件统一设置页眉和页脚：在第一页设置好了页眉和页脚后，以后所有的页面都会出现相同的页眉和页脚。

3.8.3　快速定位光标

利用快捷键进行快速定位光标，常用的快捷方式如下。
Home：将光标从当前位置移至当页行首。
End：将光标从当前位置移至当页行尾。
Ctrl+Home：将光标从当前位置移至文件的行首。
Ctrl+End：将光标从当前位置移至文件结尾处。

3.8.4　快速调整字号

利用键盘上的按键：选择好需调整的文字后，在键盘上直接利用"Ctrl"+"["组合键缩小字号，每按一次将使字号缩小一磅；利用"Ctrl"+"]"组合键扩大字号，每按一次所选文字将扩大一磅。除此之外，还可以在选中需调整字体大小的文字后，使用组合键

"Ctrl"+"Shift"+">"来快速增大文字，使用"Ctrl"+"Shift"+"<"快速缩小文字。

3.8.5 添加电子章

（1）打开一个Word文档，点击工具栏中的【插入】选项。

（2）点击【图片】，选择需要插入的电子章。

（3）点击【图片工具】中的【自行换行】下拉列表，选择【浮于文字上方】。

（4）点击【图片工具】中的【颜色】下拉列表，选择【设置透明色】，则可拖动使用电子章。

3.8.6 设置文字的上、下标

设置文字的上、下标有两种方法。

1．通过快捷键设置

（1）打开要进行编辑的文档。

（2）选中要设置为上标的文字，同时按住键盘上的"Ctrl"+"Shift"+"="组合键即可。

（3）选中要设置为下标的文字，按"Ctrl"+"="组合键即可。

2．通过【字体】对话框设置

（1）选中要设置为上标或下标的文字，点击鼠标右键，在菜单栏中选择【字体】。

（2）在弹出来的【字体】对话框中找到【效果】功能，如图3.8.5所示。

（3）在【效果】功能下找到【上标】或者【下标】，在前面的小框里打钩，点击【确定】，就可以将文字设置为上标或下标。

图3.8.5 设置文字的上、下标

3.8.7 快速设置双直线、单直线、波浪线

在Word文档中输入三个"="号，再按回车键，会打出一条双直线；输入三个"–"号，再按回车键，会打出一条单直线；输入三个"~"，再按回车键，会打出波浪线，如图3.8.6所示。

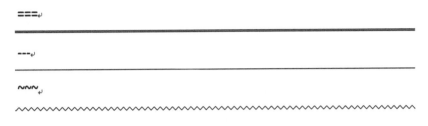

图3.8.6 双直线、单直线、波浪线

3.8.8 把Word里面的表格转到Excel

先按"F12"键，在【保存类型】中选择把文档保存为【网页】，然后在Excel里面打开文件，这样就可以把Word的表格复制到Excel。

3.8.9 Word表格前直接插入空行

将鼠标光标定位到表格首行的第一个单元格，按"Ctrl"+"Shift"+"Enter"组合键，整个表格就会自动后退一行。

3.8.10 快速输入汉字大写数字

选中阿拉伯数字，选择【插入】选项卡中【符号】组中的【编号】命令，在弹出的【编号】对话框中选择【壹，贰，叁，…】项即可，如图3.8.7所示。需要注意的是，数字必须在0～999999之间。

图3.8.7 快速输入汉字大写数字

3.8.11　输入的文字替换了原来的文字

在进行文本输入的过程中，开始时还是正常状态，突然输入的新文字却替换了原来的文字，是由于在输入文字的过程中，不小心单击了一下键盘中间的"Insert"键。

解决办法：直接按键盘上的"Insert"键进行切换或点击Word文档状态栏上的【改写】，将其修改为【插入】状态即可。

3.8.12　去掉页眉横线

（1）双击页眉位置，进入【页眉和页脚】设置。

（2）选中页眉中的文字，单击【开始】选项卡中【段落】组的【框线】下拉三角形，在弹出的下拉列表中选择【无框线】，如图3.8.8所示。

（3）设置【无框线】后，点击【关闭页眉和页脚】即可以除去页眉的横线。

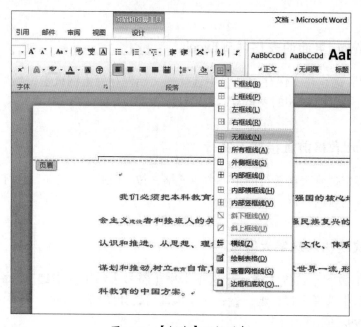

图3.8.8　【框线】下拉列表

第四章 电子表格软件 Excel

4.1 数据库的基本概念

数据库技术是通过研究数据库的结构、存储、设计、管理以及应用的基本理论和实现方法，并利用这些理论来实现对数据库中的数据进行处理、分析和理解的技术。其所涉及的具体内容主要包括：通过对数据的统一组织和管理，按照指定的结构建立相应的数据库和数据仓库；利用数据库管理系统和数据挖掘系统能够实现对数据库中的数据进行添加、修改、删除、处理、分析和打印等操作；并利用应用管理系统最终实现对数据的处理、分析和理解。数据库技术涉及的基本概念主要包括：数据、数据处理、数据库、数据库管理系统，以及数据库系统等。

数据：是对事实、概念或指令的一种表达形式，可由人工或自动化装置进行处理。

数据处理：是对数据的采集、存储、检索、加工、变换和传输，目的是从大量的、可能是杂乱无章的、难以理解的数据中抽取并推导出对于某些人来说是有价值、有意义的数据。

数据库：可视为电子化的文件柜，即存储电子文件的处所，用户可以对文件中的数据进行新增、查询、更新、删除等操作。

数据库管理系统：是为管理数据库而设计的电脑软件系统，一般具有存储、截取、安全保障、备份等基础功能，包括关系数据库和非关系数据库。

数据库系统：是由数据库及其管理软件组成的系统，由数据库、硬件、软件和相关人员组成。

4.2 Excel的基本概念

4.2.1 Excel的起源与发展

1979年，丹·布里克林（D.Bricklin）和鲍勃·弗兰克斯顿（B.Frankston）开发了一款可视计算的商用应用软件，名为"VisiCalc"，这是世界上第一款电子表格软件，主要用于统计表格和计算账目。

继VisiCalc之后，Lotus公司开发了另一款电子表格软件，名为"Lotus 1.2.3"，其具备表格计算、数据库和商业绘图三大功能。

1982年，美国微软公司开始了电子表格软件的研发工作。1987年，其发布了Excel 2.0。如今，Excel已成为电子表格行业的实质性标准。

在信息时代，人们需要处理的数据海量而复杂，而Excel是处理数据的一个强有力的工具，其操作方法易于学习。在科学研究、医疗教育、商业活动和家庭生活中，Excel都能满足大多数人的数据处理需求。

4.2.2 Excel的功能

Excel具有强大的计算、分析、传递和共享功能，包括数据记录与整理、数据计算、数据分析、数据展现、信息传递与共享等。

4.2.2.1 数据记录与整理

作为电子表格软件，大到多表格视图的精确控制，小到单元格的格式设置，Excel基本能够满足用户处理表格时的需求。此外，用户还能够利用条件格式功能，快速标识出表格中具有特征的数据；利用数据验证功能，可以设置允许和禁止输入的数据类型；对于复杂的表格，可以利用分级显示功能，调整表格阅读模式。

4.2.2.2 数据计算

如图4.2.1所示，Excel内置四百多个函数，在执行复杂的计算时，只要选择正确的函数，并为其指定参数，它就能快速返回结果。利用不同的函数组合，用户几乎可以完成绝大多数领域的常规计算任务。

图4.2.1　Excel的内置函数

4.2.2.3　数据分析

Excel擅长数据分析。对海量数据进行计算后，往往需要对数据进行科学分析，比较简单的方法是排序、筛选和分类汇总，它们能够对表格中的数据做进一步的归类和组织。如图4.2.2所示，Excel中的表格允许用户在一张工作表中创建多个独立的数据列表，进行不同的分类和组织，这是一项非常实用的功能。

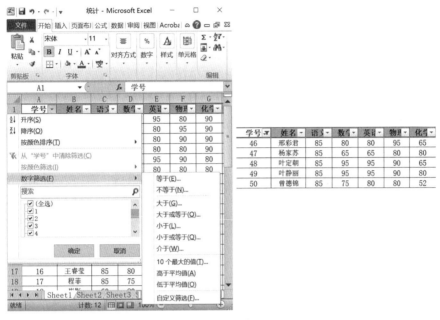

图4.2.2　Excel的表格功能

4.2.2.4　数据展现

Excel的图形图表功能可以帮助用户创建各类图表，形象直观地传达信息，如图4.2.3所示。还可利用条件格式和迷你图优化普通数据表格，使之更易于阅读和理解，如图4.2.4所示。

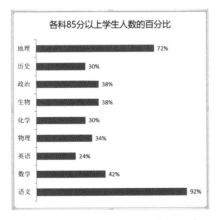

图4.2.3　直观传达数据信息的图表　　　　图4.2.4　直观易读的数据可视化

4.2.2.5 信息传递与共享

Excel可以与其他Office组件无缝对接，而且可以帮助用户通过互联网与其他用户进行协同工作，方便地交换信息。

4.2.3 Excel 2010主要的新特性

Excel 2010在Excel的功能的基础上新增了以下功能。

4.2.3.1 迷你图

迷你图可以对某一行中一系列的数据进行数据比较和趋势分析，类型包括折线图、柱形图和盈亏图。通过在表格里生成图形，从而简要地表示数据的变化。

4.2.3.2 Backstage视图

Backstage视图是Excel 2010程序中的新增功能，它是Microsoft Office Fluent用户界面最新的创新技术，并且是功能区的配套功能。单击【文件】选项卡后，可以看到 Microsoft Office Backstage视图，可以在其中管理文件及其相关数据：创建、保存、打印、检查隐藏的元数据或个人信息以及设置选项。简言之，可通过该视图对文件执行无法在文件内部完成的操作。

4.2.3.3 切片器

数据透视表中针对数据的筛选专门提供了一个切片器功能，此功能为数据的筛选提供了很大便利。使用切片器筛选数据会让统计结果更加直观，它包含一组按钮，使得无须打开下拉列表就能对数据实现筛选查看或筛选统计。

4.2.3.4 自定义功能区

自定义功能区允许用户将 Excel自带的命令添加到已有选项卡或新建选项卡的指定位置。在日常工作中，用户通过自定义功能区把常用的功能命令集中到一处，可以减少在不同的选项卡中来回找的时间，提高效率。

此外，Excel 2010还增强了数据透视图的功能、筛选功能，提高了Excel函数的准确性、改进了照片编辑功能与艺术效果等。

4.2.4 Excel 2010的启动与退出

4.2.4.1 启动Excel 2010程序

有以下四种方式启动Excel 2010程序。

1. 通过Windows【开始】菜单启动

如图4.2.5所示，单击【Windows】按钮→【Microsoft Excel 2010】选项，即可启动Excel 2010程序。

图4.2.5　通过Windows【开始】菜单启动Excel 2010

2．通过桌面快捷方式启动

双击桌面上的Microsoft Excel 2010的快捷方式，即可启动Excel 2010程序，如图4.2.6所示。

图4.2.6　通过桌面快捷方式启动Excel 2010

3．将Excel 2010快捷方式固定在任务栏，以启动Excel 2010程序

（1）单击【Windows】按钮，将鼠标指针悬停在【Microsoft Excel 2010】选项上。

（2）在【Microsoft Excel 2010】菜单上右击，在弹出的快捷菜单中，单击【更多】→【锁定到任务栏】选项。

（3）然后即可在任务栏点击该快捷方式，以启动Excel 2010程序，如图4.2.7所示。

图4.2.7　将Excel 2010快捷方式固定在任务栏

4．通过已存在的Excel工作簿启动

双击已存在的Excel工作簿，例如双击文件名为"报表"的工作簿，即可启动Excel程序并同时打开此工作簿文件，如图4.2.8所示。

图4.2.8　已存在的Excel工作簿

4.2.4.2　退出Excel程序

在Excel 2010中完成表格内容的编辑和保存操作后，如果不准备继续使用Excel 2010，

可以退出Excel 2010，以节省内存空间。有以下三种方式退出Excel程序。

（1）单击【文件】选项卡，选择【退出】选项，如图4.2.9所示。

（2）单击Excel应用程序界面右上角【关闭】按钮 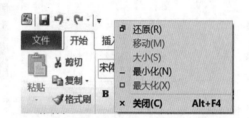 。

（3）右击Excel应用程序标题栏，在弹出的快捷菜单中选择【关闭】，如图4.2.10所示。

图4.2.9　通过【文件】选项卡退出Excel

图4.2.10　通过快捷菜单退出Excel

4.2.5　Excel的工作界面

Excel 2010应用程序启动后，其窗口如图4.2.11所示。

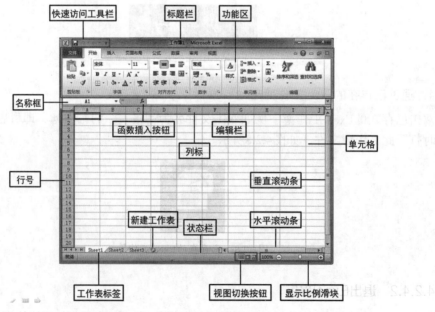

图4.2.11　Excel 2010窗口界面

4.2.5.1　功能区选项卡

功能区选项卡是 Excel 窗口界面中的重要元素，位于标题栏下方。功能区由一组选项卡面板组成，单击选项卡标签可以切换到不同的选项卡功能面板。以下介绍几个主要的选项卡。

1.【文件】选项卡

一个较特殊的功能区选项卡，由一组纵向的菜单列表组成，包括保存、另存为、打开、关闭、信息、最近所用文件、新建、打印、保存并发送、帮助、选项和退出等功能，如图 4.2.12 所示。

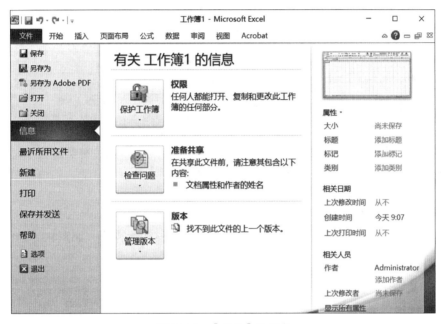

图 4.2.12　【文件】选项卡

2.【开始】选项卡

【开始】选项卡包括剪贴板、字体、对齐方式、数字、样式、单元格、编辑等，如图 4.2.13 所示。

图 4.2.13　【开始】选项卡

3.【插入】选项卡

【插入】选项卡包括表格、插图、图表、迷你图、筛选器、链接、文本和符号等，如图 4.2.14 所示。

图4.2.14 【插入】选项卡

4．【页面布局】选项卡

可以通过【页面布局】选项卡对工作簿的页面外观进行设置，包含主题、页面设置、调整为合适大小、工作表选项和排列等，如图4.2.15所示。

图4.2.15 【页面布局】选项卡

5．【公式】选项卡

【公式】选项卡包含函数库、定义的名称、公式审核和计算等，如图4.2.16所示。

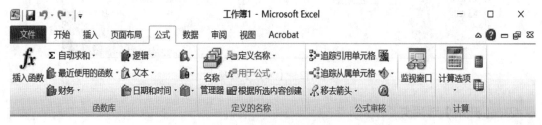

图4.2.16 【公式】选项卡

6．【数据】选项卡

可以通过【数据】选项卡对数据进行设置，包含获取外部数据、连接、排序和筛选、数据工具和分级显示等，如图4.2.17所示。

图4.2.17 【数据】选项卡

7.【审阅】选项卡

【审阅】选项卡包含校对、中文简繁转换、语言、批注、更改等，如图4.2.18所示。

图4.2.18 【审阅】选项卡

8.【视图】选项卡

【视图】选项卡包含工作簿视图、显示、显示比例、窗口、宏等，如图4.2.19所示。

图4.2.19 【视图】选项卡

4.2.5.2 上下文选项卡

上下文选项卡是在默认情况下不显示在功能区的选项卡，仅当与之相关的特定对象被选中时才会出现。主要有【图片工具】、【绘图工具】、【图表工具】、【表工具】、【数据透视表工具】、【数据透视图工具】、【页眉和页脚工具】、【SmartArt工具】等选项卡，每个选项卡还包含不同的子选项卡，通常有【格式】、【设计】、【布局】、【分析】等两项或多项子选项卡。例如，图4.2.20为【SmartArt工具】选项卡。

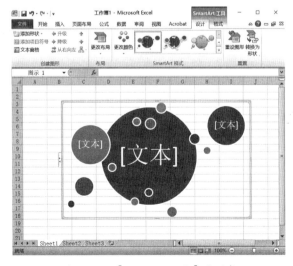

图4.2.20 【SmartArt工具】选项卡

4.3 工作簿和工作表的基本操作

工作簿是Excel处理工作数据的单元，一个工作簿就是一个Excel文件，其扩展名为".xlsx"。一个工作簿由多张工作表组成，工作表是一张由行和列组成的二维表，通常称为电子表格。

4.3.1 创建工作簿

最常用的创建工作簿的方法包含新建空白工作簿和根据模板创建工作簿两种。

4.3.1.1 新建空白工作簿

（1）启动Excel 2010，单击【文件】选项卡→【新建】→【空白工作簿】→【创建】，如图4.3.1所示。

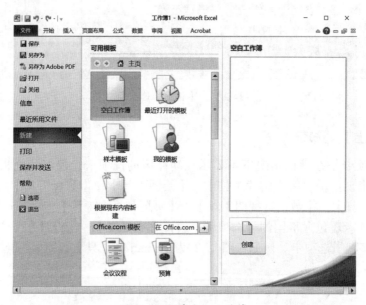

图4.3.1　新建空白工作簿

（2）系统将自动创建一个名为"工作簿1"的工作簿，如图4.3.2所示。

图4.3.2　新建的"工作簿1"

4.3.1.2 根据模板创建工作簿

Excel 2010提供了很多联机模板，通过这些模板，用户可以快速创建有内容的工作簿。例如，对于一个希望制作食物脂肪百分比计算器的用户来说，通过Excel联机模板可以轻松实现。

（1）启动Excel 2010，单击【文件】选项卡→【新建】→【Office.com模板】→【健康与健身】→【食物脂肪百分比计算器】→【下载】，如图4.3.3所示。

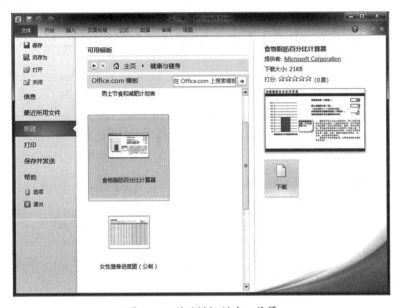

图4.3.3　利用模板创建工作簿

（2）系统将下载并自动打开该模板，用户在表格中输入相应的数据即可，如图4.3.4所示。

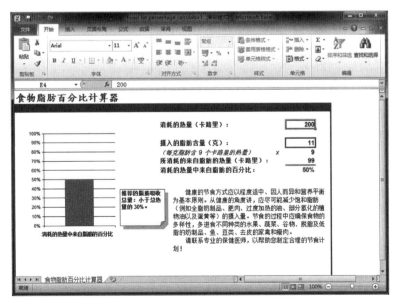

图4.3.4　新建的模板工作簿

4.3.2 保存工作簿

工作簿创建之后，要将其保存以备后续的读取和编辑。常用的保存方法有保存新建工作簿、保存已有工作簿、自动保存工作簿和另存为工作簿等。

4.3.2.1 保存新建工作簿

在新建的Excel工作界面中，单击【文件】选项卡→【保存】即可；或按"Ctrl"+"S"组合键，在弹出的【另存为】对话框中选择工作簿的保存位置，在【文件名】文本框中输入工作簿的名称，在【保存类型】下拉列表中选择要保存的类型，然后单击【保存】按钮，即可保存，如图4.3.5所示。

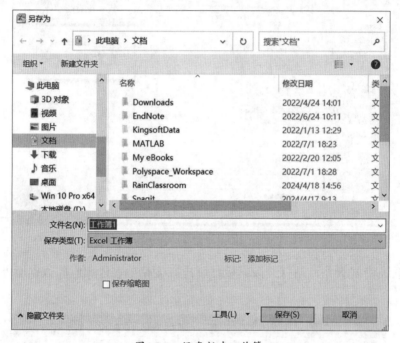

图4.3.5　保存新建工作簿

4.3.2.2 保存已有工作簿

对于已有的工作簿，在打开并编辑完毕后，单击快速访问工具栏的【保存】按钮，即可保存已有的工作簿。

4.3.2.3 自动保存工作簿

用户可以设置工作簿的自动保存功能，以防止由于系统崩溃、停电故障等造成工作簿数据丢失的情况发生。单击【文件】选项卡→【选项】，在弹出的【Excel选项】对话框中选择【保存】，并勾选【保存自动恢复信息时间间隔】复选框，设定自动保存的时间和位置，单击【确定】即可，如图4.3.6所示。

图4.3.6　自动保存工作簿

4.3.2.4　另存为工作簿

对已有的工作簿修改后，可将其另外保存一份，而保持原工作簿的内容不变。单击【文件】选项卡→【另存为】，在弹出的【另存为】对话框中选择工作簿的保存位置，在【文件名】文本框中输入工作簿的名称，在【保存类型】下拉列表中选择要保存的类型，然后单击【保存】按钮，即可保存，如图4.3.7所示。

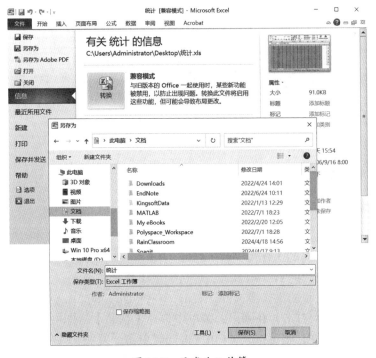

图4.3.7　另存为工作簿

4.3.3 打开和关闭工作簿

4.3.3.1 打开现有工作簿

打开工作簿的方法主要包含以下三种。

（1）通过文件打开：在文件图标上双击，即可打开工作簿。

（2）如果已启动Excel程序，可在功能区选择【文件】→【打开】，在弹出的【打开】对话框中选择文件所在位置，并选中相应文件，单击【打开】。

（3）按下键盘上的"Ctrl"+"O"组合键，在弹出的【打开】对话框中选择文件所在位置，并选中相应文件，单击【打开】。

4.3.3.2 关闭工作簿

关闭工作簿的方法主要包含以下五种。

（1）单击工作簿窗口右上角的【关闭】按钮。

（2）在功能区选择【文件】→【关闭】。

（3）按下键盘上的"Ctrl"+"W"组合键。

（4）按下键盘上的"Alt"+"F4"组合键。

（5）在功能区右击，选择快捷菜单中的【关闭】命令。

如果所编辑的工作簿没有保存，则关闭时系统会弹出保存提示对话框，如图4.3.8所示。单击【保存】，系统将保存对表格所做的修改，并关闭Excel 2010文件；单击【不保存】，则不保存所做的修改，并关闭Excel 2010文件；单击【取消】，则不关闭Excel 2010文件，返回Excel界面，用户可以继续编辑表格。

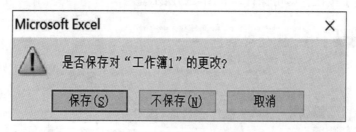

图4.3.8　保存提示对话框

4.3.4 复制和移动工作簿

4.3.4.1 复制工作簿

复制工作簿的方法主要包含以下两种。

（1）单击选定要复制的工作簿文件，按下"Ctrl"+"C"组合键，再打开要复制到的目标文件夹，按下"Ctrl"+"V"组合键，即可完成工作簿的复制。

（2）单击选定要复制的工作簿文件，右击，在弹出的菜单中选择【复制】，然后打开要复制到的目标文件夹，右击，在弹出的菜单中选择【粘贴】，即可完成工作簿的复制。

如果要复制多个文件，则可按住"Ctrl"键同时单击要复制的文件；或按住鼠标左键，进行拖曳操作，从而选择连续的工作簿，然后按以上步骤完成多个文件的复制。

4.3.4.2 移动工作簿

单击选定要移动的工作簿文件，按下"Ctrl"+"X"组合键，再打开要移动到的目标文件夹，按下"Ctrl"+"V"组合键，即可完成工作簿的移动。

如果要移动多个文件，则可按住"Ctrl"键同时单击要移动的文件；或按住鼠标左键，进行拖曳操作，从而选择连续的工作簿，然后按以上步骤完成多个文件的移动。

4.3.5 显示和隐藏工作簿

4.3.5.1 显示工作簿

如果同时打开多个工作簿，Windows任务栏会显示所有的工作簿标签，在【视图】选项卡上单击【切换窗口】，在下拉菜单中能查看所有的工作簿列表，如图4.3.9所示。

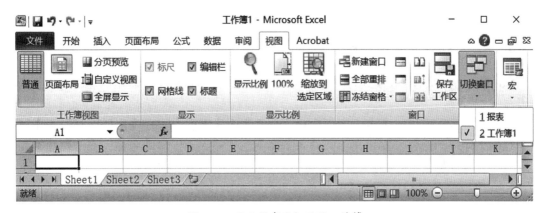

图4.3.9 显示所有已打开的工作簿

4.3.5.2 隐藏工作簿

在打开的工作簿中，如需隐藏某个工作簿，在【视图】选项卡上单击【隐藏】，如图4.3.10所示。被隐藏的工作簿继续驻留在Excel中，但无法通过正常的窗口切换来显示。

图4.3.10 隐藏工作簿

如需取消隐藏，在【视图】选项卡上单击【取消隐藏】，在弹出的【取消隐藏】对话框中选择需要取消隐藏的工作簿，单击【确定】，如图4.3.11所示。

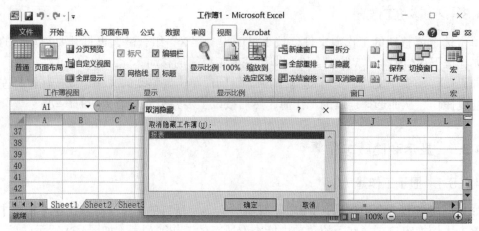

图4.3.11　取消隐藏的工作簿

4.3.6　工作簿的版本和格式转换

Excel 2010可以用兼容模式打开和编辑早期版本，还可以将早期版本的工作簿转换为当前版本。

打开早期版本文件，单击【文件】→【信息】→【转换】，在弹出的【另存为】对话框中选择工作簿的保存位置，在【文件名】文本框中输入工作簿的名称，在【保存类型】下拉列表中选择要保存的类型，然后单击【保存】按钮，即可保存。

4.3.7　插入工作表

Excel在创建工作簿时，自动包含了3张工作表，名为Sheet1、Sheet2和Sheet3。用户可以在当前工作簿中插入新的工作表，插入方法包含以下四种。

（1）单击【开始】选项卡→【插入】→【插入工作表】，如图4.3.12所示。

图4.3.12　通过【插入工作表】命令插入新工作表

（2）在当前工作表标签上右击，在弹出的快捷菜单上选择【插入】，在弹出的【插入】对话框中选中【工作表】，单击【确定】，如图4.3.13所示。

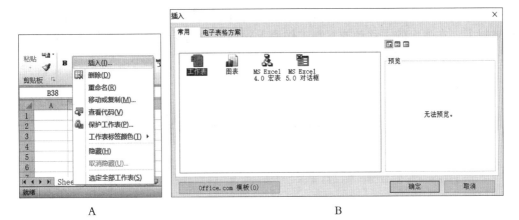

图4.3.13　通过快捷菜单插入新工作表

（3）单击工作表标签右侧的【插入工作表】按钮，可在工作表末尾快速插入新工作表。

（4）按下键盘上的"Shift"＋"F11"组合键，即可在当前工作表左侧插入新工作表。

4.3.8　选择工作表

在对工作表进行编辑之前，需要先选择工作表。

4.3.8.1　选择单个工作表

如果只需选择单个工作表，则鼠标选定是最常用的方法，用鼠标在Excel工作表标签上单击即可。

4.3.8.2　选择连续的多个工作表

先单击第一个工作表标签，然后按住"Shift"键，再单击连续工作表中的最后一个工作表标签，即可同时选定连续的多个工作表。

4.3.8.3　选择不连续的多个工作表

按住"Ctrl"键，然后依次单击需要选定的工作表标签，即可同时选定多个不连续的工作表。

如果要选定当前工作簿当中所有的工作表，可以在任意工作表标签上右击，在弹出的快捷菜单中选择【选定全部工作表】命令即可。

4.3.9　复制、移动、删除与重命名工作表

4.3.9.1　复制工作表

用户可以在Excel工作簿中复制工作表，方法包含以下两种。

（1）单击选定要复制的工作表标签，按住"Ctrl"键，将工作表拖曳到新位置，松开鼠标左键，工作表即被复制到此位置。

（2）将鼠标指针移动至要复制的工作表标签上，右击，在弹出的快捷菜单中选择【移动或复制】，在弹出的【移动或复制工作表】对话框中选择要复制的目标工作簿和插入的位置，再选中【建立副本】复选框，单击【确定】，如图4.3.14所示。

图4.3.14　通过快捷菜单复制工作表

4.3.9.2　移动工作表

用户可以在Excel工作簿中移动工作表，方法包含以下三种。

（1）单击选定要移动的工作表标签，将工作表拖曳到新位置，松开鼠标左键，工作表即被移动到此位置。

（2）将鼠标指针移动至要移动工作表的标签上，右击，在弹出的快捷菜单中选择【移动或复制】，在弹出的【移动或复制工作表】对话框中选择要移动的目标工作簿和插入的位置，单击【确定】。

（3）如果要在不同的工作簿中移动工作表，需要将这些工作簿打开，然后重复上面的第二种方法。

4.3.9.3　删除工作表

用户可以将无用的工作表删除，方法包含以下两种。

（1）单击选定要删除的工作表标签，再单击【开始】选项卡→【删除】→【删除工作表】。

（2）将鼠标指针移动至要删除的工作表标签上，右击，在弹出的快捷菜单中选择【删除】。

上述两种操作不能撤销，工作表将被永久删除。

4.3.9.4　重命名工作表

用户可以对工作表进行重命名，以更好地管理工作表，方法包含以下两种。

（1）双击要重命名的工作表标签，此时该标签以灰色底纹显示，进入可编辑状态，输入新的标签名，即可完成重命名操作。

（2）将鼠标指针移动至要重命名的工作表标签上，右击，在弹出的快捷菜单中选择【重命名】，此时该标签以灰色底纹显示，输入新的标签名，即可完成重命名操作。

4.3.10　隐藏与显示工作表

有时候，出于对数据安全的考虑，用户需要将工作表隐藏起来，方法包含以下两种。

（1）单击选定要隐藏的工作表标签，再单击【开始】选项卡→【格式】→【隐藏和取消隐藏】→【隐藏工作表】。

（2）将鼠标指针移动至要隐藏的工作表标签上，右击，在弹出的快捷菜单中选择【隐藏】。

需要注意的是，不能隐藏一个工作簿内的所有工作表，当隐藏最后一张显示的工作表时，系统会弹出对话框，提示工作簿中至少要含有一张可视工作表，如图4.3.15所示。

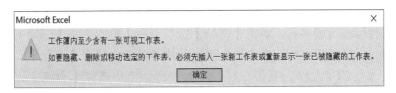

图4.3.15　系统提示对话框

如果用户要取消工作表的隐藏状态，有以下两种方法。

（1）单击【开始】选项卡→【格式】→【隐藏和取消隐藏】→【取消隐藏工作表】，在弹出的【取消隐藏】对话框中选择要取消隐藏的工作表，单击【确定】。

（2）将鼠标指针移动至工作表标签上，右击，在弹出的快捷菜单中选择【取消隐藏】，在弹出的【取消隐藏】对话框中选择要取消隐藏的工作表，单击【确定】。

4.4　行、列及单元格区域

在Excel工作表中，可以看到多条横线和竖线，其中，由横线间隔出来的区域称为"行"，由竖线间隔出来的区域称为"列"，由横线和竖线交叉所形成的格子称为"单元格"，是构成工作表的最基础的元素。

4.4.1　行与列的基本操作

4.4.1.1　选择行或列

用户单击某个行标题标签或列标题标签，即可选中相应的整行或整列。

如果要选定连续的多行，则单击某行的标签后，按住鼠标左键向上或向下拖动，可选定相邻的连续多行（选择连续多列的方法类似，选定某列后按住鼠标向左或向右拖动）。

如果要选定不相邻的多行，则选中单行后，按住"Ctrl"键不放，然后单击多个需要选择的行标签，然后松开"Ctrl"键，可选定不相邻的多行（选择不相邻的多列的方法类似）。

4.4.1.2　插入行或列

用户可以在当前工作表中插入新的行，方法包含以下三种（插入列的方法与之类似）。

（1）单击某行的标签，再单击【开始】选项卡→【插入】→【插入工作表行】。

（2）单击某行的标签，右击，在弹出的快捷菜单中选择【插入】。

（3）选定某行的单元格，右击，在弹出的快捷菜单中选择【插入】，然后在弹出的【插入】对话框中选择【整行】，单击【确定】。

4.4.1.3　删除行或列

用户可以删除整行或整列以清除不需要的内容，其中，删除行的方法如下（删除列的方法与之类似）。

（1）选定目标整行或多行，单击【开始】选项卡→【删除】→【删除工作表行】。

（2）选定目标整行或多行，右击，在弹出的快捷菜单中选择【删除】。

（3）选定某行的单元格，右击，在弹出的快捷菜单中选择【删除】，然后在弹出的【删除】对话框中选择【整行】，单击【确定】。

4.4.1.4　移动和复制行或列

如果用户要移动整行内容，方法包含以下三种（移动列的方法与之类似）。

（1）单击待移动的某行的标签，再单击【开始】选项卡→【剪切】，再将鼠标指针移动至想要移动到的那一行，单击【开始】选项卡→【插入】→【插入剪切的单元格】。

（2）单击待移动的某行的标签，右击，在弹出的快捷菜单中选择【剪切】，再将鼠标指针移动至想要移动到的那一行，右击，在弹出的快捷菜单中选择【插入剪切的单元格】。

（3）单击待移动的某行的标签，鼠标指针向边框线上悬停，当鼠标指针变成四个方向的十字箭头时，按住"Shift"键，拖曳鼠标指针至想要移动到的那一行，松开鼠标左键和"Shift"键。

如果用户要复制整行内容，方法包含以下三种（复制列的方法与之类似）。

（1）单击待复制的某行的标签，再单击【开始】选项卡→【复制】，再将鼠标指针移动至想要复制到的那一行，单击【开始】选项卡→【插入】→【插入复制的单元格】。

（2）单击待复制的某行的标签，右击，在弹出的快捷菜单中选择【复制】，再将鼠标指针移动至想要复制到的那一行，右击，在弹出的快捷菜单中选择【插入复制的单元格】。

（3）单击待复制的某行的标签，按住"Ctrl"＋"Shift"键，鼠标指针向边框线上悬停，当鼠标指针变成"＋"时，拖曳鼠标指针至想要复制到的那一行，松开鼠标左键，再松开"Ctrl"＋"Shift"键。

4.4.1.5　隐藏和显示行或列

如果用户不想别人看到某些特定的内容，或为了便于浏览，可以隐藏工作表的某些行或列。隐藏行的方法包含以下两种（隐藏列的方法与之类似）。

（1）选定目标行（单行或多行），单击【开始】选项卡→【格式】→【隐藏和取消隐藏】→【隐藏行】。

（2）选定目标行（单行或多行），右击，在弹出的快捷菜单中选择【隐藏】。

行或列被隐藏后，包含隐藏行或列处的行标题或列标题的标签的序号不再连续，隐藏处的标签分割线也比其他分割线更粗。如果要使被隐藏的行恢复显示，需要选定包含隐藏行的区域，例如，图4.4.1的第5、6行被隐藏，选中A3:A8，单击【开始】选项卡→【格式】→【隐藏和取消隐藏】→【取消隐藏行】，即可将其中隐藏的行恢复显示。还可以在选中A3:A8后，右击，在弹出的快捷菜单中选择【取消隐藏】，同样可以将隐藏的行恢复显示（取消隐藏列的方法与之类似）。

图4.4.1　选中包含隐藏行的行标题

4.4.1.6　设置行高与列宽

设置行高和列宽可以美化表格，其中，设置行高的方法包含以下三种（设置列宽的方法与之类似）。

（1）直接改变：选中单行或多行，将鼠标指针悬停在选中的行与相邻的行标签之间，当鼠标指针显示为一个黑色的双向箭头时，按住鼠标左键，向上或向下拖动鼠标，此时在行标签右侧出现提示框，显示当前行高，如图4.4.2所示，当调整到所需的行高时，松开左键即完成行高的设置。

图4.4.2　拖动鼠标设置行高

（2）精确设置：选中单行或多行，单击【开始】选项卡→【格式】→【行高】，在弹出的【行高】对话框中输入所需行高的具体数值，单击【确定】。还可以在选中单行或多行后，右击，在弹出的快捷菜单中选择【行高】，在弹出的【行高】对话框中输入所需行高的具体数值，单击【确定】。

（3）自动调整：选中需要调整行高的多行，单击【开始】选项卡→【格式】→【自动调整行高】，可以将选定行的行高调整到最合适的高度，使行中每一列字符都恰好能完全显示。

4.4.2　单元格和区域

4.4.2.1　单元格的选取

在一张工作表中，有很多个单元格。每个单元格的地址由"字母+数字"组成，字母表示其所在列，数字表示所在行，例如，"C5"表示位于C列第5行的单元格。如果要选取某个单元格，可以使用以下三种方法。

（1）单击目标单元格。

（2）在工作窗口中输入目标单元格地址。

（3）单击【开始】选项卡→【查找和选择】→【转到】，在弹出的【定位】对话框的

【引用位置】文本框中输入目标单元格的地址，单击【确定】。

4.4.2.2 区域的选取

区域是指多个单元格构成的单元格群组。如果要选取某个区域，可以使用以下三种方法。

（1）选择相邻的单元格区域：选定一个单元格，按住鼠标左键拖动以选取相邻的连续区域。

（2）选择不相邻的单元格区域：选定一个单元格，按住"Ctrl"键，再单击或拖曳鼠标选择多个单元格或区域。

（3）选择特殊区域：单击【开始】选项卡➝【查找和选择】➝【定位条件】，在弹出的【定位条件】对话框中选择特定的条件，单击【确定】，即可在当前选定区域中查找符合条件的所有单元格。

4.4.2.3 插入与删除单元格

插入单元格的方法包含以下两种。

（1）选定目标单元格，单击【开始】选项卡➝【插入】➝【插入单元格】。

（2）选定目标单元格，右击，在弹出的快捷菜单中选择【插入】，在弹出的【插入】对话框中选择所需的插入方式，单击【确定】。

删除单元格的方法包含以下两种。

（1）选定目标单元格或区域，单击【开始】选项卡➝【删除】➝【删除单元格】，在弹出的【删除】对话框中选择所需的删除方式，单击【确定】。

（2）选定目标单元格或区域，右击，在弹出的快捷菜单中选择【删除】，在弹出的【删除】对话框中选择所需的删除方式，单击【确定】。

4.4.2.4 合并与拆分单元格

合并单元格的方法包含以下三种。

（1）选定目标单元格区域，单击【开始】选项卡➝【对齐方式】组➝【合并后居中】按钮右侧的下拉按钮，在弹出的下拉菜单中选择所需的合并命令。

（2）选定目标单元格区域，单击【开始】选项卡➝【对齐方式】组右侧的 按钮，在弹出的【设置单元格格式】对话框中选择【对齐】选项卡，选中【合并单元格】复选框，单击【确定】。

（3）选定目标单元格区域，右击，在弹出的快捷菜单中选择【设置单元格格式】，在弹出的【设置单元格格式】对话框中选择【对齐】选项卡，选中【合并单元格】复选框，单击【确定】。

拆分单元格的方法包含以下两种。

（1）选定合并后的单元格，单击【开始】选项卡➝【对齐方式】组➝【合并后居中】按钮右侧的下拉按钮，在弹出的下拉菜单中选择【取消单元格合并】。

（2）选定合并后的单元格，右击，在弹出的快捷菜单中选择【设置单元格格式】，在弹出的【设置单元格格式】对话框中选择【对齐】选项卡，取消选中【合并单元格】复选框，单击【确定】。

4.4.2.5 隐藏与锁定单元格

用户可以对一些单元格设置隐藏或锁定，以防止他人擅自改动单元格中的数据。需注意的是，隐藏与锁定单元格只有在执行保护工作表操作后才能看到其效果。操作方法如下。

选定待隐藏与锁定的目标单元格区域，右击，在弹出的快捷菜单中选择【设置单元格格式】，弹出【设置单元格格式】对话框，选择【保护】选项卡，选中【锁定】和【隐藏】复选框，单击【确定】（注意只有保护工作表后，锁定单元格或隐藏公式才有效）。

4.5 数据的输入与编辑

用户建立 Excel 工作簿和工作表后，可以在表格中输入数据，并编辑数据的格式。

4.5.1 输入数据

工作表中可以输入的数据类型有很多种，包含普通的数据以及文本、符号和日期时间等特殊数据。

4.5.1.1 输入普通数据

普通数据包含一般数字、真分数、假分数、负数和小数等，具体输入方法如下。

（1）一般数字：在单元格中输入数据后按"Enter"键。

（2）真分数：输入"0"+"空格"+"分数"，如 $\frac{7}{8}$ 应输入"0 7/8"。

（3）假分数：输入"整数"+"空格"+"分数"，如 $2\frac{1}{4}$ 应输入"2 1/4"。

（4）负数：在数字前添加"."，或用（）将数字括起来，如–20应输入".20"或"(20)"。

（5）小数：小数点的输入要按小键盘的"Delete"键。

4.5.1.2 输入文本

文本可以是数字、字母、文字和键盘符号的组合。选中单元格后，输入相应的文本即可。

4.5.1.3 输入符号

如果用户需要输入键盘上所没有的符号，先要选定待插入符号的单元格，单击【插入】选项卡➡【符号】，在弹出的【符号】对话框的【符号】选项卡中，有一个【字体】的下拉菜单，用户可以选择所需的字体，然后选中相应的符号。

4.5.1.4 输入日期和时间

日期的输入方法有以下两种。

（1）用"/"或"."分隔日期的年、月、日，如"2019/7/18"或"2019.7.18"，按"Enter"键完成输入，此时单元格的日期均显示为"2019/7/18"。

（2）直接输入中文×××年××月××日，如"2019年7月18日"。

输入时间时，要用"："分隔小时、分、秒，如"17:50"。如果是12小时制，则输入时间后按一下空格键，再输入"am"（上午）或"pm"（下午），如"11:48 pm"。

4.5.1.5　输入以0开头的数据

某些产品编号、电话区号等数据是以0开头的，常用的输入方法有以下两种。

（1）选定目标单元格，单击【开始】选项卡→【数字】组的下拉列表框→【文本】，再输入以0开头的数据。

（2）选定目标单元格，切换到英文输入法，输入"'"，再输入以0开头的数据。

4.5.1.6　输入长数据

Excel默认的最大数值为99999999999，当数据的位数超过此数值时，Excel将以科学计数的方式显示长数据。如果不需要Excel以此方式显示数据，则要先将数据设置为文本型或输入单引号，再输入长数据。

4.5.2　设置数据格式

4.5.2.1　Excel自带的数据格式

Excel为用户提供了多种预定义的数据格式，包含常规、数值、货币、会计专用、日期、时间、百分比、分数、科学记数、文本、特殊、自定义等，用户可以对单元格中的数据进行格式设置。表4.5.1列出了Excel自带的各类数据格式和相应的说明。

表4.5.1　Excel 的数据格式及说明

格式	说明
常规	键入数据时Excel所应用的默认格式。多数情况下，设置为"常规"格式的数字即以键入的方式显示。然而，如果单元格的宽度不够显示整个数字，则"常规"格式将对带有小数点的数字进行四舍五入。"常规"数字格式还对较大的数字（12位或更多）使用科学记数（指数）表示法
数值	用于数字的一般表示。用户可以指定要使用的小数位数、是否使用千位分隔符以及如何显示负数
货币	用于一般货币值并显示带有数字的默认货币符号。用户可以指定要使用的小数位数、是否使用千位分隔符以及如何显示负数
会计专用	也用于货币值，但是它会在一列中对齐货币符号和数字的小数点
日期	根据用户指定的类型和区域设置（国家/地区），将日期和时间序列号显示为日期值。以星号（★）开头的日期格式受在【控制面板】中指定的区域日期和时间设置更改的影响。不带星号的格式不受【控制面板】设置的影响
时间	根据用户指定的类型和区域设置（国家/地区），将日期和时间序列号显示为时间值。以星号（★）开头的时间格式受在【控制面板】中指定的区域日期和时间设置更改的影响。不带星号的格式不受【控制面板】设置的影响

续表

格式	说明
百分比	将单元格值乘以100，并将结果与百分号（%）一同显示。用户可以指定要使用的小数位数
分数	根据所指定的分数类型以分数形式显示数字
科学记数	以指数记数法显示数字，将其中一部分数字用E+n代替，其中，E（代表指数）指将前面的数字乘以10的n次幂。例如，2位小数的科学记数格式将16845678901显示为1.68E+10，即用1.68乘以10的10次幂。用户可以指定要使用的小数位数
文本	将单元格的内容视为文本，并在键入时准确显示内容，即使键入数字也是如此
特殊	将数字显示为邮政编码、电话号码或社会保险号码
自定义	使用户能够修改现有数字格式代码的副本。使用此格式可以创建添加到数字格式代码列表中的自定义数字格式。用户可以添加200到250个自定义数字格式，具体取决于计算机上所安装的Excel的语言版本

4.5.2.2 设置数据格式

常用的设置数据格式的方法包含以下两种。

（1）单击【开始】选项卡→【数字】组的下拉菜单，选择所需的数据格式。

（2）单击【开始】选项卡→【数字】组的 按钮，在弹出的【设置单元格格式】对话框的【数字】选项卡中选择所需的数据格式。

4.5.3 编辑数据

4.5.3.1 修改数据

当数据输入错误时，需要修改数据，方法包含以下两种。

（1）单击选定需修改数据的单元格，将鼠标指针定位到编辑栏，删除原数据，输入正确的数据，按"Enter"键。

（2）双击需修改数据的单元格，鼠标指针定位到单元格中，输入新数据，按"Enter"键。

4.5.3.2 移动和复制数据

当数据输入到了错误的位置时，可将其移动到正确的单元格，而不必重新输入，方法包含以下四种。

（1）单击待移动的单元格，再单击【开始】选项卡→【剪切】，再将鼠标指针移动至目标单元格，单击【开始】选项卡→【粘贴】，在弹出的下拉列表中选择一种粘贴方式，即可完成数据的移动。

（2）单击待移动的单元格，右击，在弹出的快捷菜单中选择【剪切】，再将鼠标指针移动至目标单元格，右击，在弹出的快捷菜单中选择【粘贴选项】栏下的粘贴方式即可。

（3）单击待移动的单元格，鼠标指针向单元格边框线上悬停，当鼠标指针变成四个方向的十字箭头时，拖曳鼠标指针至目标单元格，松开鼠标左键即可。

（4）单击待移动的单元格，按下"Ctrl"+"X"组合键剪切单元格数据，再选中目标单元格，按下"Ctrl"+"V"组合键快速粘贴数据。

当需要输入相同数据时，可通过复制的方法避免数据的重复输入，方法包含以下四种。

（1）单击待复制的单元格，再单击【开始】选项卡→【复制】，再将鼠标指针移动至目标单元格，单击【开始】选项卡→【粘贴】，在弹出的下拉列表中选择一种粘贴方式，即可完成数据的复制。

（2）单击待复制的单元格，右击，在弹出的快捷菜单中选择【复制】，再将鼠标指针移动至目标单元格，右击，在弹出的快捷菜单中选择【粘贴选项】栏下的粘贴方式即可。

（3）单击待复制的单元格，鼠标指针向单元格边框线上悬停，当鼠标指针变成四个方向的十字箭头时，按住"Ctrl"键并拖曳鼠标指针至目标单元格，松开鼠标左键和"Ctrl"键即可。

（4）单击待复制的单元格，按下"Ctrl"+"C"组合键复制单元格数据，再选中目标单元格，按下"Ctrl"+"V"组合键快速粘贴数据。

4.5.3.3 查找和替换数据

Excel所提供的查找和替换功能可以帮助用户快速定位到要查找的信息，并将单元格中的数据替换成用户需要的数据。

查找数据的操作步骤如下。

（1）打开Excel工作表，单击【开始】选项卡→【编辑】组→【查找和选择】下拉按钮→【查找】。

（2）在弹出的【查找和替换】对话框的【查找】选项卡中输入待查找的内容，例如输入文本"物理"，单击【查找下一个】，可快速定位要查找的信息，如图4.5.1所示。

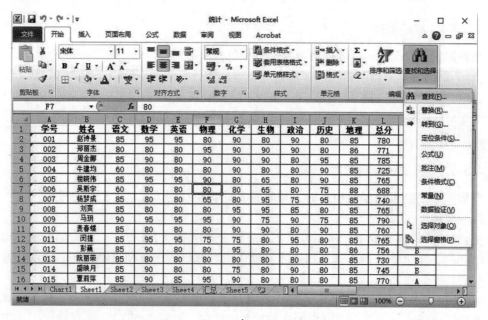

A

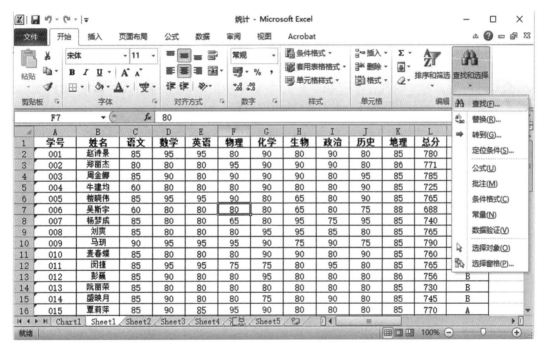

B

图4.5.1 查找数据

（3）如果需要在工作表中查找所有包含某一内容的记录，例如查找工作表中内容为"80"的所有记录，则在【查找】选项卡中输入"80"，单击【查找全部】，【查找和替换】对话框中将显示包含"80"的全部记录，如图4.5.2所示。

A

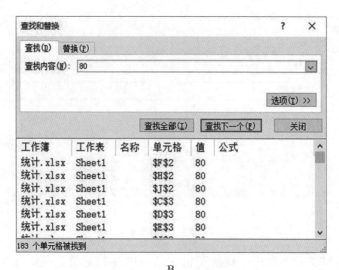

B

图4.5.2 查找某一数据在工作表中的全部记录

替换数据的操作步骤如下。

（1）打开Excel工作表，单击【开始】选项卡→【编辑】组→【查找和选择】下拉按钮→【替换】。

（2）在弹出的【查找和替换】对话框的【替换】选项卡中，【查找内容】文本框内输入待查找的内容，例如输入文本"物理"，【替换为】文本框中输入需要替换的内容，例如输入"科学"，单击【替换】，即可替换相应内容，如图4.5.3所示。

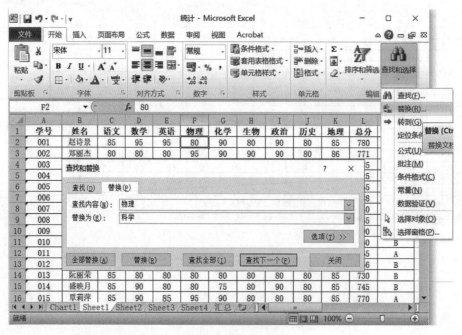

图4.5.3 替换数据

（3）如果需要在工作表中替换所有包含某一内容的记录，例如将工作表中内容为"80"的所有记录替换为"90"，即在【替换】选项卡的【查找内容】文本框中输入

"80"，在【替换为】文本框中输入"90"，单击【全部替换】，工作表中所有的"80"全部被替换为"90"，同时弹出提示框，显示Excel完成替换的数目，如图4.5.4所示。

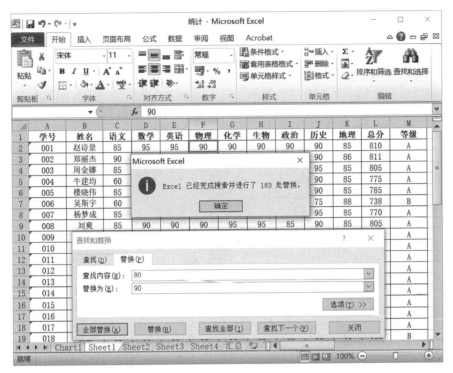

图4.5.4　替换某一数据在工作表中的全部记录

4.5.3.4　数据换行

当用户在单元格中输入的文本过长，可以使用【自动换行】功能完整显示单元格的内容。操作方法包含以下两种。

（1）选定目标单元格，单击【开始】选项卡→【对齐方式】组→【自动换行】。

（2）选定目标单元格，单击【开始】选项卡→【对齐方式】组右下方按钮，在弹出的【设置单元格格式】对话框的【对齐】选项卡中，勾选【自动换行】。

自动换行虽然可以将单元格中的文本显示为多行，但是，具体换行的位置不受用户控制。用户可以使用【强制换行】功能，控制文本在指定位置换行。在单元格的编辑栏输入文本时，在需要换行的位置按下"Alt"+"Enter"组合键，即可强制换行，如图4.5.5所示。

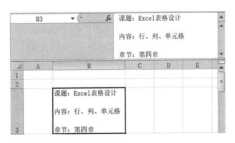

图4.5.5　强制换行

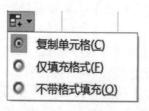

4.5.3.5 填充数据

当用户要输入大量有规律的数据时，手工输入费时费力，Excel具有快速填充数据的功能，能帮助用户提高工作效率。

1. 使用自动填充

自动填充主要包含使用【填充柄】和【序列】两种方法。

（1）使用【填充柄】。

选择单元格，鼠标指针在边框右下角悬停，当鼠标指针变为"+"时，拖动鼠标指针将所选区域的内容填充到同行或同列的单元格中，如图4.5.6所示。

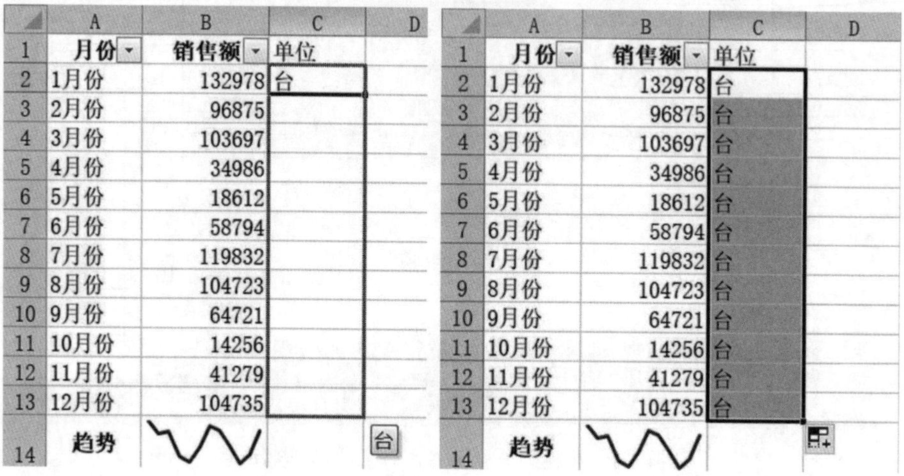

图4.5.6　使用【填充柄】填充数据

在图4.5.6右下角，可以看到█按钮，单击该按钮，弹出填充数据的列表框，包含【复制单元格】、【仅填充格式】和【不带格式填充】三种模式，如图4.5.7所示。

图4.5.7　填充模式

其中，【复制单元格】表示复制起始单元格中的数据，所填充的单元格的内容与其完全相同；【仅填充格式】表示只填充起始单元格中的格式；【不带格式填充】表示以填充序列的方式进行填充，不复制起始单元格的格式。

（2）使用【序列】。

使用【序列】可以实现自动填充的"顺序"数据。选择单元格，单击【开始】选项卡→【编辑】组→【填充】，在弹出的下拉列表中选择【系列】，弹出【序列】对话框，依次选中【列】和【等差序列】复选框，在【步长值】文本框中填入1，【终止值】文本框中填入12，单击【确定】，实现月份的序列填充，如图4.5.8所示。

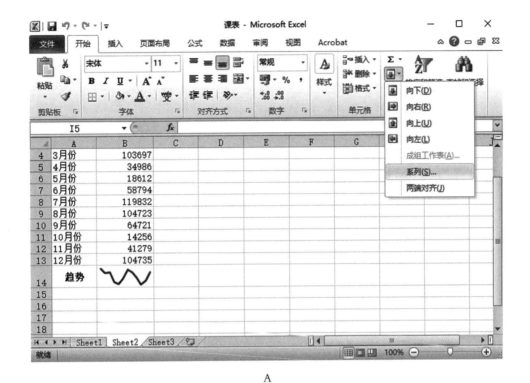

A

B

图4.5.8　使用【序列】填充数据

2. 使用【下拉列表框】

【下拉列表框】可以使数据在某个范围内被填充，能在提高数据输入效率的同时保证数据的准确率。

如图4.5.9所示，选中B3:B11单元格区域，单击【数据】选项卡→【数据工具】组→【数据有效性】，在弹出的下拉列表中选中【数据有效性】，再在弹出的【数据有效性】对话框的【允许】下拉列表中选择【序列】，在【来源】文本框中输入需要的数据，以英文状态下的逗号隔开，单击【确定】。

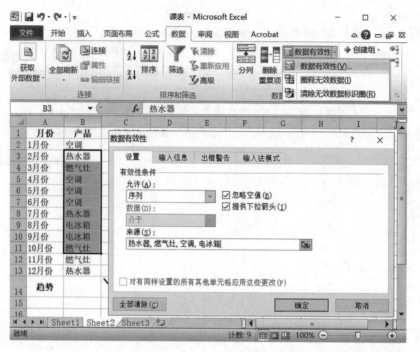

图4.5.9 使用【下拉列表框】设置数据

此时点击工作表B3:B11区域的任一单元格，可看到其后出现下拉按钮，单击该按钮，在弹出的下拉列表中可以看到刚才添加的四个数据选项，选择其中一个然后进行填充，如图4.5.10所示。

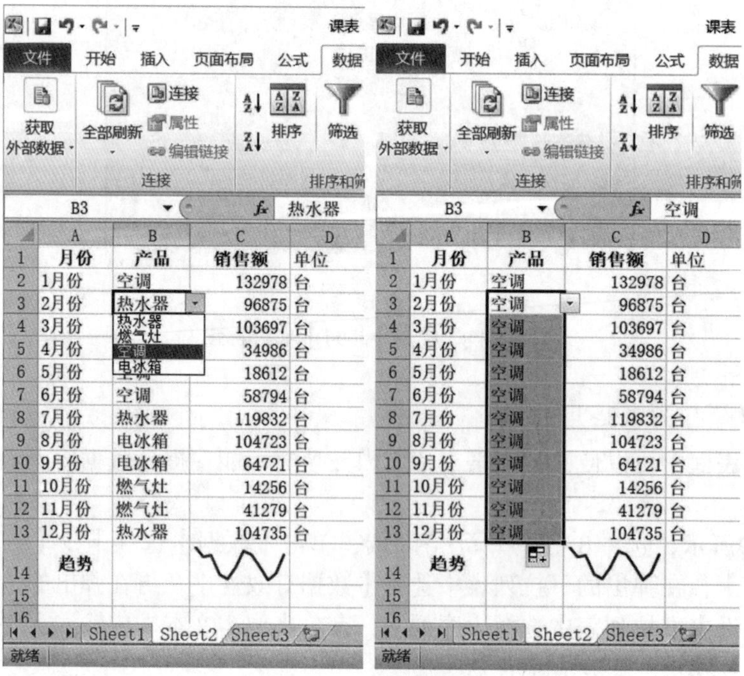

A   B

图4.5.10 使用【下拉列表框】填充数据

4.6 公式与函数

用户在分析和处理 Excel 工作表中的数据时，常常需要用到公式或函数。公式是使用运算符并按照一定的顺序组合用于数据运算的等式，以 "=" 开头。公式可以用于单元格，也可用于其他允许使用公式的地方。函数是 Excel 执行计算分析的功能模块，是预定义的公式，具备特定的顺序和结构。

4.6.1 公式

4.6.1.1 公式中的运算符

1. 常见的运算符

常见的运算符包括算术运算符、比较运算符、文本运算符和引用运算符等。

（1）算术运算符：加（+）、减（−）、乘（×）、除（/）、百分比（%）和乘方（^）等。

（2）比较运算符：等于（=）、大于（>）、小于（<）、大于等于（>=）、小于等于（<=）和不等于（<>）等，运算结果为 True 或 False。

（3）文本运算符：连接多个文本（&）。

（4）引用运算符：冒号（:）、逗号（,）和空格等，常用于单元格引用。

2. 运算符的优先级

四类运算符的优先级从高到低依次为引用运算符、算术运算符、文本运算符和比较运算符。同级运算符按从左到右的顺序运算，其中，算术运算符的优先级依次为负号、百分比、乘方、乘除和加减。

4.6.1.2 输入和编辑公式

1. 输入公式

单击选定单元格，将鼠标指针定位到编辑栏中单击，输入 "="，再输入公式，完成后按 "Enter" 键或编辑栏的【输入】按钮✔，如图4.6.1所示。

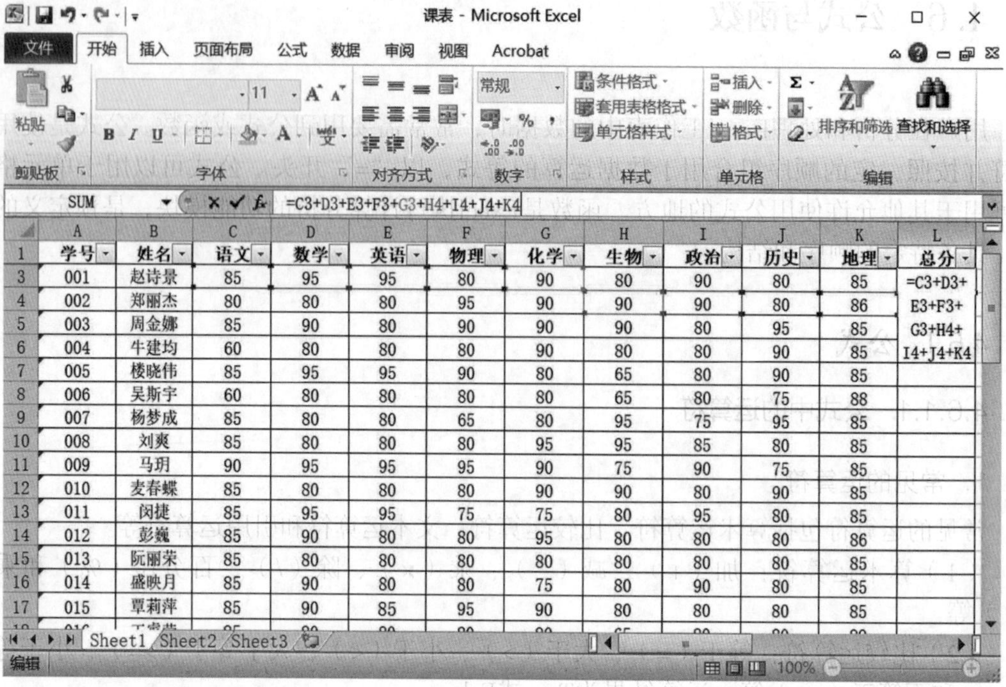

图4.6.1 输入公式

2．编辑公式

单击选定待修改公式的单元格，将鼠标指针定位到编辑栏中单击，修改公式，完成后按"Enter"键或编辑栏的【输入】按钮✔，如图4.6.2所示。

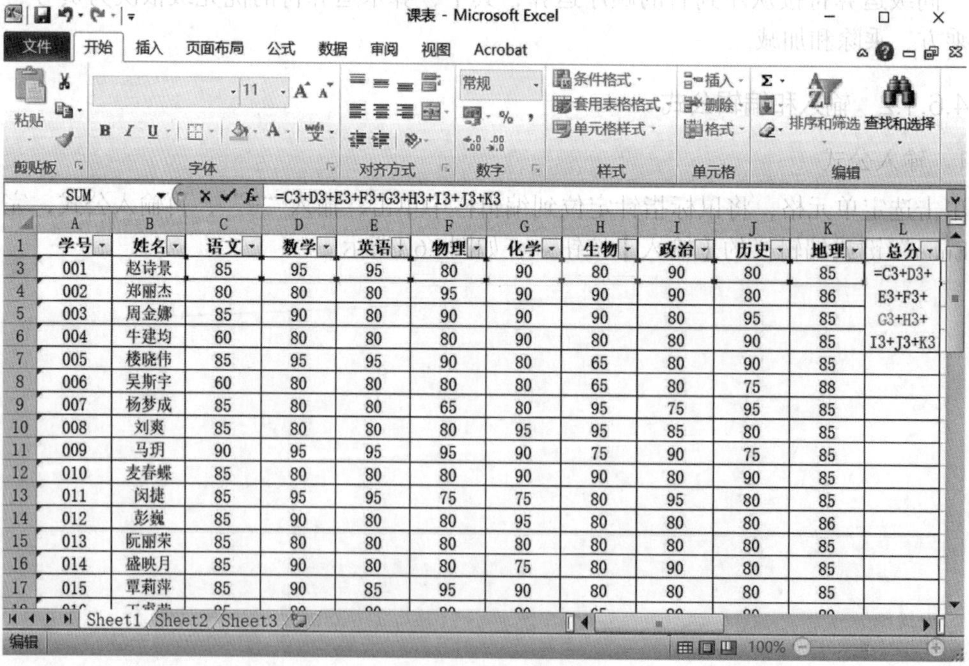

图4.6.2 编辑公式

4.6.1.3　复制与填充公式

当多个单元格使用相同的计算方法时，可以通过【复制】和【粘贴】的方式以减少工作量。如果是连续的单元格区域，可以通过“填充”快速复制公式。比如，要在L列单元格区域中计算学号001～019每个学生的总分，可以先在L2单元格输入公式“=C2+D2+E2+F2+G2+H2+I2+J2+K2”，再将公式填充到L3:L20单元格，具体操作步骤：单击选定L2单元格，鼠标指针在单元格边框右下角悬停，当鼠标指针变为“+”填充柄时，按住鼠标左键向下拖曳至L20单元格，释放鼠标左键，即可快速计算学号002～019学生的总分，如图4.6.3所示。

	A	B	C	D	E	F	G	H	I	J	K	L
1	学号	姓名	语文	数学	英语	物理	化学	生物	政治	历史	地理	总分
2	001	赵诗景	85	95	95	80	90	80	90	80	85	780
3	002	郑丽杰	80	80	80	95	90	90	90	80	86	771
4	003	周金娜	85	90	80	90	90	90	80	95	85	785
5	004	牛建均	60	80	80	80	90	80	80	90	85	725
6	005	楼晓伟	85	95	95	90	80	65	80	90	85	765
7	006	吴斯宇	60	80	80	80	80	65	80	75	88	688
8	007	杨梦成	85	80	80	65	80	95	75	95	85	740
9	008	刘爽	85	80	80	80	95	95	85	80	85	765
10	009	马玥	90	95	95	95	90	75	90	75	85	790
11	010	麦春蝶	85	80	80	80	90	90	80	90	85	760
12	011	闵捷	85	95	95	75	75	80	95	80	85	765
13	012	彭巍	85	90	80	80	95	80	80	80	86	756
14	013	阮丽荣	85	80	80	80	80	80	80	80	85	730
15	014	盛映月	85	90	80	80	75	80	90	80	85	745
16	015	覃莉萍	85	90	85	95	90	80	80	80	85	770
17	016	王睿莹	85	80	80	80	80	65	80	80	89	719
18	017	程菲	85	75	75	95	80	90	85	80	85	750
19	018	崔影	60	80	80	90	80	80	85	80	70	705
20	019	董小瑜	85	85	80	85	80	65	80	90	7	720

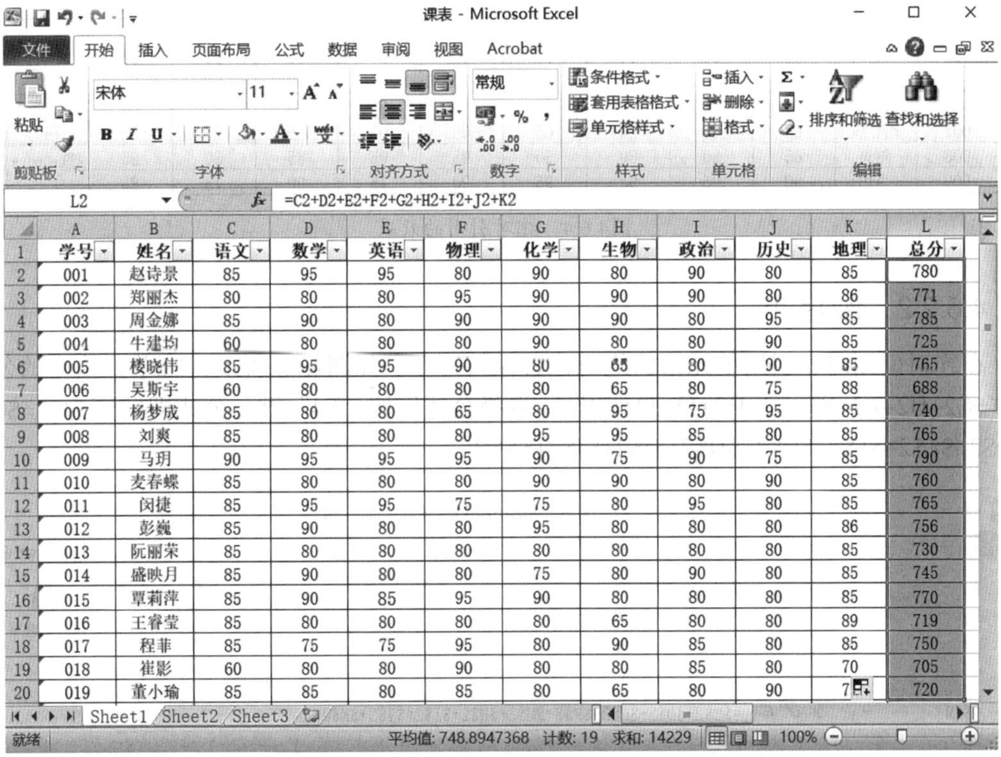

图4.6.3　填充公式

4.6.2　单元格的引用

在Excel中，单元格的引用包括相对引用、绝对引用和混合引用。

4.6.2.1　相对引用

在相对引用时，从属单元格与引用单元格的相对位置保持不变。如图4.6.4所示，L2单元格中的公式为“=C2+D2+E2+F2+G2+H2+I2+J2+K2”，若将L2单元格中的公式通过【复制】和【粘贴】的方式将其复制到L8单元格中，则公式内容自动更改为“=C8+D8+E8+F8+G8+H8+I8+J8+K8”。

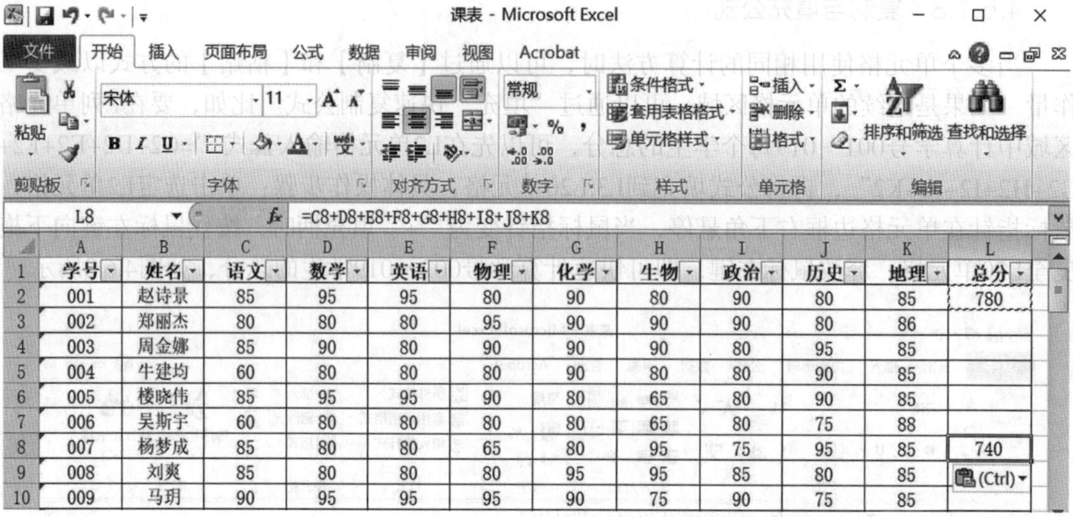

图4.6.4 相对引用的效果

4.6.2.2 绝对引用

在绝对引用时，引用单元格的绝对位置保持不变。如图4.6.5所示，L2单元格中的公式为"=C2+D2+E2+F2+G2+H2+I2+J2+K2"，选择公式后按"F4"键，公式即转变为"=\$C\$2+\$D\$2+\$E\$2+\$F\$2+\$G\$2+\$H\$2+\$I\$2+\$J\$2+\$K\$2"。

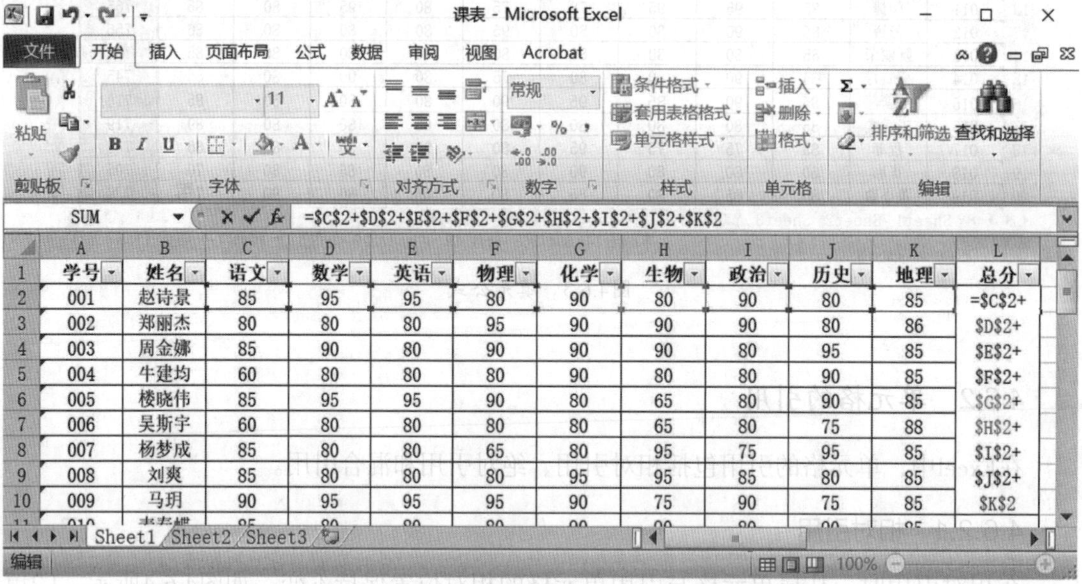

图4.6.5 绝对引用的公式

再按"Enter"键，此时再将L2单元格的公式复制到L8单元格，则公式同样为"=\$C\$2+\$D\$2+\$E\$2+\$F\$2+\$G\$2+\$H\$2+\$I\$2+\$J\$2+\$K\$2"，因此，L2和L8单元格的数值相同，如图4.6.6所示。

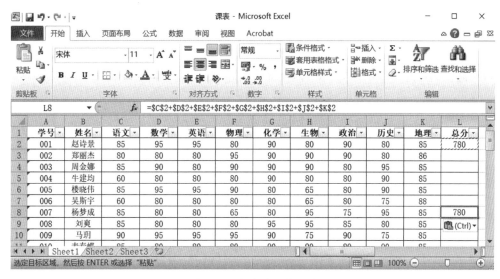

图4.6.6 绝对引用的效果

4.6.2.3 混合引用

在混合引用时，引用单元格的行或列方向之一的绝对位置保持不变，另一方向的位置发生变化。如图4.6.7所示，如果L2单元格中的公式为"=C\$2+D2+\$E2+F2+G2+H2+I2+J2+K2"，若将L2单元格中的公式复制到L8单元格中，则公式内容更改为"=C\$2+D8+\$E8+F8+G8+H8+I8+J8+K8"。

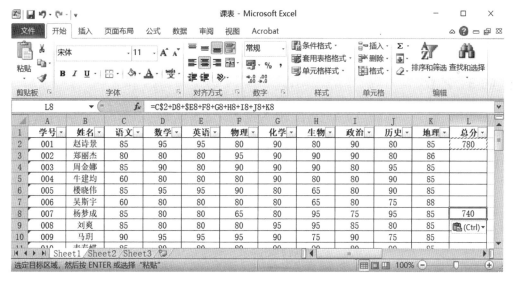

图4.6.7 混合引用

4.6.2.4 跨工作表或跨工作簿引用

1. 跨工作表引用

跨工作表引用的表示方式为"工作表名！引用区域"。如图4.6.8所示，需要在"汇总"

工作表中计算Sheet1工作表中学号001～019学生的总分，具体操作步骤如下：在"汇总"工作表B2单元格中输入"="，再输入函数名"SUM"，然后输入"("，单击Sheet1工作表标签，拖动鼠标选择L2:L20单元格区域，再返回"汇总"工作表B2单元格中输入")"，按"Enter"键，"汇总"表的B2单元格即可统计出总分。

2．跨工作簿引用

跨工作簿引用的表示方式为"[工作簿名称] 工作表名！单元格引用"。如"=SUM（'D:\[统计.xlsx]Sheet1'!L2:L20)"表示计算D盘根目录下"统计"工作簿中Sheet1工作表的L2:L20单元格区域中数值之和，如图4.6.9所示。

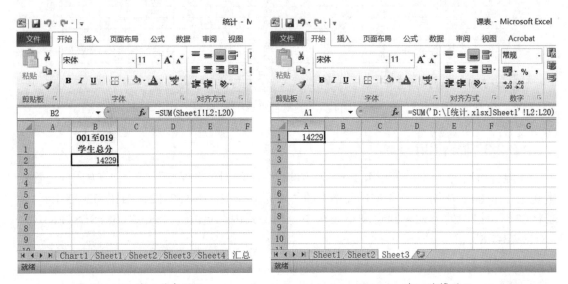

图4.6.8　跨工作表引用　　　　　图4.6.9　跨工作簿引用

4.6.3　函数

Excel中内置了一些预定义的公式，称为函数。这些函数可按照特定的顺序和结构执行计算。Excel函数包含数据库函数、日期与时间函数、工程函数、财务函数、信息函数、逻辑函数、查询和引用函数、数学和三角函数、统计函数、文本函数，以及用户自定义函数等。

4.6.3.1　函数的语法

函数的语法结构为"=函数名(参数1，参数2，…)"。函数的参数可以是常量、逻辑值（True或False）、数组、错误值、单元格引用或嵌套函数等。从语法上来说，函数与公式一致，但使用时需注意以下几点。

（1）输入函数时要以"="开始。

（2）函数名、括号、参数、逗号之间不要插入空格符。

（3）如果函数的参数行后面带有省略号（……），则表示可使用多个该种数据类型的参数。

（4）如果函数名后面跟有一组空格号，则表示不需要参数，但使用时必须带括号。

4.6.3.2 常用函数

Excel 2010的内置函数很多，表4.6.1对常用函数作简要说明。

表 4.6.1 Excel 常用函数

分类	函数名	功能
求和	SUM	计算单元格区域中所有数值的和
平均值	AVERAGE	返回其参数的算术平均值，参数可以是数值或包含数值的名称、数组或引用
计数	COUNT	计算区域中包含数字的单元格的个数
最大值	MAX	返回一组数值中的最大值，忽略逻辑值及文本
最小值	MIN	返回一组数值中的最小值，忽略逻辑值及文本
条件函数	IF	判断是否满足某个条件，如果满足则返回一个值，如果不满足则返回另一个值
日期函数	DATE	返回在Microsoft Excel日期时间代码中代表日期的数字
时间函数	TIME	返回特定时间的序列数

4.6.3.3 输入函数

输入函数的方法主要包含以下三种。

1. 手动输入

如果用户对所使用的函数比较熟悉，记得函数名的全称或开头部分字母，可在单元格或编辑栏手动输入函数。单击单元格，在编辑栏输入"="，然后依次输入函数名，输入的过程中Excel能够根据用户输入的关键字显示备选函数，帮助用户快速选择公式，如图4.6.10所示。

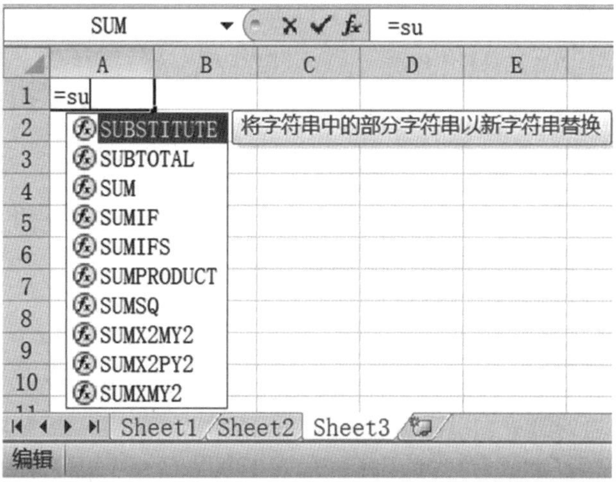

图4.6.10 手动输入函数

155

2. 通过【插入函数】输入函数

单击【公式】选项卡→【插入函数】，弹出【插入函数】对话框，在【搜索函数】编辑栏输入关键字，比如"时间"，单击【转到】，在【选择函数】列表框中将显示推荐的函数列表，用户选择具体函数后，单击【确定】，如图4.6.11所示。

图4.6.11 通过【插入函数】输入函数

然后，在弹出的【函数参数】对话框的参数编辑框中，输入相应的参数，或单击右侧折叠按钮选取单元格区域，如图4.6.12所示。

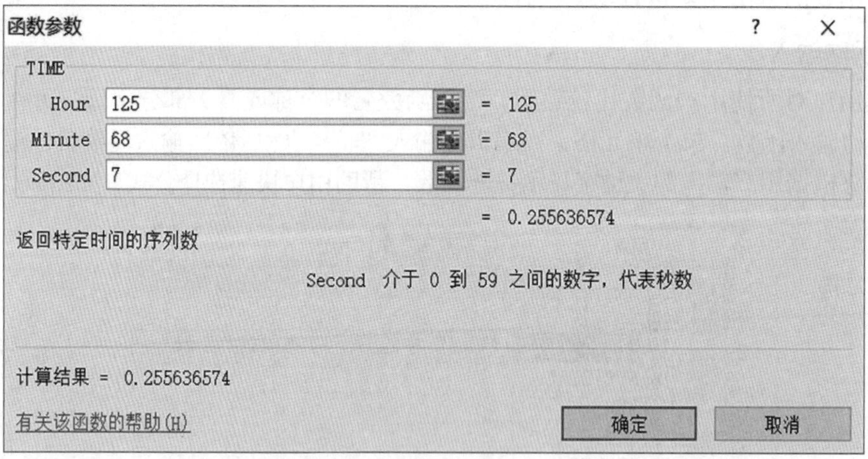

图4.6.12 【函数参数】对话框

3. 通过函数库输入函数

在【公式】选项卡的【函数库】命令组中，Excel按类提供了内置函数，包括【财务】、【逻辑】、【文本】、【日期和时间】等多个下拉按钮。在【其他函数】下拉列表中还提供了【统计】、【工程】、【多维数据集】、【信息】和【兼容性】等函数扩展菜单，如图4.6.13所示。

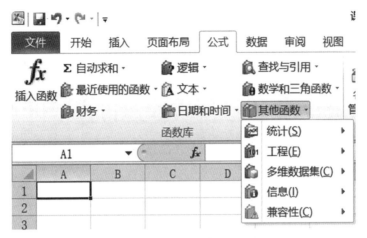

图4.6.13 通过函数库输入函数

用户可以通过单击【自动求和】按钮直接插入用于求和的SUM函数。例如，要计算学生总分，则选中C2:K2单元格区域，单击【自动求和】，即可在L2单元格显示求和结果，如图4.6.14所示。如果要使用其他常用函数，可单击【自动求和】下三角形按钮，在下拉列表中选择【求和】、【平均值】、【计数】、【最大值】和【最小值】等常用函数。

	A	B	C	D	E	F	G	H	I	J	K	L
1	学号	姓名	语文	数学	英语	物理	化学	生物	政治	历史	地理	总分
2	001	赵诗景	85	95	95	80	90	80	90	80	85	780

图4.6.14 通过【自动求和】快速求和

另外，用户还可根据需要在这些分类中插入函数，还可在【最近使用的函数】下拉列表中选取最近使用过的10个函数。

4.6.3.4 嵌套函数

嵌套函数，就是指在某些情况下，用户可能需要将某函数作为另一函数的参数使用。下面以学生成绩为例，通过插入并嵌套IF函数，计算学生成绩的等级。学生单科为百分制，共9门学科，规定总分在765分及以上为等级A，总分在630～764分之间为等级B，总分在630分以下为等级C。具体操作步骤如下。

（1）打开"统计.xlsx"工作簿，选中"Sheet1"工作表中的M2单元格，单击【公式】选项卡→【插入函数】。

（2）在弹出的【插入函数】对话框的【或选择类别】下拉列表框中选择【逻辑】选项，在【选择函数】列表框中选择【IF】选项，单击【确定】，如图4.6.15所示。

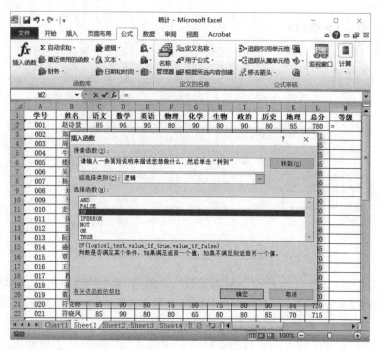

图4.6.15　插入IF函数

（3）在弹出的【函数参数】对话框的【Logical_test】文本框中输入参数L2>=765，在【Value_if_true】文本框中输入参数"A"，将鼠标指针定位在【Value_if_false】文本框中。返回工作表，在【名称】框右侧单击下拉按钮，在弹出的下拉列表中选择需要插入的嵌套函数，这里仍选择IF函数，如图4.6.16所示。

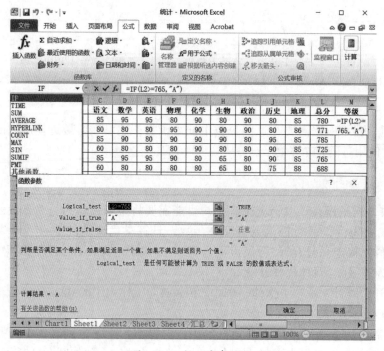

图4.6.16　插入嵌套函数

（4）再次弹出【函数参数】对话框，在【Logical_test】文本框中输入参数L2>=630，在【Value_if_true】文本框中输入参数"B"，在【Value_if_false】文本框中输入参数"C"，单击【确定】，完成函数的嵌套，如图4.6.17所示。

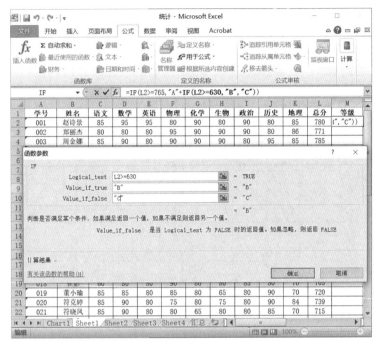

图4.6.17　完成函数的嵌套

（5）返回工作表中，可看到M2单元格在完成函数嵌套后的计算结果。拖动填充柄至M20，填充M3至M20单元格的公式，计算出学生成绩的等级，如图4.6.18所示。

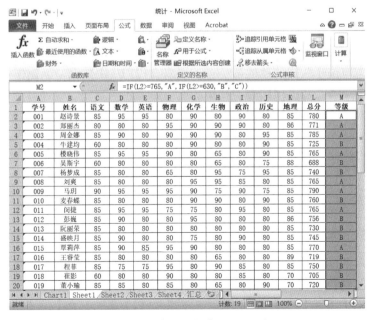

图4.6.18　填充剩余单元格的公式

4.7 数据的排序、筛选与分类汇总

Excel 2010向用户提供了大量用于数据分析的工具，包括数据的排序、筛选和分类汇总等。

4.7.1 数据列表

数据列表，又称为数据清单，是指在Excel中按记录和字段的结构特点组成的数据区域，包含一行列标题和多行数据，且每行同列数据的类型和格式完全相同，如图4.7.1所示。

	A	B	C	D	E	F	G
2	学号	姓名	性别	专业名称	层次	学制	成绩
3	001	王迪	女	口腔医学	本科	五	780
4	002	王健先	男	口腔医学	本科	五	690
5	003	王景彬	男	口腔医学	本科	五	785
6	004	王慧慧	女	临床医学	本科	五	568
7	005	付培培	女	临床医学	本科	五	765
8	006	仝家宇	男	临床医学	本科	五	688
9	007	叶佳琳	女	预防医学	本科	五	740
10	008	叶建成	男	预防医学	本科	五	765
11	009	田维艳	女	预防医学	本科	五	790
12	010	刘洋	女	预防医学	本科	五	760
13	011	孙佳麟	男	预防医学	本科	五	765
14	012	孙颖	女	中医学	本科	五	756
15	013	孙睿	女	中医学	本科	五	650
16	014	朱艺丹	女	中医学	本科	五	745
17	015	朱伟尧	男	医学影像学	本科	五	580
18	016	朱彤	男	医学影像学	本科	五	719
19	017	朱彩菁	女	医学影像学	本科	五	750
20	018	朱蝶	女	医学影像学	本科	五	705
21	019	何亚兰	女	医学影像学	本科	五	720

Sheet1 Sheet2 Sheet3 Sheet

图4.7.1 数据列表

构建数据清单时，应注意以下原则，以保证其能够有效运行。

（1）列标志应位于数据清单的第一行，用以查找和组织数据、创建报告。

（2）同一列中各行数据项的类型和格式应当完全相同。

（3）避免在数据清单中间放置空白的行或列，如需将数据清单和其他数据隔开时，应在它们之间留出至少一个空白的行或列。

（4）尽量在一张工作表上建立一个数据清单。

4.7.2 排序

4.7.2.1 快速排序

Excel具备简单的排序功能，可对工作表中的数据按某一字段进行排序，包括升序排序和降序排序两种。具体操作方法有以下两种。

（1）选定位于序列中的任意单元格，单击【数据】选项卡→【排序和筛选】组→【升序】按钮或【降序】按钮。

（2）选定位于序列中的任意单元格，单击【开始】选项卡→【编辑】组→【排序和筛选】按钮，在弹出的下拉列表中选择【升序】按钮或【降序】按钮。

4.7.2.2　高级排序

数据的高级排序指的是按照多个条件对数据进行排序，主要是针对简单排序后仍有相同数据的情况而进行的一种排序。具体操作方法有以下两种。

（1）选定位于序列中的任意单元格，单击【数据】选项卡→【排序和筛选】组→【排序】按钮。

（2）选定位于序列中的任意单元格，单击【开始】选项卡→【编辑】组→【排序和筛选】按钮，在弹出的下拉列表中选择【自定义排序】。

例如，在"统计.xlsx"工作簿的Sheet1工作表中对学生的成绩进行排序，使其按照语文成绩的高低进行排序，当语文成绩相同时，再按照数学成绩进行排序，具体操作步骤如下。

（1）选择序列中的任意单元格，单击【数据】选项卡→【排序和筛选】组→【排序】按钮，打开【排序】对话框。

（2）在【主要关键字】下拉列表框中选择【语文】选项，在【排序依据】下拉列表框中选择【数值】选项，在【次序】下拉列表框中选择【降序】选项。

（3）单击【添加条件】按钮，系统自动添加一个【次要关键字】下拉列表框，按照上一步进行设置，单击【确定】，如图4.7.2所示。

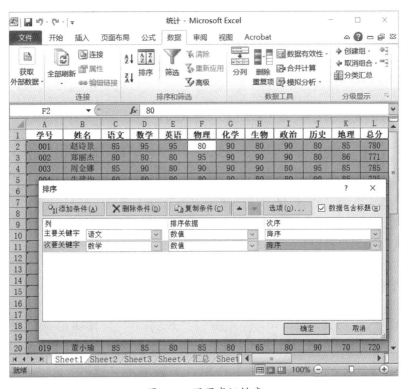

图4.7.2　设置高级排序

返回Excel表格，系统先按照语文成绩进行降序排序，再按照数学成绩进行降序排序，如图4.7.3所示。

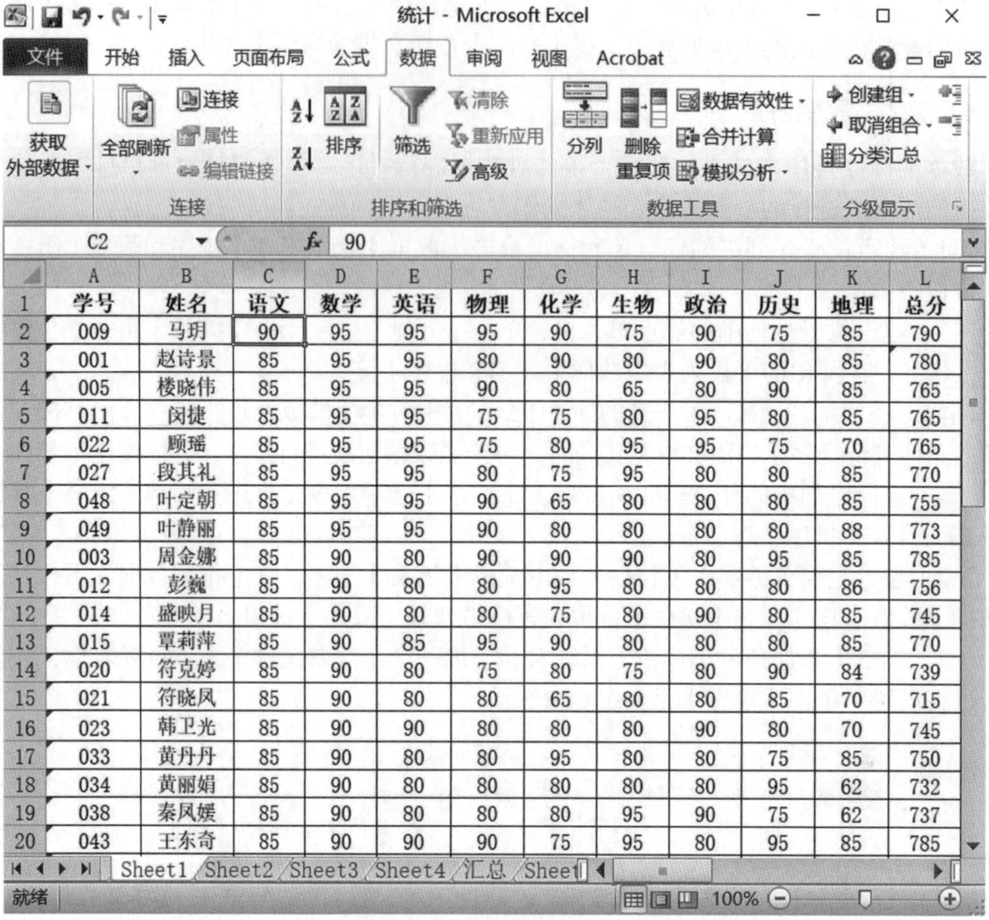

	A	B	C	D	E	F	G	H	I	J	K	L
1	学号	姓名	语文	数学	英语	物理	化学	生物	政治	历史	地理	总分
2	009	马玥	90	95	95	95	90	75	90	75	85	790
3	001	赵诗景	85	95	95	80	90	80	90	80	85	780
4	005	楼晓伟	85	95	95	90	80	65	80	90	85	765
5	011	闵捷	85	95	95	75	75	80	95	80	85	765
6	022	顾瑶	85	95	95	75	80	95	95	75	70	765
7	027	段其礼	85	95	95	80	75	95	80	80	85	770
8	048	叶定朝	85	95	95	90	65	80	80	80	85	755
9	049	叶静丽	85	95	95	90	80	80	80	80	88	773
10	003	周金娜	85	90	80	90	90	90	80	95	85	785
11	012	彭巍	85	90	80	80	95	80	80	80	86	756
12	014	盛映月	85	90	80	80	75	80	90	80	85	745
13	015	覃莉萍	85	90	85	95	90	80	80	80	85	770
14	020	符克婷	85	90	80	75	80	75	80	90	84	739
15	021	符晓凤	85	90	80	80	65	80	80	85	70	715
16	023	韩卫光	85	90	90	80	80	80	90	80	70	745
17	033	黄丹丹	85	90	80	80	95	80	80	75	85	750
18	034	黄丽娟	85	90	80	80	80	80	80	95	62	732
19	038	秦凤媛	85	90	80	80	80	95	90	75	62	737
20	043	王东奇	85	90	90	90	75	95	80	95	85	785

图4.7.3 完成高级排序

4.7.2.3 自定义排序

当系统自带的序列不能满足实际排序的需求时，可利用Excel提供的自定义排序功能快速创建需要的排序方式，以便将其应用到需要的数据列表中。

例如，在“统计.xlsx”工作簿的Sheet2工作表中自定义排序条件，使数据按照产品类型进行排序。具体操作步骤如下。

（1）选择序列中的任意单元格，单击【数据】选项卡→【排序和筛选】组→【排序】按钮，打开【排序】对话框，在【次序】下拉列表框中选择【自定义序列】选项。

（2）在弹出的【自定义序列】对话框的【输入序列】文本框中输入新序列，输入“空调”（按回车键）、“热水器”（按回车键）、“电冰箱”（按回车键）、“燃气灶”，单击【添加】按钮，可以看到输入的新序列显示在【自定义序列】列表框中，单击【确定】，如图4.7.4所示。

（3）返回【排序】对话框，在【主要关键字】下拉列表框中选择【产品】选项，单击【确定】。

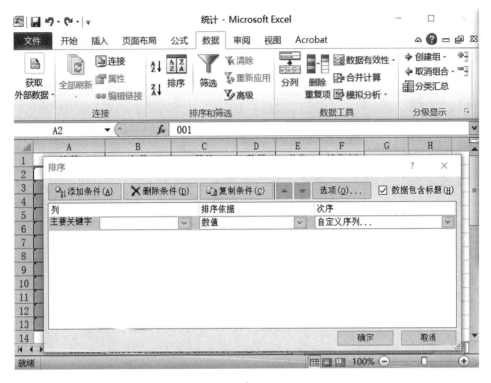

A

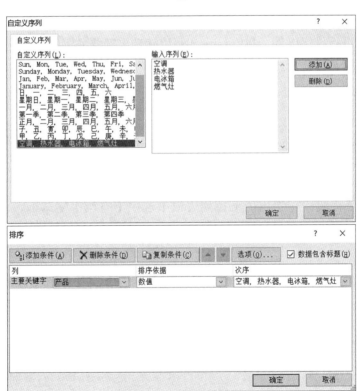

B

图4.7.4 设置自定义排序

返回Excel表格，可看到数据按照"空调，热水器，电冰箱，燃气灶"的顺序进行排序，如图4.7.5所示。

	A	B	C	D	E	F
1	编号	产品	月份	数量	单位	销售额
2	001	空调	2019/1	30	台	132978
3	005	空调	2019/5	4	台	18612
4	010	空调	2019/4	3	台	14256
5	012	空调	2019/3	22	台	104735
6	002	热水器	2019/1	48	台	96875
7	009	热水器	2019/2	32	台	64721
8	003	电冰箱	2019/2	51	台	103697
9	007	电冰箱	2019/12	55	台	119832
10	004	燃气灶	2019/7	17	台	34986
11	006	燃气灶	2019/6	29	台	58794
12	008	燃气灶	2019/10	49	台	104723
13	011	燃气灶	2019/9	21	台	41279

图4.7.5　完成自定义排序

4.7.3　筛选

除了对数据进行排序以外，在Excel中还可以筛选出需要显示的信息，使不满足条件的数据暂时隐藏起来。

4.7.3.1　快速筛选

快速筛选可以对单个字段建立筛选，多字段之间的筛选是逻辑"与"的关系。

例如，在"统计.xlsx"工作簿的Sheet2工作表中快速筛选出空调，操作步骤如下。

（1）选择序列中的任意单元格，单击【数据】选项卡→【排序和筛选】组→【筛选】按钮▼，Excel自动在工作表的列标志后添加▼按钮。

（2）单击该按钮，在弹出的下拉列表框中选中【空调】复选框，单击【确定】，Excel将自动隐藏未选择的产品类型的数据，如图4.7.6所示。

A

编号 ▼	产品 ▼	月份 ▼	数量▼	单位▼	销售额▼
001	空调	2019/1	30	台	132978
005	空调	2019/5	4	台	18612
010	空调	2019/4	3	台	14256
012	空调	2019/3	22	台	104735

B

图4.7.6 快速筛选

4.7.3.2 高级筛选

如果要对数据进行多重筛选，可使用高级筛选功能。使用高级筛选功能时，先要在工作表中输入筛选条件。

例如，在"统计.xlsx"工作簿的Sheet1工作表中输入筛选条件，筛选出语文、数学、英语成绩都大于80分的记录，操作步骤如下。

（1）在工作表空白区域，选择B53至D54单元格的区域，分别输入筛选条件。

（2）单击【数据】选项卡→【排序和筛选】组→【高级】按钮，弹出【高级筛选】对话框，如图4.7.7所示。

图4.7.7 【高级筛选】对话框

（3）单击【条件区域】文本框右侧的收缩按钮，此时【高级筛选】对话框变成收缩状态，如图4.7.8所示。

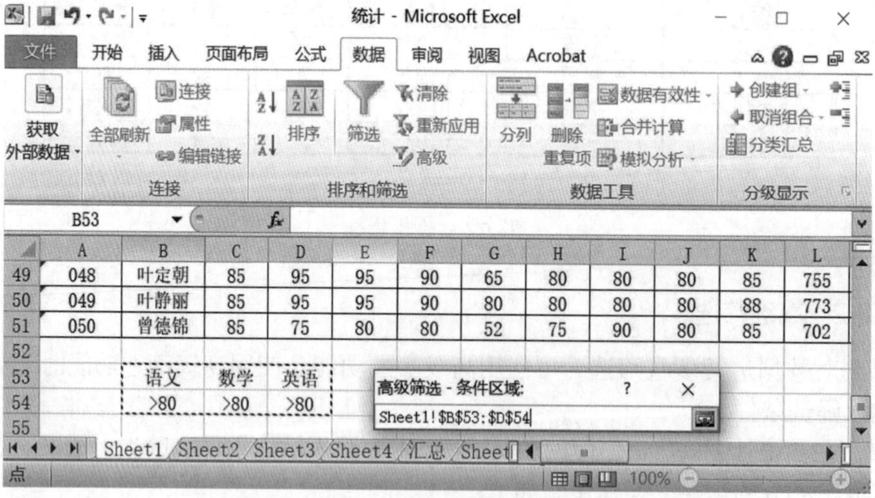

图4.7.8 【高级筛选】对话框变成收缩状态

（4）拖动鼠标选择B53:D54单元格区域，再单击文本框右侧的展开按钮，此时，【高级筛选】对话框展开，核对【列表区域】和【条件区域】文本框中显示的单元格区域，确认无误后单击【确定】，如图4.7.9所示。

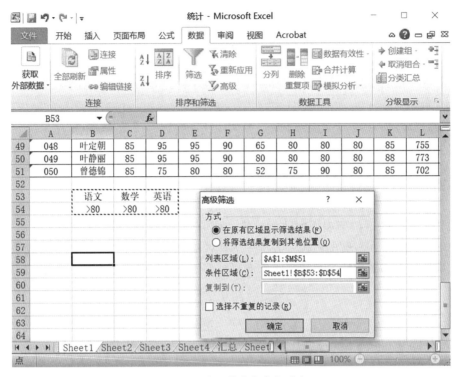

图4.7.9　确认筛选方式和区域

（5）返回Excel工作表即可查看到筛选后的结果，如图4.7.10所示。

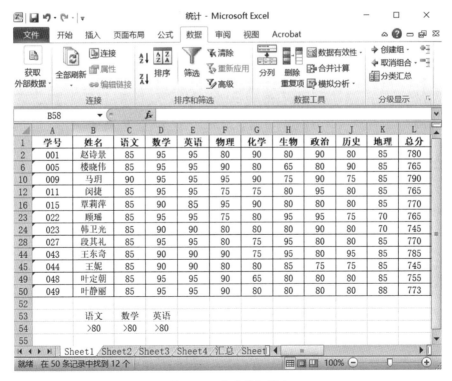

图4.7.10　完成高级筛选

4.7.3.3 自定义筛选

利用Excel提供的自定义筛选数据功能可以自定义更多的筛选条件，在筛选数据时具有更多的选择方式。

例如，在"统计.xlsx"工作簿的Sheet1工作表中筛选出数学成绩在80～90分之间的记录，操作步骤如下。

（1）选择需进行筛选的工作表的表头，选择D2单元格，单击【数据】选项卡→【排序和筛选】组→【筛选】按钮 ▼。

（2）单击"数学"字段右侧的 ▼ 按钮，在弹出的下拉列表框中选择【数字筛选】→【自定义筛选】选项。

（3）打开【自定义自动筛选方式】对话框，在第一排左侧的下拉列表框中选择【大于】选项，在右侧的下拉列表框中选择或输入数值"80"。在第二排左侧的下拉列表框中选择【小于】选项，在右侧的下拉列表框中选择或输入数值"90"。单击【确定】。

此时工作表将筛选出符合自定义条件的1条记录，如图4.7.11所示。

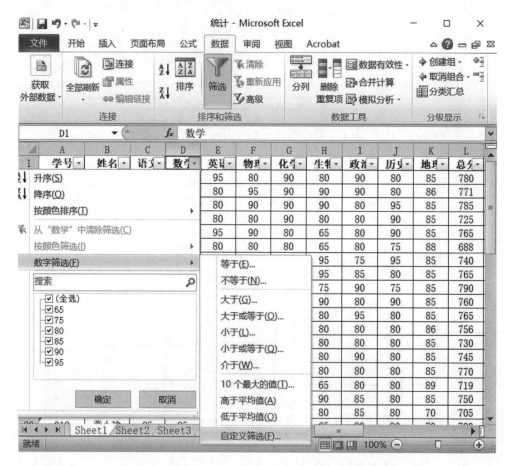

A

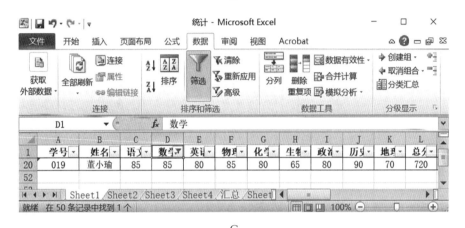

B

C

图4.7.11 自定义筛选

4.7.4 分类汇总

分类汇总是指按照某个字段对数据进行分类,再对每一类记录分别进行汇总。在分类汇总前,要先对数据进行排序。

4.7.4.1 创建简单的分类汇总

例如,要在"统计.xlsx"工作簿的Sheet3工作表中按学生性别进行分类汇总,操作步骤如下。

(1)选择Sheet3工作表的C1单元格,单击【数据】选项卡→【排序和筛选】组→【升序】按钮↓↑,使性别相同的记录集中在一起。

(2)单击【数据】选项卡→【分级显示】组→【分类汇总】按钮,打开【分类汇总】对话框。

(3)在【分类字段】下拉列表框中选择【性别】选项,在【汇总方式】下拉列表框中选择【平均值】选项,在【选定汇总项】列表框中选择【成绩】选项前的复选框,单击【确定】。

返回工作表,可看到按性别分类汇总后的结果,如图4.7.12所示。

A

B

图4.7.12　分类汇总

4.7.4.2　创建多重分类汇总

用户在已有的分类汇总的基础上，可以再次对数据进行分类汇总，称为多重分类汇总。例如，在求得男女学生平均成绩的基础上，再统计男女生的人数，则在之前分类汇总的操作基础上，再统计人数，此时不能选中【分类汇总】对话框内的【替换当前分类汇总】复选框，对话框设置与结果如图4.7.13所示。

A

B

图4.7.13　多重分类汇总

4.7.4.3　隐藏与显示分类汇总

在对表格分类汇总后，单击表格左侧的 ▬ 按钮，可隐藏相应级别的数据；单击 ✚ 按钮，可显示相应级别的数据，如图4.7.14所示。

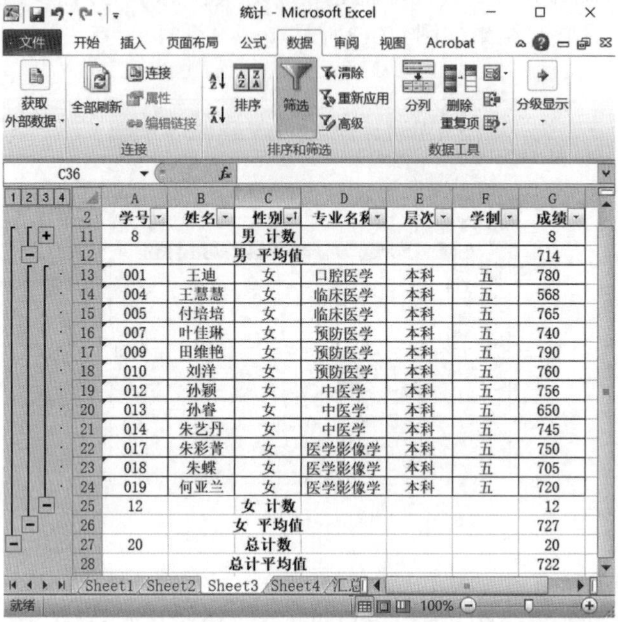

图4.7.14　隐藏与显示分类汇总

4.7.4.4　删除分类汇总

如果要使数据恢复到原始状态，可删除表格中的分类汇总。方法为：选择分类汇总表格中的任意单元格，单击【数据】选项卡→【分级显示】组→【分类汇总】按钮▤，在弹出的【分类汇总】对话框中单击【全部删除】，即可删除分类汇总。

4.8　Excel图表

Excel除了强大的计算功能外，还能以统计图表的形式展现数据，直观明了地反映出数据的变化规律。数据透视表和数据透视图则可以在图表的基础上进一步对数据进行汇总透视分析，展示数据之间的关系。

4.8.1　创建图表

4.8.1.1　图表的组成及类型

1.　图表的组成

一幅图表由图表区、图表标题、网格线、绘图区、数据系列、图例、坐标轴和坐标轴标题构成，如图4.8.1所示。

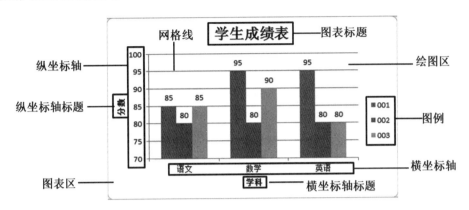

图4.8.1　图表的组成

各部分功能如下。

（1）图表区：包含整张图表及其中元素的区域。

（2）图表标题：一段文本，对图表内容起说明作用。

（3）网格线：图表中从坐标轴刻度线延伸并贯穿整个绘图区的线条，使得对图表中数据的观察和估计更为方便。

（4）绘图区：由坐标轴界定的区域。

（5）数据系列：图表上的一组相关数据点。每个数据系列分别来自工作表的某一行或某一列。

（6）图例：一般位于图表区的右侧，用于标识图表中的数据系列或分类指定的图案或颜色。

（7）坐标轴：包括横坐标轴和纵坐标轴，用于对数据进行度量和分类。

（8）坐标轴标题：包括横坐标轴标题和纵坐标轴标题，用于对坐标轴进行标识和说明。

2．图表的类型

Excel 2010提供了11种标准图表类型，包括柱形图、折线图、饼图、条形图、面积图、XY（散点图）、股价图、曲面图、圆环图、气泡图和雷达图。

（1）柱形图：通常用来描述不同时期数据的变化情况，或是描述不同类别的数据（称作分类项）之间的差异，也可以用来同时描述不同时期、不同类别的数据的变化和差异。

（2）折线图：常用来分析数据随时间的变化趋势，也可用来分析多组数据随时间变化的相互作用和相互影响。与同样可以反映时间趋势的柱形图相比，折线图更加强调数据起伏变化的波动趋势。

（3）饼图：用于反映各部分数据在总体中的构成及占比情况，每一个扇区表示一个数据系列，扇区面积越大，表示占比越高。使用饼图时需要注意选取的数值没有负值和零值。

（4）条形图：用于反映不同项目之间的对比情况。与柱形图相比，条形图更适合用来展现排名。

（5）面积图：除了具备折线图的特点，强调数据随时间的变化以外，还可以通过显示数据的面积来分析部分与整体的关系。

（6）XY（散点图）：通常用于反映成对数据之间的相关性和分布特性。例如，用散点图展示某企业在不同产品上投入的广告费以及产出的收入情况等。

（7）股价图：用于显示股票的走势，也可用于表示科学数据。

（8）曲面图：以平面显示数据的变化趋势，用不同的颜色和图案表示不同的范围区域。

（9）圆环图：用于表达总体与部分或者组成整体的各部分之间的关系。

（10）气泡图：可用于展示三个变量之间的关系，与散点图类似，绘制时将一个变量放在横轴，另一个变量放在纵轴，而第三个变量则用气泡的大小来表示。

（11）雷达图：用于比较若干数据系列的聚合值，图形由中心点向外辐射，并通过折线将同一系列中的数据值连接起来进行描述。

4.8.1.2 创建图表

例如，要为"统计.xlsx"工作簿的Sheet1工作表中学号为001～003的学生的语文、数学和英语成绩创建一个柱形图表，操作步骤如下。

选择Sheet1工作表的相关单元格区域，这里按要求选中A2:A4区域以及C2:E4区域，单击【插入】选项卡→【图表】组→【柱形图】，在下拉列表中单击【二维柱形图】的第一个选项【簇状柱形图】，即可插入一个柱形图，如图4.8.2所示。

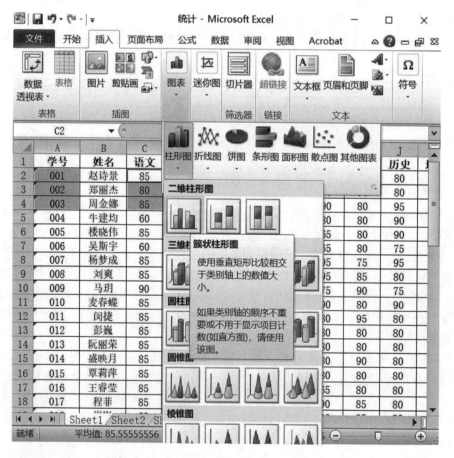

A

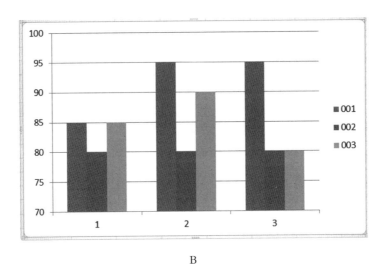

B

图4.8.2　创建图表

用户也可以单击【插入】选项卡→【图表】组的创建图表按钮 ，打开【插入图表】对话框，在对话框中选择所需要的图表类型，如图4.8.3所示。

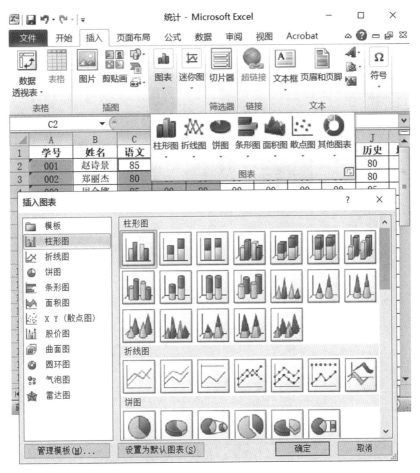

图4.8.3　选择所需的图表类型

4.8.2　编辑图表

4.8.2.1　编辑图表中的数据

需要注意的是，图表和创建图表的数据源之间是动态联系的。当修改工作表中的数据源时，图表中的对应数据也会随之变化。这里以编辑"统计.xlsx"工作簿的Sheet1工作表的图表数据为例，操作步骤如下。

1. 删除图例

选择Sheet1工作表中的图表，单击【设计】选项卡→【数据】组→【选择数据】，在弹出的【选择数据源】对话框的【图例项（系列）】栏中选择【001】选项，单击【删除】→【确定】，可看到学号为001的学生的成绩在图表中被删除，如图4.8.4所示。

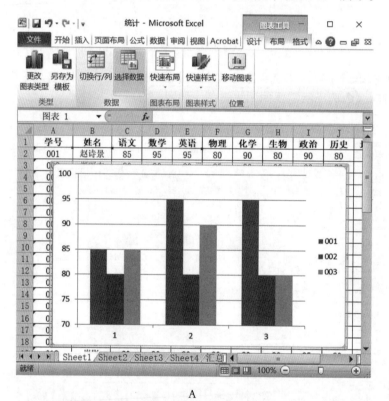

A

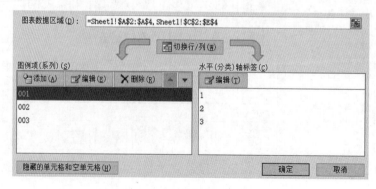

B

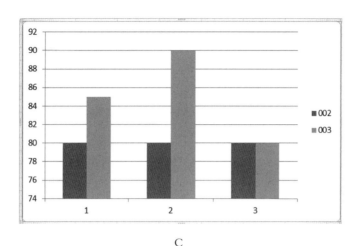

C

图4.8.4 删除图例

2. 编辑图例

选择Sheet1工作表中的图表，单击【设计】选项卡→【数据】组→【选择数据】，在弹出的【选择数据源】对话框的【图例项（系列）】栏中选择【002】选项，单击【编辑】，弹出【编辑数据系列】对话框，单击【系列值】文本框后的收缩按钮，对话框被缩小，返回工作表选择F3:H3单元格区域，再单击【系列值】文本框后的扩展按钮，单击【确定】，返回【编辑数据系列】对话框，单击【确定】，返回【选择数据源】对话框，单击【确定】，可看到学号为002的学生的成绩在图表中被编辑，如图4.8.5所示。

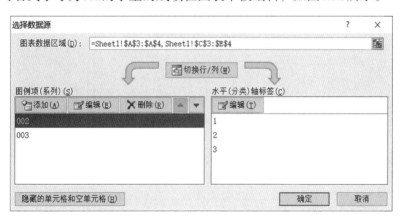

A

B

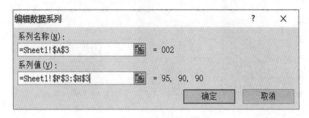

C

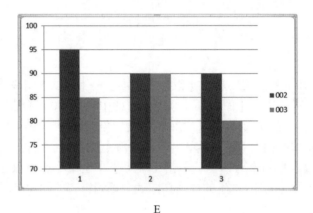

D

E

图4.8.5　编辑图例

3．添加图例

选择Sheet1工作表中的图表，单击【设计】选项卡→【数据】组→【选择数据】，在弹出的【选择数据源】对话框的【图例项（系列）】栏单击【添加】，弹出【编辑数据系列】对话框，在【系列名称】文本框中设置引用单元格A5，在【系列值】文本框中设置引用的数据系列区域为C5:E5单元格区域，单击【确定】，返回【选择数据源】对话框，单击【确定】，可看到学号为004的学生的成绩被添加在图表中，如图4.8.6所示。

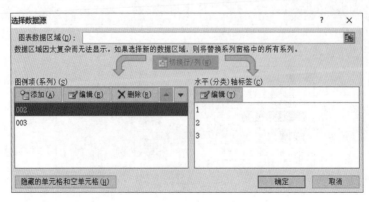

A

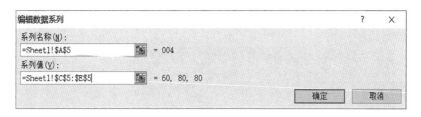

B

C

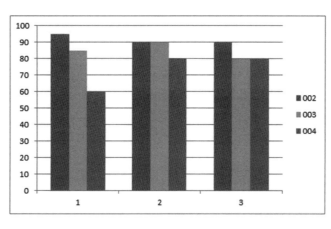

D

图4.8.6 添加图例

4．编辑轴标签

选择Sheet1工作表中的图表，单击【设计】选项卡→【数据】组→【选择数据】，在弹出的【选择数据源】对话框的【水平（分类）轴标签】栏单击【编辑】，弹出【轴标签】对话框，选择工作表的C1:E1单元格区域作为轴标签，单击【确定】，返回【选择数据源】对话框，单击【确定】，可看到横轴标签"1""2""3"被替换为"语文""数学""英语"，如图4.8.7所示。

179

A

B

C

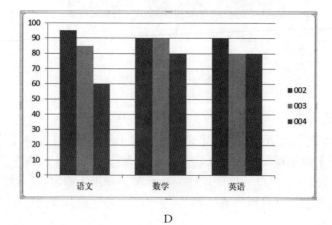

D

图4.8.7　编辑轴标签

4.8.2.2 显示或隐藏图表元素

创建的图表默认包含的元素有限，用户可根据需要显示或隐藏图表元素。这里以编辑"统计.xlsx"工作簿的Sheet1工作表的图表元素为例，操作步骤如下。

1. 添加图表标题

选择Sheet1工作表中的图表，单击【布局】选项卡→【标签】组→【图表标题】，在弹出的下拉列表中选择【图表上方】选项，系统自动在图表上方添加"图表标题"文本框，将鼠标光标定位于其中，将标题修改为"学生成绩表"，如图4.8.8所示。

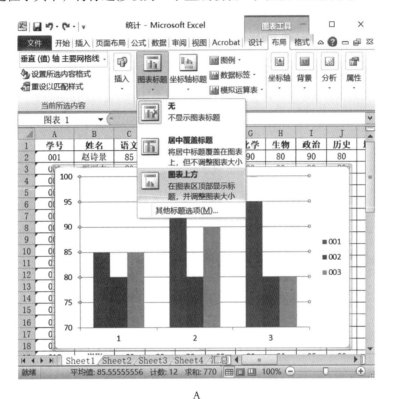

A

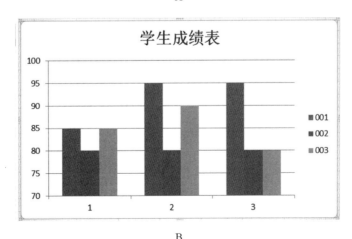

B

图4.8.8　添加图表标题

2．更改图例位置

图例一般在图表右侧显示，需要更改时，单击【布局】选项卡→【标签】组→【图例】，在弹出的下拉列表中选择【在左侧显示图例】选项，图例则在图表左侧显示，如图4.8.9所示。

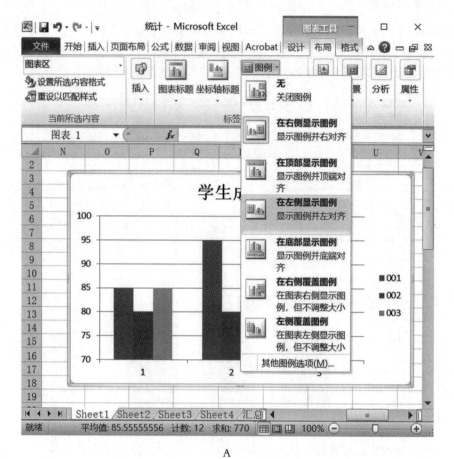

图4.8.9　更改图例位置

3．添加数据标签

单击【布局】选项卡→【标签】组→【数据标签】，在弹出的下拉列表中选择【数据标签外】选项，数据标签将在图表中显示，如图4.8.10所示。

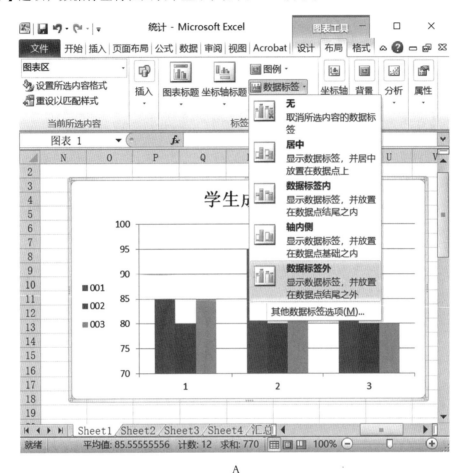

A

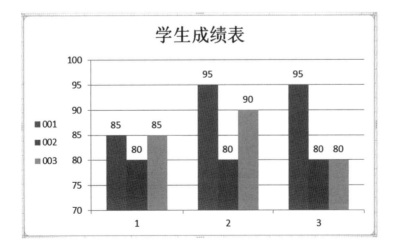

B

图4.8.10　添加数据标签

4．添加坐标轴标题

单击【布局】选项卡→【标签】组→【坐标轴标题】，在弹出的下拉列表中选择【主要横坐标轴标题】→【坐标轴下方标题】，系统自动在横坐标轴下方添加"坐标轴标题"文本框，将鼠标光标定位于其中，将标题修改为"科目"。按同样方法将纵坐标轴标题设置为"分数"，如图4.8.11所示。

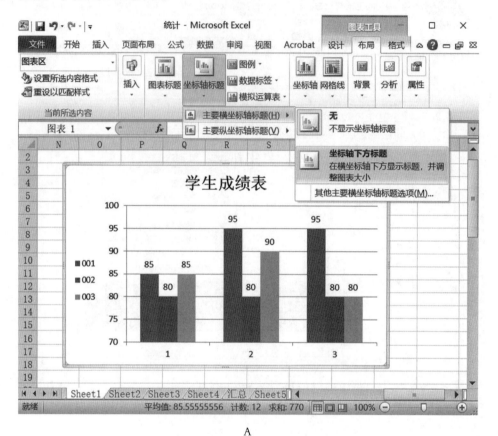

A

B

图4.8.11　添加坐标轴标题

4.9 表格美化及页面设置

用户可以设置表格的格式，如边框、底纹、背景、单元格样式和表格样式等，还可以在表格中添加对象，如图片、SmartArt图形和艺术字等。打印前可能还需要对表格进行页面设置。

4.9.1 设置表格格式

4.9.1.1 设置边框

表格边框可以通过【字体】组或【边框】选项卡设置。例如，要为"统计.xlsx"工作簿的Sheet3工作表的单元格设置边框，有以下两种操作方法。

1. 通过【字体】组设置

选择A2:G22单元格区域，单击【开始】选项卡→【字体】组→【下框线】按钮▦右侧的下三角形按钮，在弹出的下拉列表中通过选择【线条颜色】子列表中的选项设置边框颜色，通过选择【线型】子列表中的选项设置线条线型，通过选择【边框】中的选项设置边框，如图4.9.1所示。

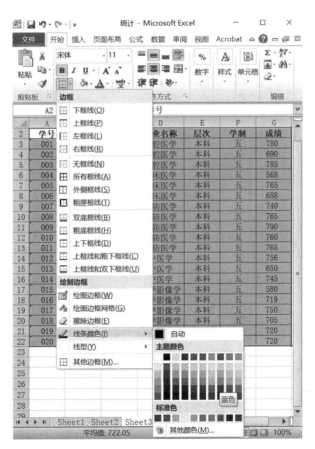

A

B

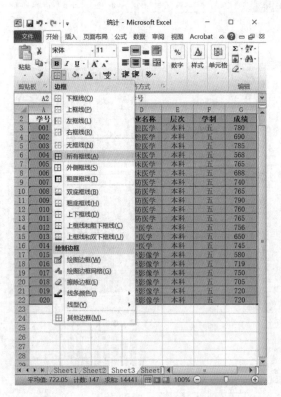

C

图4.9.1 通过【字体】组设置边框

2. 通过【边框】选项卡设置

选择A2:G22单元格区域，右击，在弹出的快捷菜单中选择【设置单元格格式】命令，在弹出的【设置单元格格式】对话框中打开【边框】选项卡，选择所需的样式、颜色和预置选项，完成边框的设置，如图4.9.2所示。

	A	B	C	D	E	F	G
1				学生花名册			
2	学号	姓名	性别	专业名称	层次	学制	成绩
3	001	王迪	女	口腔医学	本科	五	780
4	002	王健先	男	口腔医学	本科	五	690
5	003	王景彬	男	口腔医学	本科	五	785
6	004	王慧慧	女	临床医学	本科	五	568
7	005	付培培	女	临床医学	本科	五	765
8	006	仝家宇	男	临床医学	本科	五	688
9	007	叶佳琳	女	预防医学	本科	五	740
10	008	叶建成	男	预防医学	本科	五	765
11	009	田维艳	女	预防医学	本科	五	790
12	010	刘洋	女	预防医学	本科	五	760
13	011	孙佳麟	男	预防医学	本科	五	765
14	012	孙颖	女	中医学	本科	五	756
15	013	孙睿	女	中医学	本科	五	650
16	014	朱艺丹	女	中医学	本科	五	745
17	015	朱伟尧	男	医学影像学	本科	五	580
18	016	朱彤	男	医学影像学	本科	五	719
19	017	朱彩菁	女	医学影像学	本科	五	750
20	018	朱蝶	女	医学影像学	本科	五	705
21	019	何亚兰	女	医学影像学	本科	五	720
22	020	吴永盛	男	医学影像学	本科	五	720

Sheet1 Sheet2 Sheet3 Sheet

A

B

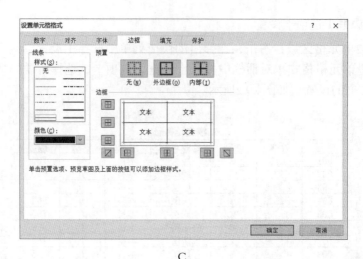

C

图4.9.2 通过【边框】选项卡设置边框

4.9.1.2 设置底纹

表格底纹可以通过【字体】组或【填充】选项卡设置。例如，要为"统计.xlsx"工作簿的Sheet3工作表的单元格设置底纹，有以下两种操作方法。

1. 通过【字体】组设置

选择A2:G22单元格区域，单击【开始】选项卡→【字体】组→【填充颜色】按钮右侧的下三角形按钮，在弹出的下拉列表中选择【标准色】栏中的【橙色】选项，如图4.9.3所示。

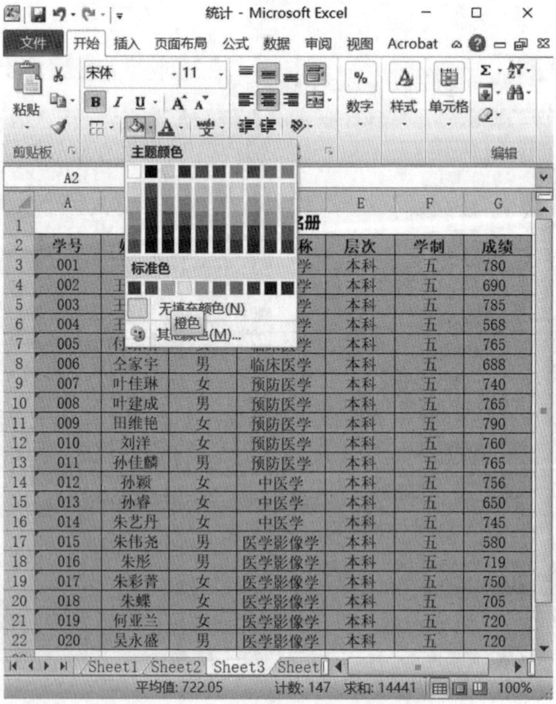

图4.9.3 通过【字体】组设置底纹

2. 通过【填充】选项卡设置

选择A1单元格，单击【开始】选项卡→【字体】组的 按钮，在弹出的【设置单元格格式】对话框中选择【填充】选项卡，单击【填充效果】，打开【填充效果】对话框，选择需要的颜色和底纹样式，单击【确定】，返回【设置单元格格式】对话框，再单击【确定】，完成设置，如图4.9.4所示。

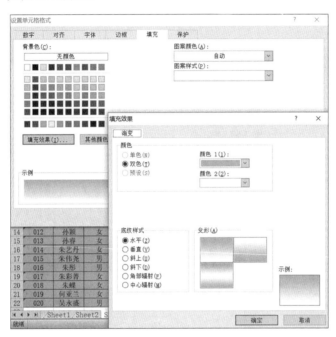

A

	A	B	C	D	E	F	G
1				学生花名册			
2	学号	姓名	性别	专业名称	层次	学制	成绩
3	001	王迪	女	口腔医学	本科	五	780
4	002	王健先	男	口腔医学	本科	五	690
5	003	王景彬	男	口腔医学	本科	五	785
6	004	王慧慧	女	临床医学	本科	五	568
7	005	付培培	女	临床医学	本科	五	765
8	006	仝家宇	男	临床医学	本科	五	688
9	007	叶佳琳	女	预防医学	本科	五	740
10	008	叶建成	男	预防医学	本科	五	765
11	009	田维艳	女	预防医学	本科	五	790
12	010	刘洋	女	预防医学	本科	五	760
13	011	孙佳麟	男	预防医学	本科	五	765
14	012	孙颖	女	中医学	本科	五	756
15	013	孙睿	女	中医学	本科	五	650
16	014	朱艺丹	女	中医学	本科	五	745
17	015	朱伟尧	男	医学影像学	本科	五	580
18	016	朱彤	男	医学影像学	本科	五	719
19	017	朱彩菁	女	医学影像学	本科	五	750
20	018	朱蝶	女	医学影像学	本科	五	705
21	019	何亚兰	女	医学影像学	本科	五	720
22	020	吴永盛	男	医学影像学	本科	五	720

B

图4.9.4　通过【填充】选项卡设置底纹

4.9.1.3 设置背景

表格背景可以通过【页面设置】组设置。例如，要为"统计.xlsx"工作簿的Sheet3工作表的单元格设置背景，操作步骤如下。

单击【页面布局】选项卡→【页面设置】组→【背景】按钮，在弹出的【工作表背景】对话框中选择需要的图片，这里选择"flower.jpg"，单击【插入】，返回工作表即可看到添加的背景，如图4.9.5所示。

A

B

图4.9.5 设置背景

4.9.1.4 设置单元格样式

例如，要为"统计.xlsx"工作簿的Sheet3工作表设置单元格样式，操作步骤如下。

单击【开始】选项卡→【样式】组→【单元格样式】按钮，在弹出的下拉列表中选择所需的样式，如图4.9.6所示。

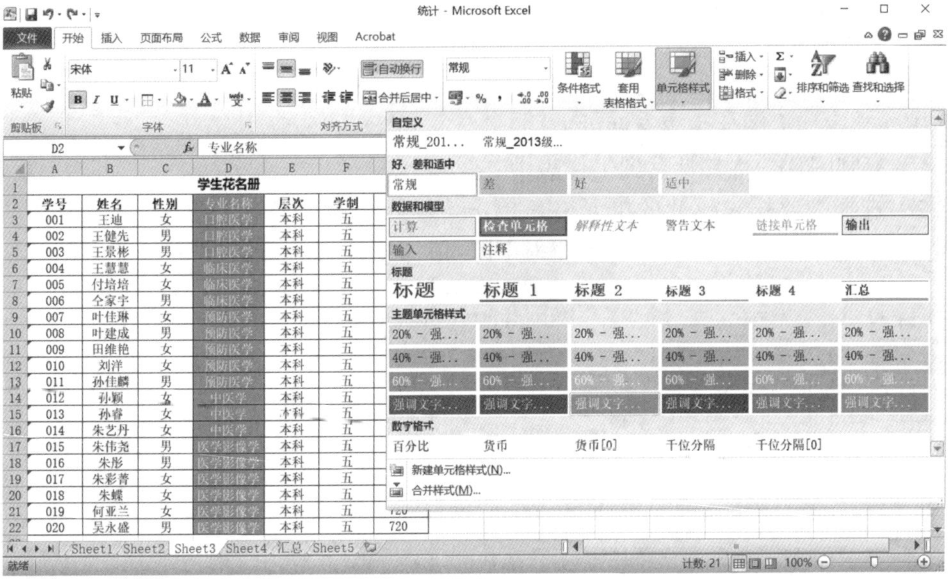

图4.9.6 应用单元格样式

还可以在【单元格样式】的下拉列表中选择【新建单元格样式】选项，打开【样式】对话框，单击【格式】按钮，打开【设置单元格格式】对话框，再对字体、边框和填充进行设置，如图4.9.7所示。

图4.9.7 定义单元格样式

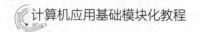

4.9.1.5　设置表格样式

设置表格样式与设置单元格样式类似，可以通过【开始】选项卡→【样式】组→【套用表格格式】按钮进行设置，此处不再赘述。

4.9.2　设置表格对象

4.9.2.1　插入图片

在工作表中插入图片主要有两种方法。

（1）复制图片，将其粘贴到工作表中。

（2）选择需要插入图片的单元格，单击【插入】选项卡→【图片】，打开【插入图片】对话框，选择图片文件，单击【插入】即可，如图4.9.8所示。

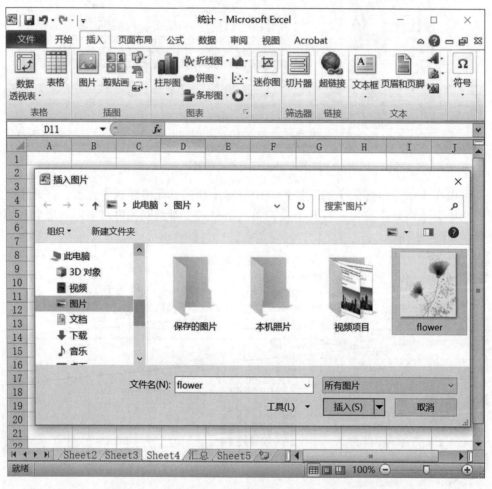

A

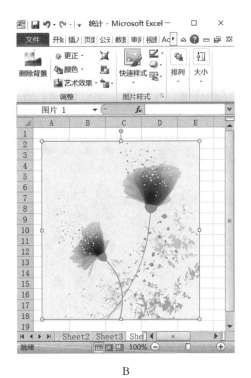

B

图4.9.8　插入图片

4.9.2.2　插入形状

单击【插入】选项卡→【形状】下拉按钮，在弹出的下拉菜单中选择所需的形状，如"心形"，在工作表要插入形状的位置单击鼠标左键，即可添加一个心形，如图4.9.9所示。如果要编辑形状，则选中该形状，在【格式】选项卡中选择相应的命令调整形状。

图4.9.9　插入形状

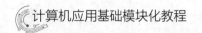

4.9.2.3 插入、转换艺术字

单击【插入】选项卡→【艺术字】下拉按钮，在弹出的下拉列表中选择所需的艺术字样式，工作表将显示一个矩形框，显示文本"请在此放置您的文字"，在当中输入文本"Excel 2010"即完成插入艺术字。如果要转换艺术字，可单击【格式】选项卡→【文本效果】下拉按钮→【转换】→【跟随路径】→【上弯弧】，效果如图4.9.10所示。

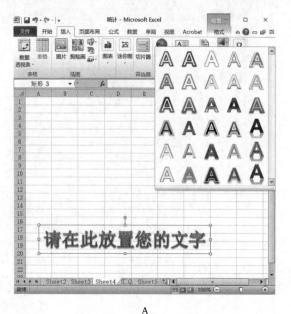

A

B

图4.9.10 插入、转换艺术字

4.9.2.4 插入SmartArt图形

单击【插入】选项卡→【SmartArt】，在弹出的【选择SmartArt图形】对话框中选择所需的图示样式，单击【确定】，系统将插入该图示，选择该图示，单击【设计】选项卡→【文本窗格】，打开【在此处键入文字】对话框，逐行输入文本，如图4.9.11所示。

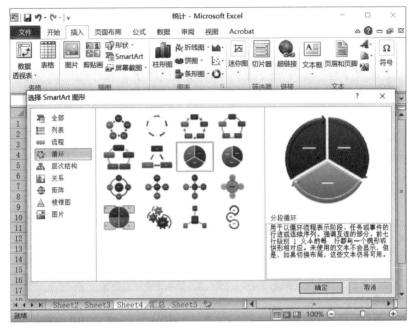

A

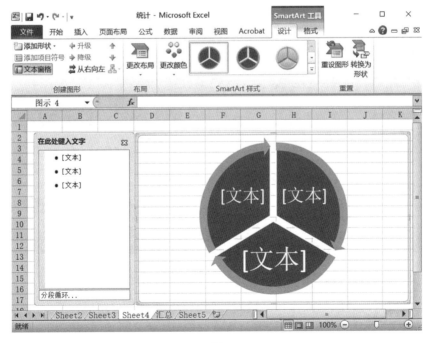

B

图4.9.11 插入SmartArt图形

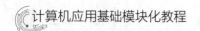

4.9.3 设置页面

用户制作完Excel表格后，可根据需要进行打印。打印前可能需要对表格进行页面设置和打印设置。例如，若要为"统计.xlsx"工作簿的Sheet1工作表的页面进行设置并打印，操作步骤如下。

4.9.3.1 设置页边距

（1）单击【页面布局】选项卡→【页面设置】组右下角的 按钮，在弹出的【页面设置】对话框的【页面】选项卡中将【方向】设为【横向】，在【缩放比例】右侧数值框中输入"120"，【纸张大小】下拉列表框中选择【A4】选项，【打印质量】下拉列表框中选择【600 点/英寸】选项。

（2）选择【页边距】选项卡，设置上、下、左、右的页边距，选中【居中方式】栏下面的两个复选框，单击【确定】，如图4.9.12所示。

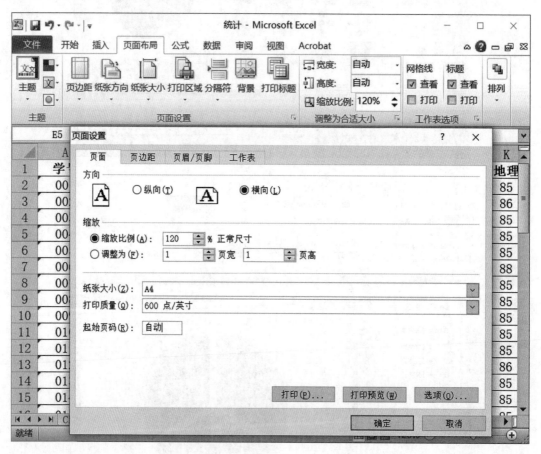

A

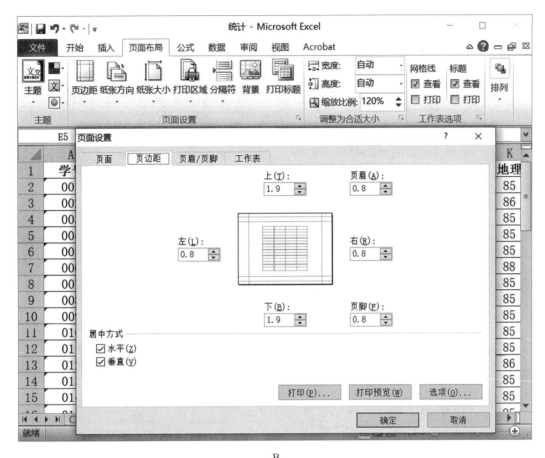

B

图4.9.12 设置页边距

4.9.3.2 插入页眉和页脚

（1）单击【页面布局】选项卡→【页面设置】组右下角的 按钮，在弹出的【页面设置】对话框的【页眉/页脚】选项卡中单击【自定义页眉】选项，在弹出的【页眉】对话框的【中】列表框输入"学生成绩表"，单击【确定】，完成页眉设置。

（2）返回【页面设置】对话框，在【页脚】下拉列表框中选择【第1页】选项，选中【首页不同】复选框，再次单击【自定义页眉】选项。

（3）在弹出的【页眉】对话框中选择【首页页眉】选项卡，在【中】列表框输入"海南医学院"，单击【确定】，完成首页页眉设置，如图4.9.13所示。

（4）返回【页面设置】对话框，单击【确定】，完成设置。

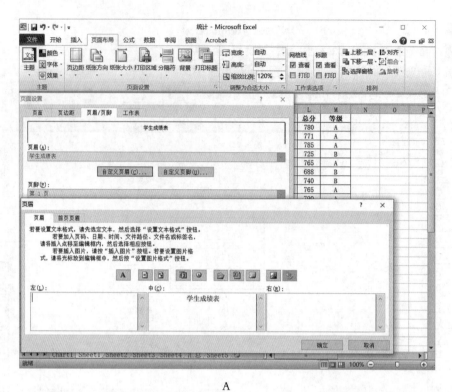

图4.9.13 插入页眉和页脚

4.9.3.3 插入分页符

默认情况下，Excel根据纸张大小自动分页打印。用户可以自行插入分页符，强制Excel在指定位置分页打印。

选择需要插入分页符的单元格，如E11，单击【页面布局】选项卡→【页面设置】组→

【分隔符】下拉按钮，选择【插入分页符】命令，如图4.9.14所示，即可在E11单元格的上一行和左侧分别插入一个分页符。

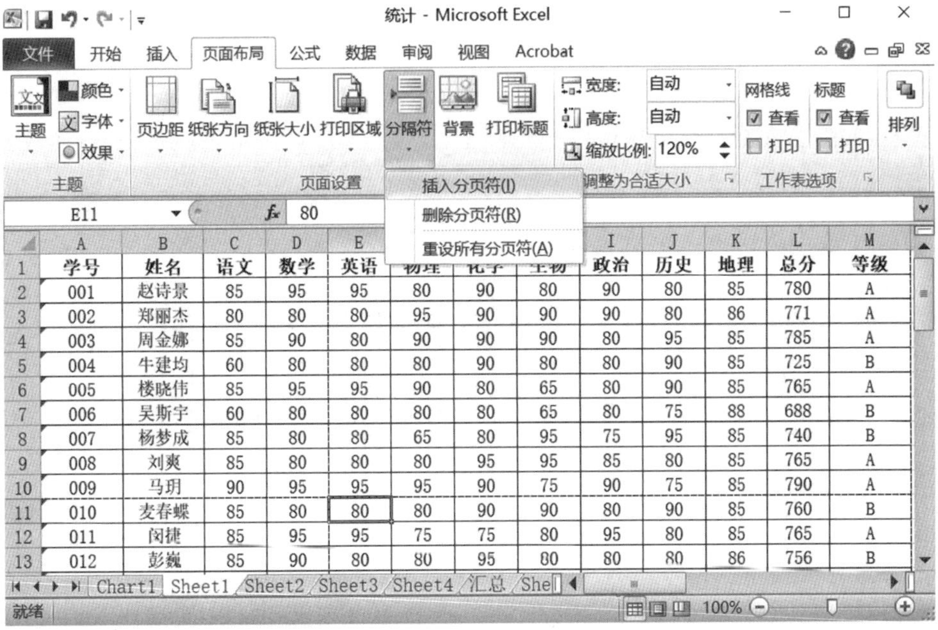

图4.9.14 插入分页符

4.9.3.4 设置打印区域

拖动鼠标选择需打印的单元格区域，单击【页面布局】选项卡→【页面设置】组→【打印区域】下拉按钮，在下拉列表中选择【设置打印区域】命令即可，如图4.9.15所示。

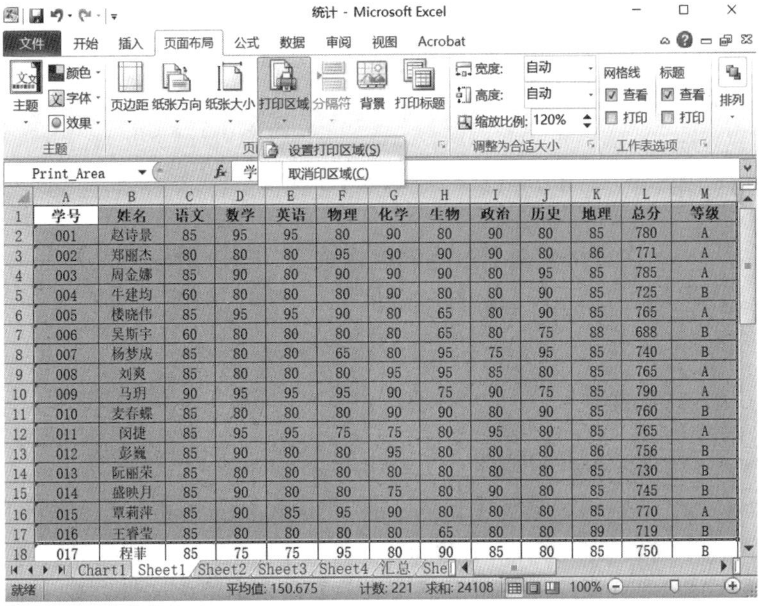

图4.9.15 设置打印区域

4.9.3.5　打印预览

用户可在打印前预览打印效果，并对打印参数进行设置。操作方法：单击【文件】选项卡→【打印】，此时在界面右侧可以看到打印效果。如要设置打印参数，可在【设置】栏下对各选项进行设置，之后单击【打印】按钮，即可打印工作表，如图4.9.16所示。

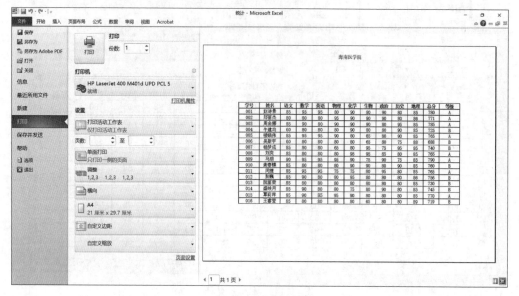

图4.9.16　打印预览

4.10　超链接与数据交换

Excel可以利用文字、图片或图形创建超链接，实现跳转功能，也可以根据用户需要实现行列数据的互换。

4.10.1　超链接

超链接是指从一个网页指向一个目标的连接关系，这个目标可以是另一个网页，也可以是相同网页上的不同位置，还可以是一张图片、一个电子邮件地址、一个文件，甚至是一个应用程序。

4.10.1.1　创建超链接

1. 指向现有文件或网页的超链接

（1）选择单元格，如A1，单击【插入】选项卡→【超链接】，在弹出的【插入超链接】对话框中选择【现有文件或网页】选项。

（2）如果是指向现有文件，则在【查找范围】栏中定位该文件，在【地址】栏可看到该文件的地址；如果要指向网页，则直接在地址栏输入网址，如https://www.baidu.com/，或者单击【查找范围】右侧的【浏览Web】按钮，打开要链接到的网页。

（3）单击右上角的【屏幕提示】按钮，弹出【设置超链接屏幕提示】对话框，在【屏幕提示文字】文本框内输入"百度"，单击【确定】，返回【插入超链接】对话框，单击【确定】，返回工作表。

（4）鼠标指针在超链接上悬停，当指针变成手型时，屏幕提示信息"百度"，单击超链接，默认浏览器启动并打开目标网址，如图4.10.1所示。

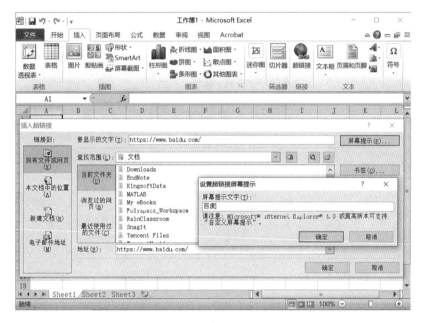

A

B

图4.10.1　创建指向网页的超链接

2．指向本文档中的位置的超链接

（1）选择单元格，如A1，单击【插入】选项卡→【超链接】，在弹出的【插入超链接】对话框中选择【本文档中的位置】选项。

（2）在【要显示的文字】栏输入"跳转到Sheet2的A2单元格"。在【请输入单元格引用】栏输入"A2"，在【或在此文档中选择一个位置】中选择"Sheet2"，单击【确定】。此时A1单元格显示"跳转到Sheet2的A2单元格"，单击超链接即可跳转到指定位置，如图4.10.2所示。

A

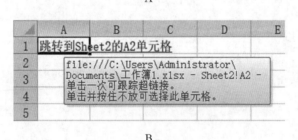

B

图4.10.2　创建指向本文档中的位置的超链接

3．指向新文档的超链接

（1）选择单元格，如A1，单击【插入】选项卡→【超链接】，在弹出的【插入超链接】对话框中选择【新建文档】选项。

（2）在【何时编辑】栏选择【开始编辑新文档】复选框，单击【更改】按钮，弹出【新建文档】对话框。

（3）在对话框中指定文档路径，选择保存类型，输入文件名，单击【确定】。返回【插入超链接】对话框，单击【确定】。

（4）返回工作表，可以看到A1单元格插入了带有文件路径和名称的超链接，并自动打开该文档，如图4.10.3所示。

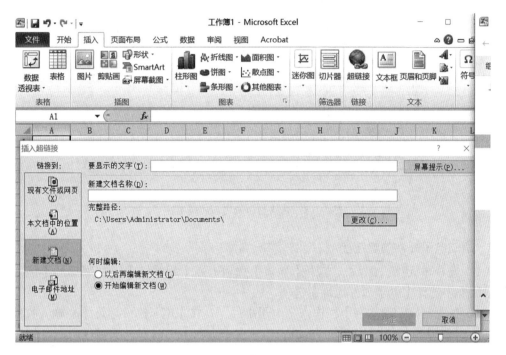

A

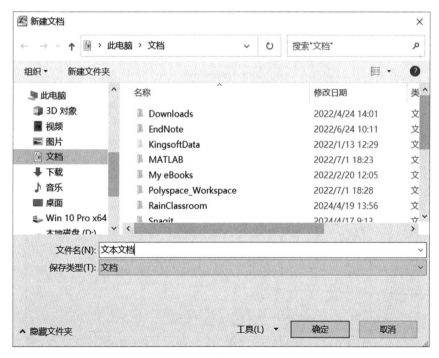

B

203

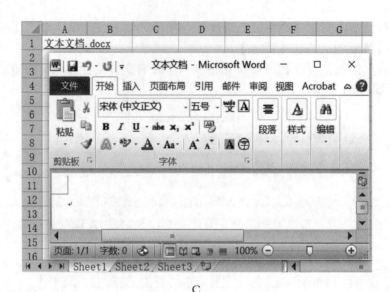

C

图4.10.3　创建指向新文档的超链接

4．指向电子邮件的超链接

（1）选择单元格，如A1，单击【插入】选项卡→【超链接】，在弹出的【插入超链接】对话框中选择【电子邮件地址】选项。

（2）在【要显示的文字】栏输入"电子邮件"。在【电子邮件地址】栏输入收件人的邮件地址，系统会自动加上前缀"mailto:"，在【主题】栏输入电子邮件主题，如"超链接"，单击【确定】。

（3）此时A1单元格显示"电子邮件"，单击超链接即可打开邮件程序并自动进入邮件编辑状态，如果用户是初次使用该功能，系统将提示用户先进行账户设置，如图4.10.4所示。

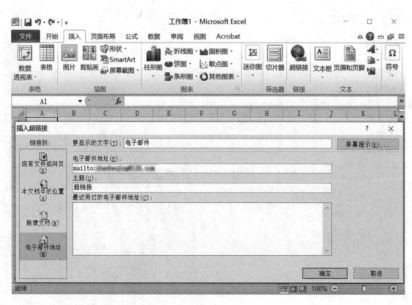

A

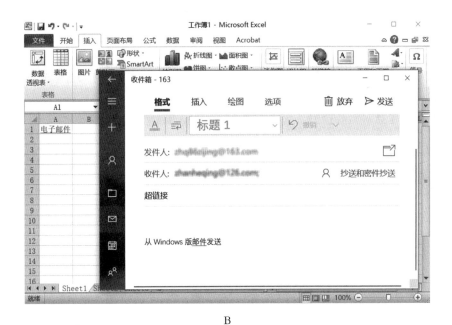

B

图4.10.4　创建指向电子邮件的超链接

4.10.1.2　编辑超链接

如果要编辑超链接，可在工作表中右击该超链接，在弹出的快捷菜单中选择【编辑超链接】，然后在弹出的【编辑超链接】对话框中修改相应的栏目即可，如图4.10.5所示。

A

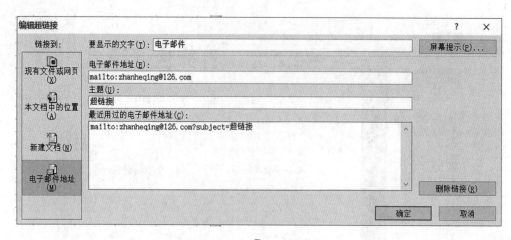

B

图4.10.5 编辑超链接

4.10.1.3 取消超链接

如果用户要取消超链接,而保留所显示的文字,可在工作表中右击该超链接,在弹出的快捷菜单中选择【取消超链接】即可,如图4.10.6所示。

图4.10.6 取消超链接

4.10.2 数据交换

有时候为了快速编辑数据，用户可以通过数据交换的方法提高编辑效率，包括交换行数据、交换列数据和交换行列数据等。

4.10.2.1 交换行数据

在工作表中选择需要交换的一行数据，这里选择A1:D1单元格区域，将鼠标指针移动到区域边缘悬停，当指针变为十字方向的箭头时，按住"Shift"键，拖动鼠标至要交换的另一行的边缘，直到出现水平"工"型标志，再松开鼠标和"Shift"键即可交换两行数据，如图4.10.7所示。

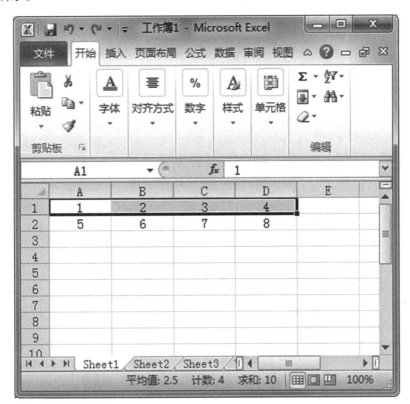

A

B

C

图4.10.7　交换行数据

4.10.2.2　交换列数据

在工作表中选择需要交换的一列数据，这里选择A1:A4单元格区域，将鼠标指针移动到区域边缘悬停，当指针变为十字方向的箭头时，按住"Shift"键，拖动鼠标至要交换的另一列的边缘，直到出现"工"型标志，再松开鼠标和"Shift"键，即可交换两列数据，如图4.10.8所示。

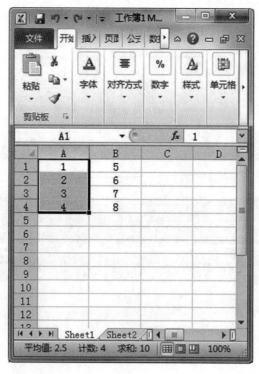

A

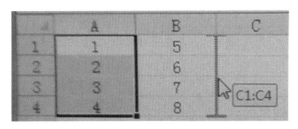

B

C

图4.10.8 交换列数据

4.10.2.3 交换行列数据

选择需要进行转置的行单元格，如A1:D4，右击，在弹出的快捷菜单中选择【复制】，选择要粘贴的单元格列，如A3，右击，在弹出的快捷菜单中选择【选择性粘贴】，在弹出的【选择性粘贴】对话框中选择【转置】选项，单击【确定】，返回工作表即可看到转置粘贴后的效果，如图4.10.9所示。

A

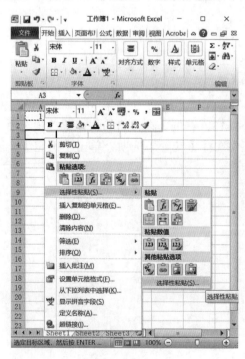

B

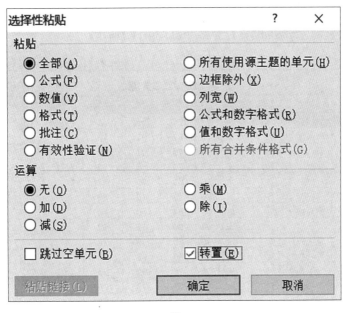

C

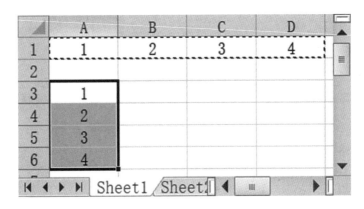

D

图4.10.9　交换行列数据

4.11　操作题

新建Excel1.xlsx，在Sheet1工作表中添加以下内容。

（1）在Sheet1工作表的第1行中输入文字"学生成绩表"，字体格式为隶书、大小为20磅、深蓝色（标准色）、加粗；在第2行中输入文字"2019–2020学年度第一学期"，字体格式为仿宋、大小为14磅、红色（标准色）、加粗。

（2）为Sheet1工作表的数据列表添加红色（标准色）双线外边框，蓝色（标准色）单线内边框。

（3）设置Sheet1工作表数据列表中除第1行和第2行外，其他所有数据居中对齐，字体格式为宋体、大小为10磅。

（4）设置Sheet1工作表冻结首行。效果如图4.11.1所示。

	A	B	C	D	E	F	G	H	I	J	K
1					学生成绩表						
2					2019-2020学年度第一学期						
3	学号	姓名	性别	班级	英语	数学	物理	计算机	平均分	总分	总评
4	001	陈兴瑞	男	一班	70	82	91	70			
5	002	韩文静	女	三班	90	75	91	66			
6	003	朱江	男	二班	80	80	88	62			
7	004	朱珊	女	二班	80	82	79	83			
8	005	林平	男	二班	80	75	79	60			
9	006	蔡东雄	男	三班	60	64	60	66			
10	007	符晓	男	一班	80	84	91	92			
11	008	蒙晓霞	女	一班	90	80	92	74			
12	009	郭巧凤	女	三班	90	80	93	92			
13	010	陈剑	男	三班	80	75	92	35			
14	011	王海蓉	女	三班	70	77	79	60			
15	012	黄娟	女	三班	70	82	94	72			
16	013	曾卓玲	女	三班	70	79	92	96			
17	014	周丽萍	女	三班	80	80	88	77			
18	015	陈莉	女	一班	70	62	88	37			
19	016	陈太鸢	男	一班	60	76	87	72			
20	017	高芳莉	男	二班	60	60	60	60			
21	018	陈文	男	二班	60	78	89	95			
22	019	吴彩莲	女	二班	60	74	78	60			
23	020	李道健	男	三班	80	80	86	60			

图4.11.1　Sheet1工作表效果（一）

（5）公式和函数。

①在Sheet1工作表中，分别在I列和J列计算出每位学生的平均分和总分，平均分保留小数点后1位。

②在第24行和第25行分别计算各门学科的最高分和最低分。

③在E26单元格中显示学生人数。

④根据"平均分"给出第K列"总评"列的数据。当平均分<60.0时，"总评"列单元格显示"D"；当60.0≤平均分<70.0时，"总评"列单元格显示"C"；当70.0≤平均分<85.0时，"总评"列单元格显示"B"；当85.0≤平均分≤100.0时，"总评"列单元格显示"A"。

⑤为Sheet1工作表的数据列表添加红色（标准色）双线外边框、蓝色（标准色）单线内边框，效果如图4.11.2所示。

学号	姓名	性别	班级	英语	数学	物理	计算机	平均分	总分	总评
001	陈兴瑞	男	一班	70	82	91	70	78.3	313	B
002	韩文静	女	三班	90	75	91	66	80.5	322	B
003	朱江	男	二班	80	80	88	62	77.5	310	B
004	朱珊	女	二班	80	82	79	83	81.0	324	B
005	林平	男	三班	80	75	79	60	73.5	294	B
006	蔡东雄	男	三班	60	64	60	66	62.5	250	C
007	符晓	男	一班	80	84	91	92	86.8	347	A
008	蒙晓霞	女	一班	90	80	92	74	84.0	336	B
009	郭巧凤	女	一班	90	80	93	92	88.8	355	A
010	陈剑	男	三班	80	75	92	35	70.5	282	B
011	王海蓉	女	三班	70	77	79	60	71.5	286	B
012	黄娟	女	二班	70	82	94	72	79.5	318	B
013	曾卓玲	女	三班	70	79	92	96	84.3	337	B
014	周丽萍	女	三班	80	80	88	77	81.3	325	B
015	陈莉	女	一班	70	62	88	37	64.3	257	C
016	陈太莺	男	一班	60	76	87	72	73.8	295	B
017	高芳莉	男	二班	60	60	60	60	60.0	240	C
018	陈文	男	二班	60	78	89	95	80.5	322	B
019	吴彩莲	女	二班	60	74	78	60	68.0	272	C
020	李道健	男	三班	80	80	86	60	76.5	306	B
	最高分			90	84	94	96	88.75	355	
	最低分			60	60	60	35	60	240	
	学生人数			20						

图4.11.2　Sheet1工作表效果（二）

（6）排序操作。

①将Sheet1工作表的数据复制到Sheet2工作表，并将其改名为"排序表"。

②对"排序表"工作表中的数据按性别排序，先排男生再排女生，性别相同的按平均分降序排列，效果如图4.11.3所示。

学号	姓名	性别	班级	英语	数学	物理	计算机	平均分	总分	总评
007	符晓	男	一班	80	84	91	92	86.8	347	A
018	陈文	男	二班	60	78	89	95	80.5	322	B
001	陈兴瑞	男	一班	70	82	91	70	78.3	313	B
003	朱江	男	二班	80	80	88	62	77.5	310	B
020	李道健	男	三班	80	80	86	60	76.5	306	B
016	陈太莺	男	一班	60	76	87	72	73.8	295	B
005	林平	男	二班	80	75	79	60	73.5	294	B
010	陈剑	男	三班	80	75	92	35	70.5	282	B
006	蔡东雄	男	三班	60	64	60	66	62.5	250	C
017	高芳莉	男	二班	60	60	60	60	60.0	240	C
009	郭巧凤	女	一班	90	80	93	92	88.8	355	A
013	曾卓玲	女	三班	70	79	92	96	84.3	337	B
008	蒙晓霞	女	一班	90	80	92	74	84.0	336	B
014	周丽萍	女	三班	80	80	88	77	81.3	325	B
004	朱珊	女	二班	80	82	79	83	81.0	324	B
002	韩文静	女	三班	90	75	91	66	80.5	322	B
012	黄娟	女	二班	70	82	94	72	79.5	318	B
011	王海蓉	女	三班	70	77	79	60	71.5	286	B
019	吴彩莲	女	二班	60	74	78	60	68.0	272	C
015	陈莉	女	一班	70	62	88	37	64.3	257	C
	最高分			90	84	94	96	88.75	355	
	最低分			60	60	60	35	60	240	
	学生人数			20						

图4.11.3　"排序表"工作表效果

213

（7）自动筛选操作。

①从Sheet1工作表中筛选出数学成绩大于80分的学生，将结果复制到Sheet3工作表中，并将其改名为"数学优"，效果如图4.11.4所示。

学号	姓名	性别	班级	英语	数学	物理	计算机	平均分	总分	总评
001	陈兴瑞	男	一班	70	82	91	70	78.3	313	B
004	朱珊	女	二班	80	82	79	83	81.0	324	B
007	符晓	男	一班	80	84	91	92	86.8	347	A
012	黄娟	女	二班	70	82	94	72	79.5	318	B
最高分				90	84	94	96	88.75	355	

学生成绩表
2019-2020学年度第一学期

图4.11.4 "数学优"工作表效果

②插入Sheet4工作表，从Sheet1工作表中筛选出英语成绩在80～100分之间的学生，将结果复制到Sheet4工作表中，并将其改名为"英语优"，效果如图4.11.5所示。

学号	姓名	性别	班级	英语	数学	物理	计算机	平均分	总分	总评
002	韩文静	女	三班	90	75	91	66	80.5	322	B
003	朱江	男	二班	80	80	88	62	77.5	310	B
004	朱珊	女	二班	80	82	79	83	81.0	324	B
005	林平	男	二班	80	75	79	60	73.5	294	B
007	符晓	男	一班	80	84	91	92	86.8	347	A
008	蒙晓霞	女	一班	90	80	92	74	84.0	336	B
009	郭巧凤	女	一班	90	80	93	92	88.8	355	A
010	陈剑	男	三班	80	75	92	35	70.5	282	B
014	周丽萍	女	三班	80	80	88	77	81.3	325	B
020	李道健	男	三班	80	80	86	60	76.5	306	B
最高分				90	84	94	96	88.75	355	

学生成绩表
2019-2020学年度第一学期

图4.11.5 "英语优"工作表效果

③插入Sheet5工作表，从Sheet1工作表中筛选出四科成绩都大于或等于80分的学生，将结果复制到Sheet5工作表中，并将其改名为"全优"，效果如图4.11.6所示。

学号	姓名	性别	班级	英语	数学	物理	计算机	平均分	总分	总评
007	符晓	男	一班	80	84	91	92	86.8	347	A
009	郭巧凤	女	一班	90	80	93	92	88.8	355	A
最高分				90	84	94	96	88.75	355	

学生成绩表
2019-2020学年度第一学期

图4.11.6 "全优"工作表效果

（8）分类汇总操作。

①插入Sheet6工作表，在Sheet1工作表中按班级求出各班英语和计算机两科的平均成绩，并保留1位小数，将结果复制到Sheet6工作表中，并将其改名为"班级平均成绩"，效果如图4.11.7所示。

	A	B	C	D	E	F	G	H	I	J	K
1				学生成绩表							
2				2019-2020学年度第一学期							
3	学号	姓名	性别	班级	英语	数学	物理	计算机	平均分	总分	总评
4	001	陈兴瑞	男	一班	70	82	91	70	78.3	313	B
5	007	符晓	男	一班	80	84	91	92	86.8	347	A
6	008	蒙晓霞	女	一班	90	80	92	74	84.0	336	B
7	009	郭巧凤	女	一班	90	80	93	92	88.8	355	A
8	015	陈莉	女	一班	70	62	88	37	64.3	257	C
9	016	陈太鸳	男	一班	60	76	87	72	73.8	295	B
10				一班 平均值	76.7			72.8			
11	003	朱江	男	二班	80	80	88	62	77.5	310	B
12	004	朱珊	女	二班	80	82	79	83	81.0	324	B
13	005	林平	男	二班	80	75	79	60	73.5	294	B
14	012	黄娟	女	二班	70	82	94	72	79.5	318	B
15	017	高芳莉	男	二班	60	60	60	60	60.0	240	C
16	018	陈文	男	二班	60	78	89	95	80.5	322	B
17	019	吴彩莲	女	二班	60	74	78	60	68.0	272	C
18				二班 平均值	70.0			70.3			
19	002	韩文静	女	三班	90	75	91	66	80.5	322	B
20	006	蔡东雄	男	三班	60	64	60	66	62.5	250	C
21	010	陈剑	男	三班	80	75	92	35	70.5	282	B
22	011	王海蓉	女	三班	70	77	79	60	71.5	286	B
23	013	曾卓玲	女	三班	70	79	92	96	84.3	337	B
24	014	周丽萍	女	三班	80	80	88	77	81.3	325	B
25	020	李道健	男	三班	80	80	86	60	76.5	306	B
26				三班 平均值	75.7			65.7			
27				总计平均值	74.0			69.5			
28			最高分		90	84	94	96	88.75	355	
29			最低分		60	60	60	35	60	240	
30			学生人数		20						

图4.11.7 "班级平均成绩"工作表效果

②取消Sheet1的分类汇总，按"性别"汇总出男、女的人数和各科平均分，并将工作表改名为"性别分类汇总"，效果如图4.11.8所示。

	A	B	C	D	E	F	G	H	I	J	K
1				学生成绩表							
2				2019-2020学年度第一学期							
3	学号	姓名	性别	班级	英语	数学	物理	计算机	平均分	总分	总评
4	001	陈兴瑞	男	一班	70	82	91	70	78.3	313	B
5	007	符晓	男	一班	80	84	91	92	86.8	347	A
6	016	陈太鸳	男	一班	60	76	87	72	73.8	295	B
7	003	朱江	男	二班	80	80	88	62	77.5	310	B
8	005	林平	男	二班	80	75	79	60	73.5	294	B
9	017	高芳莉	男	二班	60	60	60	60	60.0	240	C
10	018	陈文	男	二班	60	78	89	95	80.5	322	B
11	006	蔡东雄	男	三班	60	64	60	66	62.5	250	C
12	010	陈剑	男	三班	80	75	92	35	70.5	282	B
13	020	李道健	男	三班	80	80	86	60	76.5	306	B
14				男 平均值	71	75.4	82.3	67.2			
15			男 计数		10						
16	008	蒙晓霞	女	一班	90	80	92	74	84.0	336	B
17	009	郭巧凤	女	一班	90	80	93	92	88.8	355	A
18	015	陈莉	女	一班	70	62	88	37	64.3	257	C
19	004	朱珊	女	二班	80	82	79	83	81.0	324	B
20	012	黄娟	女	二班	70	82	94	72	79.5	318	B
21	019	吴彩莲	女	二班	60	74	78	60	68.0	272	C
22	002	韩文静	女	三班	90	75	91	66	80.5	322	B
23	011	王海蓉	女	三班	70	77	79	60	71.5	286	B
24	013	曾卓玲	女	三班	70	79	92	96	84.3	337	B
25	014	周丽萍	女	三班	80	80	88	77	81.3	325	B
26				女 平均值	77	77.1	87.4	71.7			
27			女 计数		10						
28				总计平均值	74	76.25	84.85	69.45			
29			总计数		20						
30			最高分		90	84	94	96	88.75	355	
31			最低分		60	60	60	35	60	240	
32			学生人数		20						

图4.11.8 "性别分类汇总"工作表效果

215

（9）数据透视表。

利用数据透视表统计"排序表"工作表中各班男女生的人数，并在新工作表中显示，效果如图4.11.9所示。

计数项:姓名	列标签		
行标签	男	女	总计
一班	3	3	6
二班	4	3	7
三班	3	4	7
总计	10	10	20

图4.11.9 "数据透视表"效果

（10）图表操作。

①在"数学优"工作表中，根据四位学生的4门课程成绩，创建【嵌入三维簇状柱形图】图表，并将生成的图表移动至合适的位置。

②添加图表标题为"学生成绩图表"，并设置字体格式为华文新魏、18磅、蓝色。

③将X轴和Y轴标题字体设为红色，X轴标题置于横坐标轴下方，Y轴标题置于纵坐标轴左侧。

④将数轴最大值设为100，最小值为0，主要刻度间距设为10。

⑤图例置于底部，不显示网格线，显示数据标志。

⑥更换背景墙的颜色，效果如图4.11.10所示。

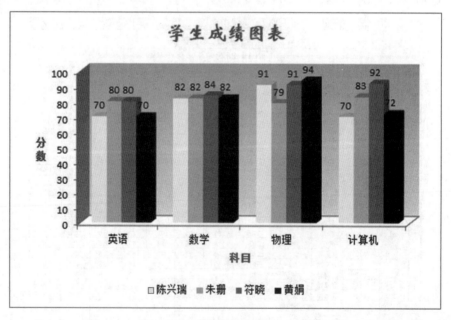

图4.11.10 "学生成绩图表"效果

第五章　文稿演示软件 PowerPoint

5.1　PowerPoint概述

PowerPoint是美国Microsoft软件公司推出的演示文稿设计及放映软件，主要用于制作和放映演示文稿。利用PowerPoint不仅可以创建演示文稿，还可以不分距离在现场或远程给观众展示演示文稿。PowerPoint 2010属于Microsoft Office 2010办公软件内容之一，其格式后缀名为".pptx"。一个演示文稿由若干张幻灯片组成，可以在投影仪或者计算机上进行演示，也可以将演示文稿打印出来，应用到更加广泛的领域。

PowerPoint软件功能非常强大，界面简洁明晰、操作方便快捷，其应用范围十分广泛，在工作汇报、企业宣传、产品推介、婚礼庆典、项目竞标、管理咨询、教育培训等各个领域发挥着非常重要的作用。因此，制作和使用PowerPoint演示文稿已经成为人们生活和工作中的基本必备技能。

PowerPoint 1.0在1987年上市，是由美国研究人员Robert Gaskins和Dennis Austin等开发的电子演示软件。Robert Gaskins是一位具有远见卓识的企业家，早在20世纪80年代中期，他就意识到商业幻灯片这一巨大但尚未被人发掘的市场可以同正在出现的图形化电脑时代实现完美结合。许多风险投资家不同意他的观点，他们坚持认为文字格式的DOS电脑永远不会消失。1984年，Gaskins加入一家硅谷公司并且雇用了软件开发师Dennis Austin。Dennis等人完善了他的梦想，并设计了PowerPoint这款电子演示软件。在1987年PowerPoint上市后，微软（Microsoft）公司收购了该公司，三年后，Windows版的PowerPoint也问世了。微软公司把PowerPoint同Office捆绑到一起，这使得接触到该软件的人数量大大增加，该软件的应用也越来越广泛。随着计算机技术和互联网的发展，各种版本的PowerPoint陆续被微软公司推出上市。

5.2　PowerPoint 2010的基本概念

5.2.1　PowerPoint 2010的功能

PowerPoint 2010演示文稿可以制作出包含文字、图片、表格、图表、音频、视频等的动态演示文稿，其被广泛应用于产品宣传、课件制作和公益宣传等领域。

5.2.1.1 基本功能

PowerPoint是一个专门编制电子文稿的软件，由它制作的电子文稿，其核心是一套可以在计算机屏幕上放映并展示给观众的幻灯片。用户把文字、图片、表格、图表、音频、视频等内容编辑制作成幻灯片，并通过动画设置和放映控制等手段为观众展示用户希望宣讲的内容。PowerPoint在企业产品展示、情况介绍、讲课、信息交流等方面有非常广泛的应用。

5.2.1.2 新增功能

PowerPoint 2010版演示文稿在创建多媒体文稿、协同工作、多设备共享内容、图片编辑和动画设置方面均比以前版本有较多改进。比如，其可以嵌入和编辑视频；使用新增和改进的图片编辑工具可以微调用户演示文稿中的各张图片，使其看起来效果更佳；添加动态三维幻灯片切换和更逼真的动画效果，吸引力更强；使用新增的共同创作功能，用户可以与不同位置的人员同时编辑同一个演示文稿；如果身边没有计算机，多设备共享内容可以让用户使用智能手机完成工作。

5.2.2 PowerPoint 2010的启动与退出

5.2.2.1 启动PowerPoint 2010程序

1. 通过Windows【开始】菜单启动

单击【Windows】按钮→【Microsoft PowerPoint 2010】选项，即可启动PowerPoint 2010程序，如图5.2.1所示。

图5.2.1 通过【开始】菜单启动

2．通过桌面快捷方式启动

双击桌面上的Microsoft PowerPoint 2010图标启动程序，如图5.2.2所示。

图5.2.2　通过桌面快捷方式启动

3．通过已存在的Microsoft PowerPoint 2010演示文稿启动

双击已存在的Microsoft PowerPoint 2010演示文稿启动程序，如图5.2.3所示。

图5.2.3　通过已存在的演示文稿启动

4．通过任务栏中的快捷方式启动

单击固定在任务栏中的Microsoft PowerPoint 2010快捷方式启动，如图5.2.4所示。

图5.2.4　通过任务栏中的快捷方式启动

5.2.2.2　退出PowerPoint 2010程序

在Microsoft PowerPoint 2010中完成演示文稿内容的编辑和保存操作后，如果不准备继续使用Microsoft PowerPoint 2010，可以选择退出，以节省内存空间。退出方式有以下四种。

（1）单击【文件】选项卡➜【退出】选项，如图5.2.5所示。

（2）单击PowerPoint应用程序界面右上角【关闭】按钮 。

（3）右击PowerPoint应用程序标题栏，在弹出的快捷菜单中选择【关闭】，如图5.2.6所示。

（4）使用"Alt"＋"F4"组合键退出程序。

图5.2.5　通过【文件】选项卡退出　　　　　　　　图5.2.6　通过快捷菜单退出

5.2.3　PowerPoint 2010的工作界面

PowerPoint 2010应用程序启动后，其展示的窗口如图5.2.7所示。

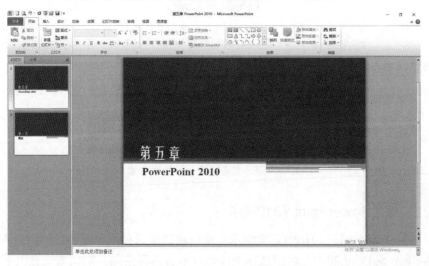

图5.2.7　PowerPoint 2010窗口界面

5.2.3.1　功能区选项卡

功能区选项卡是PowerPoint窗口界面中的重要元素，位于标题栏下方。功能区由一组选项卡面板组成，单击选项卡标签可以切换到不同的选项卡功能面板。以下介绍几个主要的选项卡。

1．【文件】选项卡

【文件】选项卡是一个较特殊的功能区选项卡，由一组纵向的菜单列表组成，包括【保存】、【另存为】、【打开】、【关闭】、【信息】、【最近所用文件】、【新建】、【打印】、【保存并发送】、【帮助】、【选项】和【退出】等功能，如图5.2.8所示。

图5.2.8 【文件】选项卡

2．【开始】选项卡

【开始】选项卡包括常用的一些命令，如【剪贴板】、【幻灯片】、【字体】、【段落】、【绘图】、【编辑】等子选项卡，每一项还包含不同的编辑方式，如图5.2.9所示。

图5.2.9 【开始】选项卡

3．【插入】选项卡

可以通过【插入】选项卡插入表格、图像、插图、链接、文本、符号和媒体等可以继续编辑的信息对象，如图5.2.10所示。需要指出的是，PowerPoint 2010版中图像功能组里较PowerPoint 2007版增加了屏幕截图功能，大大方便了用户对幻灯片的制作。

图5.2.10 【插入】选项卡

4.【设计】选项卡

可以通过【设计】选项卡对演示文稿的页面外观进行设置，包括【页面设置】、【主题】、【背景】等命令选项，如图5.2.11所示。

图5.2.11　【设计】选项卡

5.【切换】选项卡

可以通过【切换】选项卡对幻灯片播放效果进行设置，包括【预览】、【切换到此幻灯片】、【效果选项】、【声音】和【计时】等操作命令，如图5.2.12所示。

图5.2.12　【切换】选项卡

6.【动画】选项卡

可以通过【动画】选项卡对文稿对象播放时的动作进行动画设置，包括【预览】、【动画】、【高级动画】、【计时】和【对动画重新排序】等命令，如图5.2.13所示。

图5.2.13　【动画】选项卡

7.【幻灯片放映】选项卡

可以通过【幻灯片放映】选项卡对幻灯片放映进行设置，包括【开始放映幻灯片】、【设置】、【监视器】等命令，如图5.2.14所示。

图5.2.14　【幻灯片放映】选项卡

8.【审阅】选项卡

可以通过【审阅】选项卡对幻灯片内容对象进行审阅设置，包括【校对】、【语言】、【中文简繁转换】、【批注】、【比较】等命令，如图5.2.15所示。

图5.2.15　【审阅】选项卡

9.【视图】选项卡

可以通过【视图】选项卡对幻灯片浏览方式和母版显示方法等进行操作，包括【演示文稿视图】、【母版视图】、【显示】、【显示比例】、【颜色/灰度】、【窗口】、【宏】等命令，如图5.2.16所示。

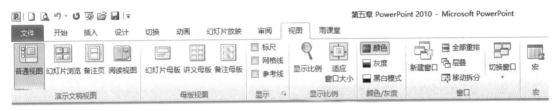

图5.2.16　【视图】选项卡

5.2.3.2　右键功能选项卡

右键功能选项卡是默认情况下不显示在功能区的选项卡，仅当与之相关的特定对象被右键点击时才会出现，主要用于编辑文字、图片、空白空间等文稿对象，图5.2.17和图5.2.18分别为鼠标右键点击幻灯片中的文字和图片后出现的选项卡。

图5.2.17　右键点击文字后的选项卡　　　　　图5.2.18　右键点击图片后的选项卡

5.2.3.3 幻灯片编辑区

幻灯片编辑区是编辑幻灯片内容的场所，是演示文稿的核心区域，在该区域中可对幻灯片各类内容对象进行编辑、查看和添加对象等操作。

5.2.3.4 备注区

备注区位于幻灯片编辑区下方，用于输入内容，可以为当前幻灯片添加说明，让幻灯片放映者能够更好地理解和讲解幻灯片中展示的内容。

5.2.4 演示文稿的组成

演示文稿由若干张幻灯片组成，一张幻灯片通常又包含多个内容编辑对象。幻灯片的内容编辑对象有不同的类型，常见的有标题、文本、图形、表格、声音等，可以采用插入或复制粘贴等方式进行编辑。演示文稿中每一张幻灯片可以看成由两层所组成：一是内容编辑对象层，二是背景层。不同层的编辑和设置分别在不同的操作环境中进行。

5.2.5 PowerPoint 2010的视图

Microsoft PowerPoint 2010提供了普通视图、幻灯片浏览视图、备注页视图、幻灯片放映视图和阅读视图五种视图方式。这些视图方式可以通过上面的功能区选项卡和右下角的视图工具栏进行切换。

5.2.5.1 普通视图

普通视图左侧缩略图区域分为幻灯片和大纲两种模式，用户可以任意切换，如图5.2.19和图5.2.20所示。

图5.2.19 幻灯片模式

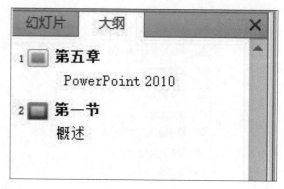

图5.2.20 大纲模式

5.2.5.2　幻灯片浏览视图

幻灯片浏览视图可以让用户在屏幕上同时看到演示文稿中的所有幻灯片，这些幻灯片以缩略图的方式显示在同一窗口中，如图5.2.21所示。这种浏览方式既可以查看幻灯片的背景、配色方案、更换模板后演示文稿发生的整体变化，也可以检查每张幻灯片前后是否协调、图标位置是否合适等。

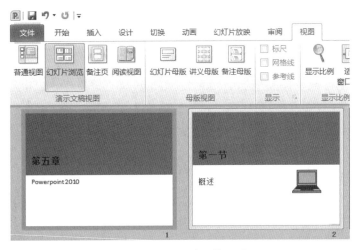

图5.2.21　幻灯片浏览视图

5.2.5.3　备注页视图

备注页视图模式下可以让用户方便地添加和更改备注信息，也可以添加图形等信息，编辑完成后通过视图选项卡或视图工具栏即可切换到其他视图模式，如图5.2.22。

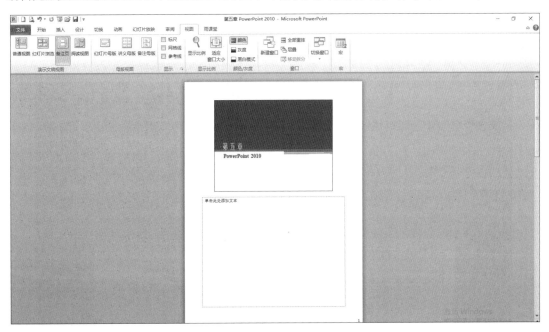

图5.2.22　备注页视图

5.2.5.4 幻灯片放映视图

幻灯片放映视图是演示文稿完成后放映时的视图。用户可以在工具栏点击 图标放映幻灯片或者点击【幻灯片放映】选项卡来选择从哪一页开始放映，并可以连续点击鼠标或者翻页工具来向观众展示演示文稿的每一张幻灯片，这时用户和观众可以看到文字、图形、时间、视频、音频、动画和切换等放映效果，如图5.2.23所示。

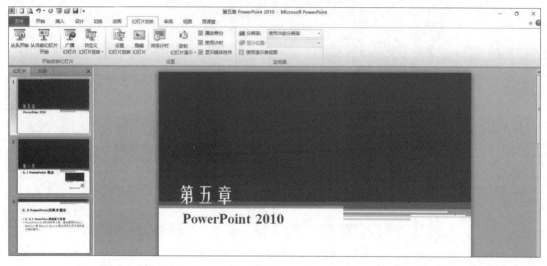

图5.2.23　放映视图

5.2.5.5 阅读视图

阅读视图中所看到的演示文稿与观众将看到的演示文稿效果一致，其中包括在实际放映时演示文稿中的图形、计时、影片、动画效果和切换效果的状态，如图5.2.24所示。在这种视图模式下放映幻灯片，用户可以对幻灯片的放映顺序、动画效果等进行检查，按"Esc"键或单击鼠标右键选择【结束放映】可以退出阅读视图。

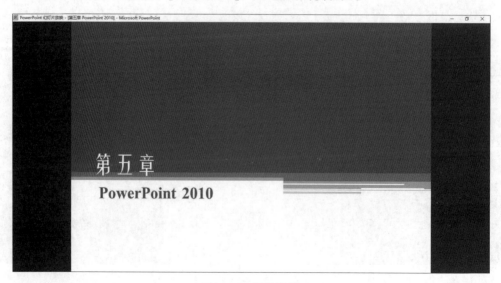

图5.2.24　阅读视图

5.3 PowerPoint 2010的创建与编辑

演示文稿的创建和编辑是制作演示文稿的核心工作，制作方法和技术非常多样化，用户可以完美地把需要向观众展示的信息在演示文稿中编辑制作出来。

5.3.1 创建演示文稿

创建演示文稿的方法很多，用户可以自由地根据需要选择其中一种创建方法。

5.3.1.1 创建空白演示文稿

空白演示文稿是最简单的演示文稿，没有母版类型、模板设计、配色方案、动画设计等，用户可以根据需要自由设计。为了充分和观众沟通、打动观众，使用空白演示文稿的用户需要有很高的艺术鉴赏力和艺术设计能力。

创建空白演示文稿有多种方法，在已经启动的任何一个PowerPoint 2010中单击【文件】选项卡→【新建】→【空白演示文稿】→【创建】，如图5.3.1所示；也可以在启动PowerPoint 2010演示文稿的快速访问工具栏直接新建；或者通过【开始】菜单、自由添加的桌面快捷方式和计算机屏幕下方的任务栏直接创建。新建的空白演示文稿如图5.3.2所示。

图5.3.1 创建空白演示文稿

图5.3.2 新建的空白演示文稿

5.3.1.2　根据样本模板创建演示文稿

PowerPoint样本模板是由一张幻灯片或一组幻灯片构成的自带模板的演示文稿类型。根据样本模板创建的演示文稿将直接拥有该模板相应的背景图案和格式。用户可以在设计演示文稿时先选择演示文稿的整体风格，然后再进行进一步的编辑和修改。可以采用在已经启动的任何一个PowerPoint 2010文稿中单击【文件】选项卡→【新建】→【可用的模板和主题】→【样本模板】→【创建】的方式来创建演示文稿，如图5.3.3和图5.3.4所示。

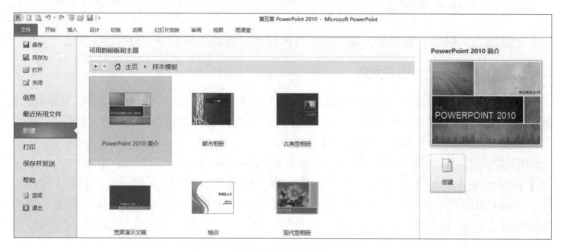

图5.3.3　根据样本模板创建演示文稿

图5.3.4　新建的样本模板演示文稿

5.3.1.3　根据主题创建演示文稿

使用主题创建演示文稿，可以使用户在没有专业设计水平的情况下设计出专业的演示文稿。可以采用在已经启动的PowerPoint 2010文稿中单击【文件】选项卡→【新建】→

【可用的模板和主题】→【主题】→【创建】的方式来创建演示文稿，如图5.3.5和图5.3.6所示。

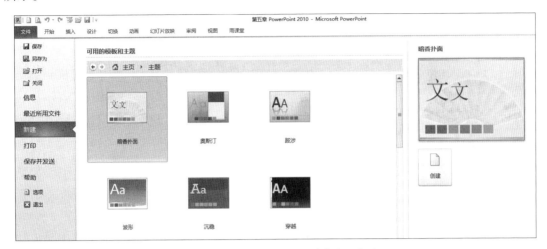

图5.3.5 根据主题创建演示文稿

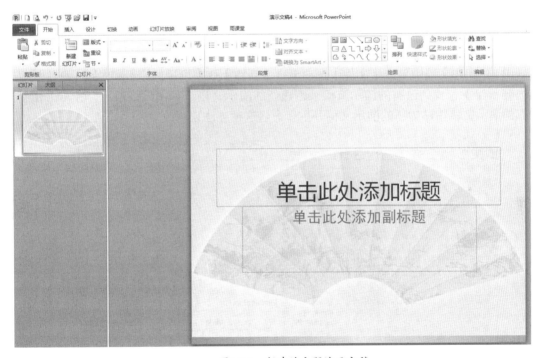

图5.3.6 新建的主题演示文稿

5.3.1.4 根据"我的模板"创建演示文稿

使用"我的模板"创建演示文稿，可以让用户采用自己用过并保存的模板来设计演示文稿，从而提高工作效率。可以采用在已经启动的PowerPoint 2010中单击【文件】选项卡→【新建】→【可用的模板和主题】→【我的模板】→【创建】的方式来创建演示文稿，如图5.3.7所示。

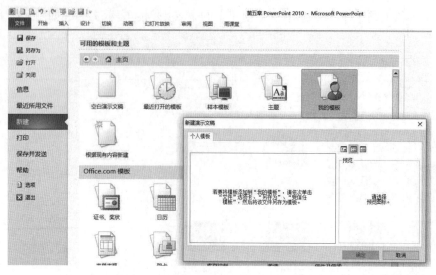

图5.3.7 利用"我的模板"创建演示文稿

5.3.1.5 根据现有内容创建演示文稿

如果用户想要使用现有的演示文稿中的一些内容或风格来设计其他演示文稿，就可以采用本方法，创建后再按照需求在原有文稿的基础上进行适当的修改。可以在已经启动的PowerPoint 2010文稿中单击【文件】选项卡→【新建】→【可用的模板和主题】→【根据现有内容新建】，找到已有的演示文稿来创建新的演示文稿，如图5.3.8所示。亦可采用复制已有的演示文稿粘贴为新的演示文稿并重新命名这种方法来修改。

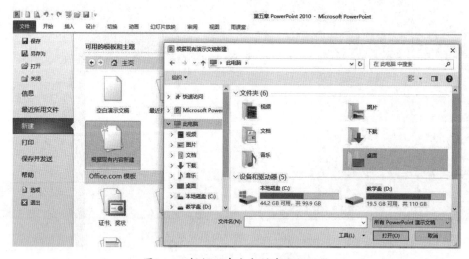

图5.3.8 根据现有内容创建演示文稿

5.3.2 编辑演示文稿

幻灯片是演示文稿的基本组成部分，如果想制作出精美的演示文稿，必须熟练掌握幻灯片的基本操作，主要包括插入、选取、删除、复制、移动和隐藏幻灯片等。

5.3.2.1 插入幻灯片

在启动PowerPoint 2010后，PowerPoint会自动建立一张新的幻灯片，随着制作过程的进行，需要不断在演示文稿中插入更多的幻灯片。插入幻灯片方法有如下几种。

在【开始】选项卡直接点击【新建幻灯片】，如图5.3.9所示。

在普通视图下右键点击左侧缩略图区域已经做完的幻灯片，从弹出的菜单中点击【新建幻灯片】，如图5.3.10所示。

在缩略图区域里两张幻灯片中间右键点击空白位置，从弹出的菜单中点击【新建幻灯片】，如图5.3.11所示。

使用鼠标在两张幻灯片之间的区域单击，待提示光标出现后，再选择【开始】→【幻灯片】→【新建幻灯片】命令。

从已有的演示文稿中重新使用某一张幻灯片，选择【开始】→【幻灯片】→【新建幻灯片】命令，在弹出的下拉框中选择【重用幻灯片】，在窗口右侧弹出【重用幻灯片】任务窗格，如图5.3.12所示，这种重用也可以从某一个演示文稿中直接复制一张或几张幻灯片粘贴到新的演示文稿中。

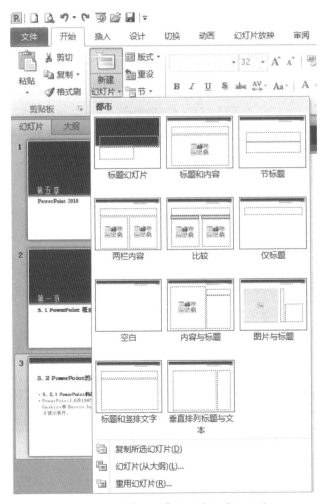

图5.3.9　点击【开始】选项卡新建幻灯片

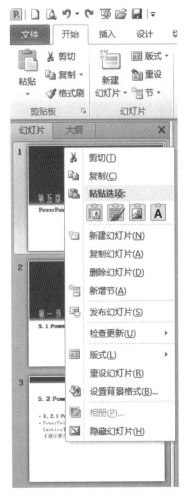

图5.3.10　右键点击缩略图新建幻灯片

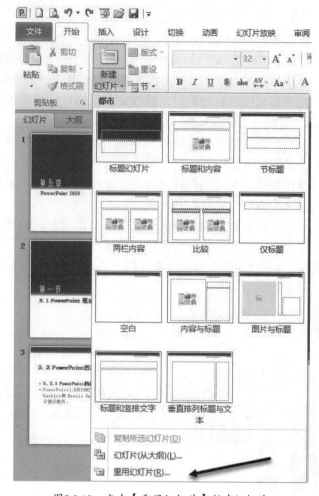

图5.3.11　右键点击空白处新建幻灯片　　图5.3.12　点击【重用幻灯片】新建幻灯片

5.3.2.2　选取幻灯片

在PowerPoint 2010演示文稿中可以选择一张或多张幻灯片，然后对选中的幻灯片进行操作。一般在普通视图中选择，根据需求分为选择单张幻灯片、选择连续多张幻灯片、选择不连续的多张幻灯片和选择全部幻灯片。

选择单张幻灯片：直接点击某张幻灯片缩略图即可选中。

选择连续多张幻灯片或者全部幻灯片：需要先点击起始的一张幻灯片缩略图，然后按住"Shift"键同时点击结束的某张幻灯片缩略图，这样即可选中。

选择不连续的多张幻灯片：先点击需要选择的某张幻灯片缩略图，然后按住"Ctrl"键同时点击任意多张幻灯片缩略图即可选中。

在浏览视图下选择与在普通视图下选择的方法类似，只是额外增加了按住鼠标左键并拖动幻灯片从而进行选择的模式。

5.3.2.3　删除幻灯片

在演示文稿中删除多余幻灯片是用户常用的操作。方法有：在缩略图中选中一张或多张幻灯片，单击右键，从弹出的菜单中选择【删除幻灯片】或者【剪切】，均可以删除，如图5.3.13所示；通过【开始】选项卡把选中的幻灯片剪切掉；选中幻灯片后直接按"Backspace"键、"Delete"键或者"Ctrl"+"X"组合键进行删除。

5.3.2.4 复制、粘贴幻灯片

在PowerPoint 2010演示文稿中可以方便地对幻灯片进行复制，并粘贴为一张新的幻灯片，然后利用原有的幻灯片版式和风格再进行修改。操作方法有：鼠标指向要复制的幻灯片缩略图，单击右键选择【复制幻灯片】，这时在该幻灯片下面直接出现同样一张幻灯片，如图5.3.14所示。如果复制后需要粘贴到另外位置可以在【开始】选项卡中点击【复制】，然后把鼠标光标移到缩略图区需要粘贴的位置，单击右键选择【粘贴】，或者在【开始】选项卡【粘贴】选项中选择【保留源格式】进行粘贴。或者直接选取要复制的幻灯片缩略图，按"Ctrl"+"C"，把鼠标光标移到需要粘贴的位置，按"Ctrl"+"V"进行粘贴。

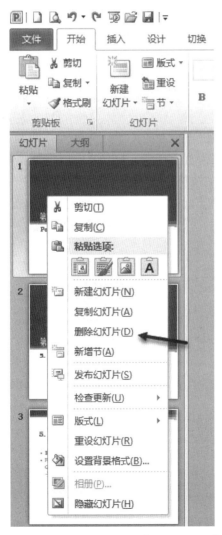

图5.3.13 单击右键，选择【删除幻灯片】

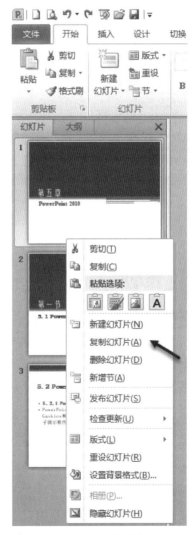

图5.3.14 单击右键，选择【复制幻灯片】

5.3.2.5 移动幻灯片

在制作演示文稿时，有时为了调整幻灯片的放映顺序，需要移动幻灯片到新的位置。操作方法有：选中幻灯片缩略图进行【剪切】和【粘贴】操作；采用组合键"Ctrl"+"X"和"Ctrl"+"V"进行操作。

5.3.2.6 隐藏幻灯片

对暂时不需要放映的某张幻灯片可以右击鼠标，在快捷菜单中选择【隐藏幻灯片】命令来将其隐藏。

5.3.3 编辑幻灯片

5.3.3.1 信息对象分类

幻灯片中向观众传达的信息需要在幻灯片页面上占有一定的空间，这些幻灯片中表达信息的位置称为占位符，通过占位符，用户可以对信息对象进行编辑处理。信息对象又分为文本对象和多媒体对象。其中，文本对象包括标题对象、副标题对象、文本框等；多媒体对象包括表格、图表、SmartArt图形、图片、剪贴画、媒体剪辑或其他图示等，有些多媒体对象还包含文本对象。

5.3.3.2 固定版式的信息添加

通过【新建幻灯片】或者【版式】建立的新幻灯片具有插入信息对象的占位符，可插入用户所需的标题、文本、图片、表格等对象，如图5.3.15所示。这种通过固定版式占位符的方式添加的对象在幻灯片设置中更容易形成统一的风格。

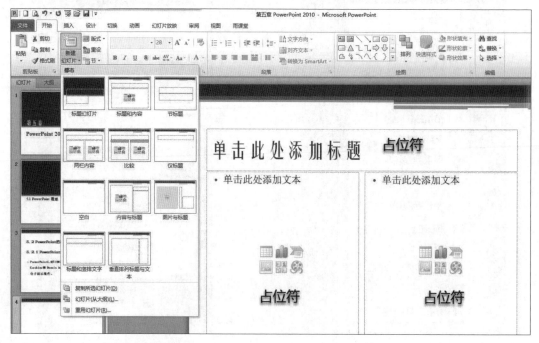

图5.3.15　固定版式的幻灯片中占位符的位置

5.3.3.3 自由对象的添加

幻灯片中通过【插入】选项卡直接添加的信息不需要固定的占位符，可在信息插入以后再进行编辑处理。可以插入的信息如图5.3.16所示。

图5.3.16 可插入的信息

5.3.3.4 插入声音文件

在自由对象的添加中插入的声音文件可以是某个文件中的音频，也可以是来自剪贴画中的音频，若用户的计算机配置允许的话，还可以添加用户自己录制的音频，如图5.3.17所示。以文件或剪贴画方式插入的操作实际上是完成了一个超链接，如果需要在另一台计算机上播放，则需要把该音频文件和演示文稿放在一起，比如放在同一个文件夹。

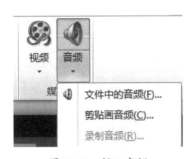

图5.3.17 插入音频

5.3.3.5 插入视频文件

在自由对象的添加中插入的视频文件可以是在计算机中保存的某个视频文件，也可以是来自剪贴画中的视频或者是来自网站的视频，如图5.3.18所示。用这种方式插入的文件属于超链接，如果需要在另一台计算机上播放，则需要把来自文件或剪贴画中的视频和演示文稿放在一起，比如放在同一个文件夹。播放来自网站的视频则需要计算机可以联网。

图5.3.18 插入视频

5.3.3.6　文本格式1：字符格式编辑

字符格式编辑操作步骤：选取字符内容或文本对象，选择【开始】→【字体】组，或者右击选中的文本，在弹出的快捷菜单中选择【字体】选项，在弹出的【字体】对话框中进行编辑，如图5.3.19所示。亦可通过选中文本对象以后出现在功能区的绘图工具进行图文混排编辑和设置。

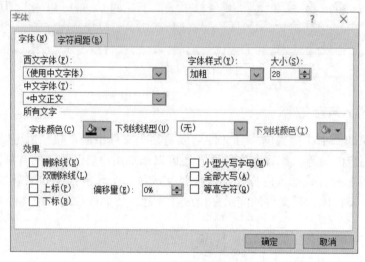

图5.3.19　【字体】对话框

5.3.3.7　文本格式2：段落格式编辑

常用的段落格式编辑可以通过【开始】→【段落】选项来操作实现，或者右击选中的文本，在弹出的快捷菜单中选择【段落】选项，在弹出的【段落】对话框中进行设置，如图5.3.20所示。

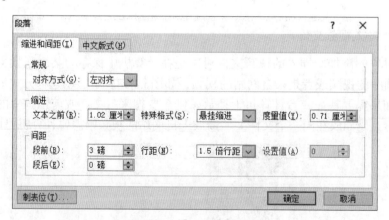

图5.3.20　【段落】对话框

5.3.3.8　项目符号和编号

设置项目符号和编号的格式可通过选择【开始】→【段落】组中的命令来实现，在弹出的下拉列表框中选择常用的项目符号和编号，或选择【项目符号和编号】选项，弹出

【项目符号和编号】对话框后，从中选择项目符号和编号，如图5.3.21和图5.3.22所示。

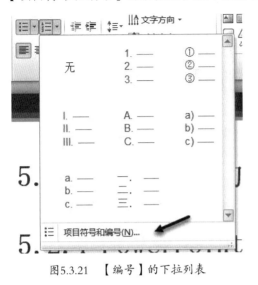

图5.3.21 【编号】的下拉列表

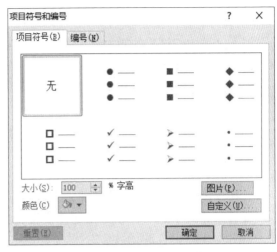

图5.3.22 【项目符号和编号】对话框

5.3.3.9 多媒体对象格式的编辑

在幻灯片中，多媒体对象都是以图形的形式出现的，这些对象需要设置基本的格式，包括填充、线条颜色、线型、阴影、三维效果、图片颜色、艺术效果、大小、位置等。可以通过选中多媒体对象，通过出现在功能区的图片工具来设置；亦可在选中多媒体对象后，单击右键，在弹出的【设置图片格式】对话框中进行设置，如图5.3.23所示。事实上，多媒体对象包括表格、图表、SmartArt图形、图片、剪贴画、媒体剪辑或其他图示，有些多媒体对象中还包含文本对象，因此，多媒体对象格式的编辑手段非常丰富。

图5.3.23 【设置图片格式】对话框

237

5.4 PowerPoint 2010幻灯片外观设置

演示文稿中幻灯片的播放效果以及艺术性与其外观设置有重要关系，做好外观设置是提高与观众沟通效率的重要手段，因此需要对幻灯片的外观进行美化设置。

5.4.1 幻灯片背景

幻灯片的背景就是幻灯片的背景颜色和风格，根据不同的主题，PowerPoint 2010提供了不同的背景颜色的方案，新建的空白演示文稿需要自行设置。设置方法如下。

1. 操作方法一

选择【设计】→【背景】→【背景样式】命令，从下拉列表中选一种背景色，或选择【设置背景格式】选项，在弹出的【设置背景格式】对话框中选择【填充】选项进行设置，如图5.4.1和图5.4.2所示。

图5.4.1 【设置背景格式】选项

图5.4.2 【设置背景格式】对话框

2．操作方法二

背景的设置也可以先选中幻灯片缩略图或者幻灯片的空白处，然后单击鼠标右键，在弹出的菜单中选择【设置背景格式】进行操作，如图5.4.3和图5.4.4所示。

事实上，当我们选择了正确的对象，然后单击鼠标右键，关于此对象的操作选项基本上都会呈现出来。

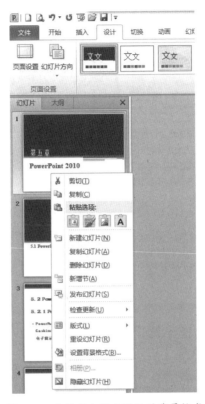

图5.4.3　右键点击缩略图设置背景格式

图5.4.4　右键点击幻灯片设置背景格式

5.4.2　主题设置

幻灯片主题包括背景颜色、背景图案以及与之相匹配的字体风格，良好的主题可以为观众提供更好的视觉效果。

5.4.2.1 应用主题

在普通视图模式下，选择【设计】→【主题】，在功能区显示可选用的主题选项，单击【主题】右侧的按钮，会弹出下拉列表框，显示所有主题，选择其中一个符合用户文稿风格的主题即可，如图5.4.5所示。

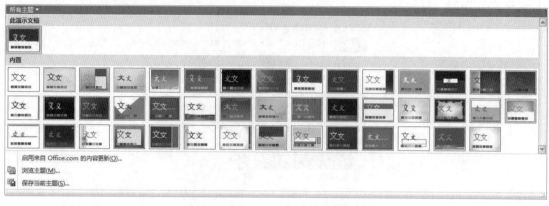

图5.4.5　下拉列表显示的主题

5.4.2.2 更改主题

如果要对主题颜色、字体或效果进行美化设置，可以使用以下方法。

（1）更改主题颜色。

在普通视图模式下，选择【设计】→【主题】→【颜色】，右键选择【应用于所选幻灯片】或【应用于所有幻灯片】，如图5.4.6所示。

（2）更改主题字体。

在普通视图模式下，选择【设计】→【主题】→【字体】，右键选择某一主题字体的缩略图，更改所有幻灯片的主题字体，如图5.4.7所示。

（3）更改主题效果。

在普通视图模式下，选择【设计】→【主题】→【效果】，右键选择某一主题效果的缩略图，更改所有幻灯片的主题效果，如图5.4.8所示。

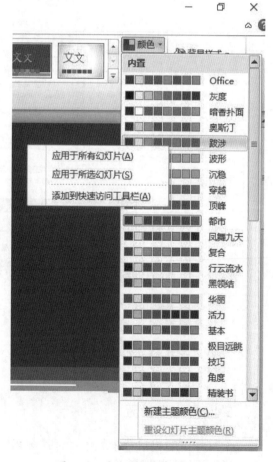

图5.4.6　更改主题颜色的下拉列表

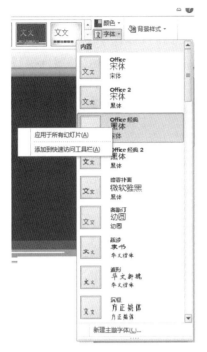

图5.4.7　更改主题字体的下拉列表　　　　图5.4.8　更改主题效果的下拉列表

5.4.2.3　保存应用新建主题

在普通视图方式下，选择【设计】→【主题】，单击【主题】右侧的按钮，打开下拉列表框。在下拉列表框中选择【保存当前主题】命令，可以将当前主题保存在系统默认的路径中，也可以保存到用户自己选择的路径中，如图5.4.9所示。

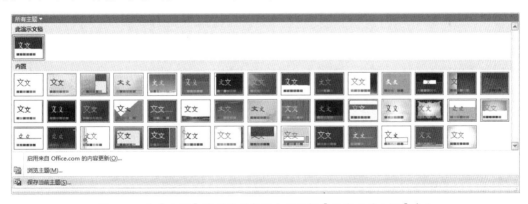

图5.4.9　在【主题】的下拉列表框中可选择【保存当前主题】命令

5.4.3　使用母版

利用幻灯片母版，可以统一演示文稿的风格。母版可用来制作统一标志和背景的内容，设置标题和主要文字的格式，包括文本的字体、字号、颜色和阴影等特殊效果，也就是说，母版是为所有幻灯片设置默认版式和格式，而修改母版就是创建新的主题。

5.4.3.1　什么是幻灯片母版

幻灯片母版是一张可以预先定义背景颜色、文本颜色、字体大小和格式的特殊幻灯片，可以根据需要对母版的前景色、背景色、图形格式以及文本格式等属性进行重新设置。对母版的修改会直接应用到演示文稿中使用该母版的幻灯片上。PowerPoint 2010中的母版类型分为幻灯片母版、讲义母版和备注母版三种类型，不同母版的作用和视图都是不相同的。

5.4.3.2　进入母版视图

根据母版类型，可以点击【视图】→【母版视图】→【幻灯片母版】、【讲义母版】、【备注母版】，进入母版视图，如图5.4.10所示。

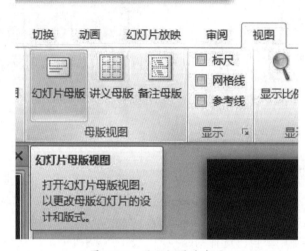

图5.4.10　母版视图的选项

5.4.3.3　退出母版视图

选择【视图】→【母版视图】→【关闭母版视图】命令即可退出母版视图，如图5.4.11所示。

图5.4.11　关闭母版视图

5.4.3.4　母版类型一：幻灯片母版

如果要对多张幻灯片设置统一的外观格式，或者需要修改多张幻灯片使其具有统一的外观格式，可以在幻灯片母版上完成这些修改。修改母版后，软件会自动更新这些幻灯片，并对以后新建的幻灯片应用同样的修改。在启动的演示文稿中选择【视图】→【母版视图】→【幻灯片母版】即可进入幻灯片母版进行编辑，如图5.4.12所示。

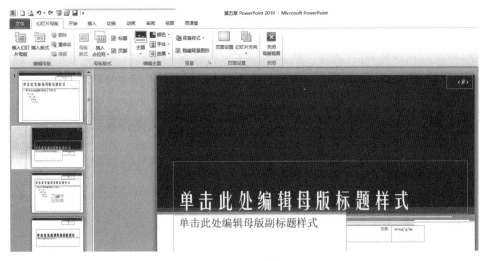

图5.4.12　幻灯片母版

5.4.3.5　母版类型二：讲义母版

讲义母版包含了打印幻灯片时需要的设置，可以对页眉、日期、页脚、页码以及每页幻灯片数量进行设置，如图5.4.13所示。

图5.4.13　讲义母版

5.4.3.6 母版类型三：备注母版

备注母版是对幻灯片备注区进行统一风格设计所用的母版，对备注母版的修改直接作用于当前演示文稿的备注页，如图5.4.14所示。

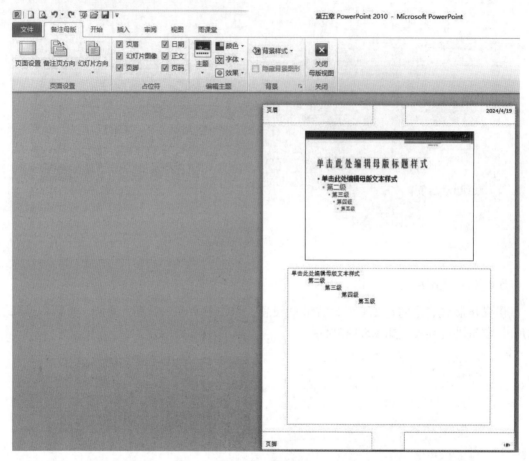

图5.4.14 备注母版

5.4.4 页眉和页脚

在制作幻灯片时，使用PowerPoint提供的页眉和页脚功能，可以为每张幻灯片添加页眉和页脚、幻灯片编号或页码以及日期，它们出现在幻灯片、备注以及讲义的顶端或底端，在单张幻灯片或所有幻灯片中应用页眉和页脚功能，可以给用户提供一些导航信息，使其知道当前幻灯片所处的位置。方法：单击【插入】→【文本】→【页眉和页脚】命令，弹出【页眉和页脚】对话框，在【幻灯片】和【备注和讲义】两个选项卡中进行设置，如图5.4.15和图5.4.16所示。

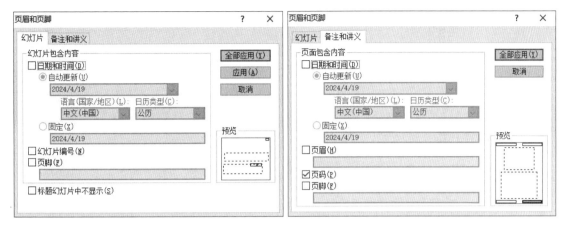

图5.4.15 【页眉和页脚】对话框中的【幻灯片】选项卡

图5.4.16 【页眉和页脚】对话框中的【备注和讲义】选项卡

5.5 PowerPoint 2010幻灯片放映设置

PowerPoint 2010提供了多种幻灯片放映的控制方法以及适合不同场合的幻灯片放映类型，为了改善放映时产生的视觉或者声音效果，用户可以切换幻灯片或者对内容进行动画设计，这样有利于演讲者阐述主题，有效地提高与观众沟通的效率。

5.5.1 幻灯片对象动画

动画是为幻灯片中各类信息对象添加的，在幻灯片放映时能产生特殊的视觉或声音效果。

5.5.1.1 动画方案

操作步骤：在幻灯片中选中要应用动画的对象，选择【动画】→【动画】组右下角的按钮，弹出下拉列表框，也可以选择【动画】→【高级动画】→【添加动画】按钮，弹出下拉列表框。在弹出的下拉列表中选择【进入】、【强调】、【退出】和【动作路径】等动画效果，若列表框中列出的动画不符合用户的需要，用户可选择【更多进入效果】、【更多强调效果】、【更多退出效果】等命令，弹出对应的对话框后选择一种动画效果。然后单击【动画】→【预览】按钮，可在下拉列表框的【自动预览】处打钩，提前观看设置的动画效果，如图5.5.1、图5.5.2和图5.5.3所示。

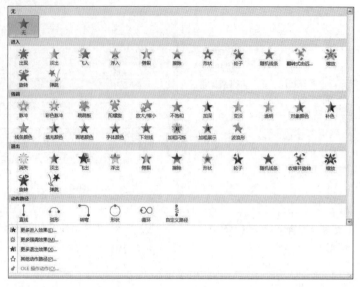

图5.5.1 【动画】下拉列表

图5.5.2 【添加动画】下拉列表

图5.5.3 【预览】下拉列表

5.5.1.2 自定义动画

选择【动画】→【高级动画】→【动画窗格】按钮，在窗口右侧弹出【动画窗格】任务窗格，如图5.5.4所示。选择动画列表中的项目后单击右键或者单击右方的按钮，弹出下拉菜单。在下拉菜单中，选择相应的选项可对动画进行自定义效果设置，还可以继续选择【效果】选项进行效果设置，如图5.5.5所示。

图5.5.4 【动画窗格】任务窗口

图5.5.5 设置自定义效果

5.5.1.3 动画对象重新排序

如果需要更改动画对象放映时出现的顺序，可以选中该对象后，点击【动画】→【计时】→【对动画重新排序】栏中的【向前移动】或【向后移动】按钮，也可以通过【动画窗格】下方的【重新排序】进行调整，如图5.5.6和图5.5.7所示。

图5.5.6 对动画重新排序

图5.5.7 【动画窗格】中重新排序

247

5.5.1.4 动画刷的应用

动画刷类似于常用的格式刷，可以把某个对象的动画效果直接应用到其他对象，避免了重复设置操作。选择需要复制动画效果的对象，再单击【动画】→【高级动画】→【动画刷】按钮，将当前对象的动画复制下来。在需要使用该动画的对象上面单击，即可将该动画应用于其他对象，如图5.5.8所示。

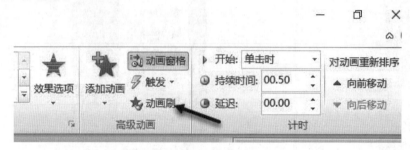

图5.5.8　动画刷

5.5.1.5 触发动画效果的应用

触发是为动画设置的特殊开始条件，给某动画设置一个触发条件，在幻灯片放映期间，只有条件触发时，该动画才会播放。在幻灯片中点击【动画】→【高级动画】→【动画窗格】按钮，在窗口右侧弹出【动画窗格】任务窗格。在【动画窗格】中选择要触发的动画，如图5.5.9所示。或在【高级动画】组中，单击【触发】，指向【单击】，然后选择一个触发器。

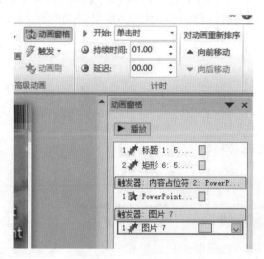

图5.5.9　动画触发器

5.5.2 幻灯片切换动画

幻灯片切换动画是指幻灯片放映时，切换到下一张幻灯片时的动画效果。从普通视图窗口左窗格中选取要设置切换效果的幻灯片，选择【切换】→【切换此幻灯片】组，在功能区选择一种切换方式，也可以单击【切换此幻灯片】组右侧的按钮，弹出的下拉菜单中显示所有的切换方式，再从列表中选取切换方式。可以通过【切换】→【切换此幻灯片】→【效果选项】菜单和【切换】→【计时】菜单中，选择一种方法分别设置切换效果、声音和换片方式等内容，如图5.5.10和图5.5.11所示。

图5.5.10　切换方式下拉列表

图5.5.11　切换效果的选项

5.5.3　幻灯片超链接

5.5.3.1　创建超链接

用户自己控制幻灯片放映时有时需要改变某张幻灯片的放映顺序或者给观众展现某些信息，这些信息可以是Word文档，也可以是Excel或者是一段视频等，这时用户做一个超链接和动作按钮即可实现。方法：在幻灯片上点击【插入】→【插图】→【形状】→【动作按钮】后在幻灯片上某一个位置画出来，如图5.5.12和图5.5.13所示，也可以把选定进行超链接的起点文本或图片对象作为动作按钮。

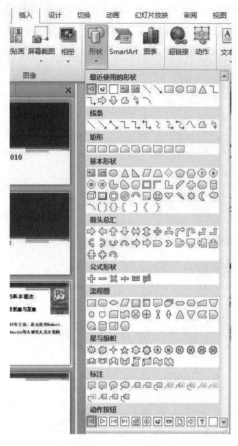

图5.5.12　【形状】下拉列表　　　　　　　图5.5.13　【动作设置】对话框

　　选定动作按钮后单击【插入】→【链接】→【超链接】命令按钮，弹出【插入超链接】对话框后选择链接目标。这个目标可以是【现有文件或网页】，也可以是【本文档中的位置】即某一张幻灯片，还可以是一个【新建文档】或【电子邮件地址】，如图5.5.14和图5.5.15所示。确定以后，在放映幻灯片时就可以点击该动作按钮来放映这个超链接。

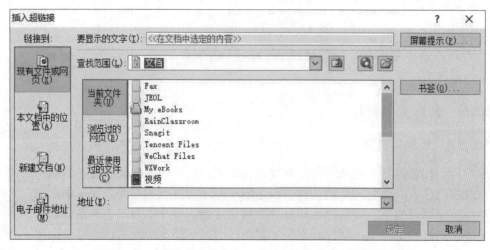

图5.5.14　【插入超链接】中的【现有文件或网页】对话框

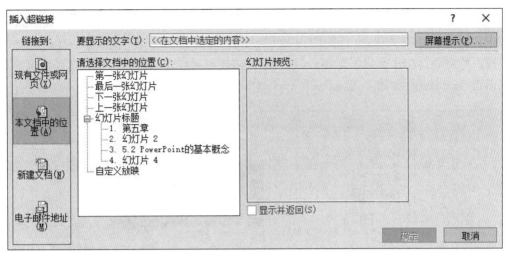

图5.5.15　【插入超链接】中的【本文档中的位置】对话框

5.5.3.2　修改超链接

用户需要选定超链接的起点对象时，选择【插入】→【链接】→【超链接】命令，重新选择链接目标；或者右键点击超链接对象，选择弹出菜单的【编辑超链接】进行重新链接，如图5.5.16。

图5.5.16　【编辑超链接】

5.5.3.3 删除超链接

用户需要删除超链接时，可以选定超链接的起点对象，选择【插入】→【超链接】命令，点击【删除链接】命令，如图5.5.17所示；或者右键点击超链接对象，选择弹出菜单的【取消超链接】进行删除。

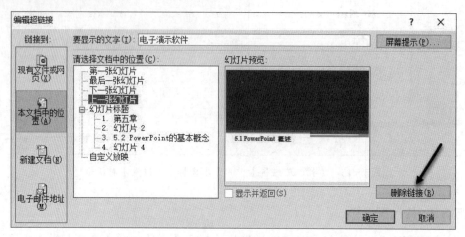

图5.5.17 【删除链接】

5.5.3.4 创建动作

动作设置就是为超链接的对象在放映时创建一种启动方式，这种方式可以是【单击鼠标】，也可以是【鼠标移过】。设置时，先选择需要创建动作的文本、剪贴画、图片和形状等对象，单击【插入】→【链接】→【动作】命令按钮，弹出【动作设置】对话框，并在【动作设置】对话框中，为动作链接进行相应的设置，如图5.5.18所示。

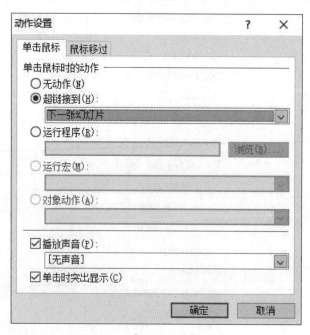

图5.5.18 【动作设置】对话框

5.5.4 幻灯片放映

PowerPoint 2010为用户提供了多种放映幻灯片、控制幻灯片和输出演示文稿的方式，用户可以选择合适的放映速度与放映方式，以达到与观众更好地交流的目的。

5.5.4.1 设置方式

幻灯片放映默认为【演讲者放映（全屏幕）】，如果需要观众自行浏览或者在展台浏览，用户可以自行设置，选择【幻灯片放映】→【设置】→【设置幻灯片放映】命令，弹出【设置放映方式】对话框，在【设置放映方式】对话框中对幻灯片放映方式进行详细设置，如图5.5.19所示。

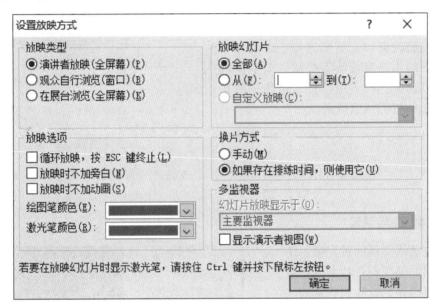

图5.5.19 【设置放映方式】对话框

5.5.4.2 放映方式

选择【幻灯片放映】→【开始放映幻灯片】组，在该组中一共有四种放映方式：从头开始、从当前幻灯片开始、广播幻灯片及自定义幻灯片放映，如图5.5.20所示。还可以单击演示文稿窗口右下角的【幻灯片放映】 按钮或直接按"F5"键进行放映。

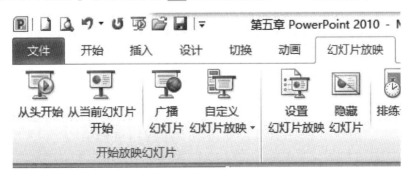

图5.5.20 【幻灯片放映】选项卡

5.5.4.3 放映控制

幻灯片放映时需要对放映过程进行控制，比如切换到下一张幻灯片可以单击左键，也可以使用"→"键、"↓"键、"Page Down"键、回车键或者向下滚动鼠标滚轮；切换到上一张幻灯片可以使用"←"键、"↑"键、"Page Up"、Backspace键或者向上滚动鼠标滚轮等；跳转到指定幻灯片可以输入幻灯片编号后按回车键，或者在放映窗口左下角选择【定位与结束选择】下的【定位至幻灯片】按钮；直接按Esc键可结束放映，或者在放映窗口左下角选择【定位与结束选择】下的【结束放映】按钮。以上放映控制均可以通过选择点击鼠标右键弹出的菜单达到目的，如图5.5.21所示。

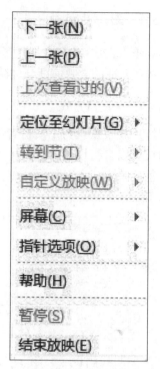

图5.5.21 点击鼠标右键后弹出的放映控制菜单

5.5.4.4 使用画笔

在播放演示文稿的过程中，用户可以使用画笔在幻灯片上进行圈注、勾画等操作，以吸引观众的注意力，增强演示文稿的表达效果。操作步骤：在幻灯片放映时，单击鼠标右键，从弹出的快捷菜单中选择【指针选项】进行设置，如图5.5.22所示。

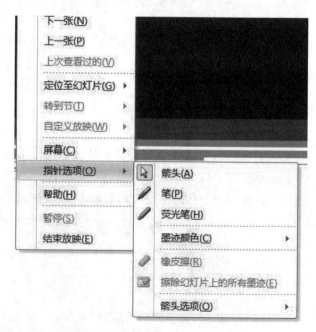

图5.5.22 选择【指针选项】进行设置

5.6 PowerPoint文件保存

用户在完成演示文稿的制作后，有时需要以某种格式保存文稿，以便在不同的场合使用。

5.6.1 保存为PDF/XPS文档

用户做完演示文稿后，有时需要保存为PDF或XPS文档，方法如下：点击【文件】→【保存并发送】→【创建PDF/XPS文档】→【创建PDF/XPS】，然后保存到某个路径即可，如图5.6.1和图5.6.2所示。

图5.6.1 保存为PDF或XPS文档

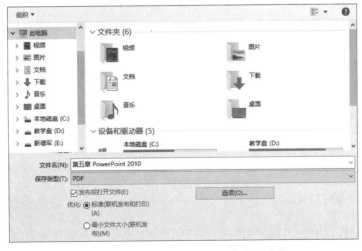

图5.6.2 PDF或XPS文档的保存路径设置

5.6.2 保存为视频文件

用户做完演示文稿后可以将其保存为视频文件，方法如下：点击【文件】→【保存并发送】→【创建视频】→【创建视频】，然后保存到某个路径即可，如图5.6.3和图5.6.4所示。

图5.6.3 保存为视频文件

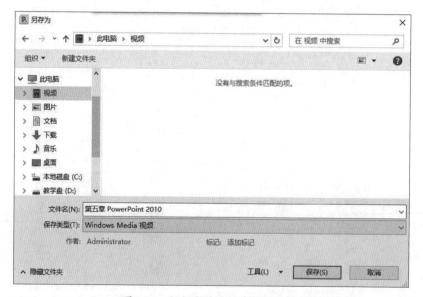

图5.6.4 视频文件的保存路径设置

5.6.3 文件的打印

PowerPoint制作完成后，用户有时需要打印全部内容，对演示文稿的页面和打印方法进行设置后即可打印。

5.6.3.1　页面设置

单击【设计】→【页面设置】命令按钮，在弹出的【页面设置】对话框中对演示文稿的打印进行详细设置，如图5.6.5所示。

图5.6.5　【页面设置】对话框

5.6.3.2　打印设置

选择【文件】→【打印】命令，在右窗格中显示【打印】任务窗格和【打印预览】窗格，在任务窗格中对打印条件进行设置，如图5.6.6所示。设置好后即可通过打印机打印。

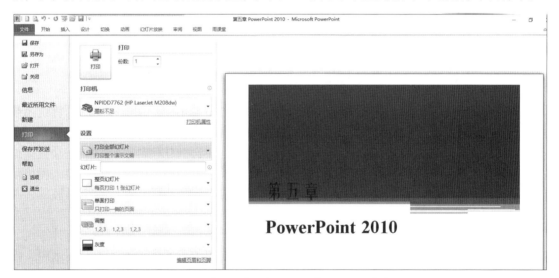

图5.6.6　【打印】任务窗格和【打印预览】窗格

5.6.4　文件的打包

PowerPoint 2010提供了打包成CD的功能，在有刻录光驱功能的计算机上，可以将演示文稿及其链接的各种媒体文件一并打包到CD上，实现演示文稿的分发或者将其转移到其他计算机上进行演示。

第六章

计算机网络基础

6.1 计算机网络概述

随着计算机技术的迅猛发展，计算机网络已经渗透人类社会的方方面面并与人们的日常生活紧密地融合在一起，不断改变着人们的工作、生活方式，极大地推动了人类社会的进步和发展。从某种意义上说，计算机网络的发展水平已成为衡量国家实力以及现代化程度的重要标志之一。

6.1.1 计算机网络的定义与组成

计算机网络是指利用通信设备和通信线路，将地理位置不同、功能独立的计算机系统连接起来，以功能完善的网络软件（网络通信协议及网络操作系统等）实现资源共享和信息交换的系统。功能独立是指接入网络的各计算机均有自己的软硬件系统，能完全独立地工作，各计算机系统之间没有主从、控制与被控制等关系，可以自主选择是否接入网络环境，以实现平等的相互访问。通信线路是指各类通信媒介，如光纤、双绞线、微波等，一个覆盖地域广的大型网络中可能会综合使用各类通信媒介。

计算机网络是计算机技术和通信技术紧密结合的产物。一方面，通信技术为计算机之间的数据传输和交换提供了必要条件；另一方面，计算机技术的发展渗透通信技术中，提高了通信网络的各种性能。

由计算机网络的定义可以看出，计算机网络是包含一系列硬件和软件的复杂系统。如图6.1.1所示，从网络的逻辑功能来看，计算机网络可分为通信子网与资源子网两大部分。

通信子网是指计算机网络中实现网络通信功能的设备及其软件的集合，负责各计算机之间通过通信媒介、通信设备进行数据通信。

资源子网是指实现资源共享功能的设备及其软件的集合，依靠通信子网实现各计算机间的硬件资源、软件资源和数据资源的共享。

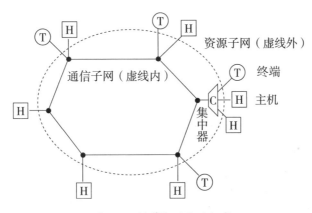

图6.1.1　计算机网络的组成

6.1.2　计算机网络的发展

计算机网络是计算机技术与通信技术相结合的产物。随着计算机技术和通信技术的不断发展，计算机网络也经历了从简单到复杂、从单机到多机的发展过程，其发展过程大致可以细分为以下四个阶段。

6.1.2.1　面向终端的计算机网络

20世纪50—60年代，计算机网络进入面向终端的阶段。如图6.1.2所示，面向终端的计算机网络以主机为中心，终端通过网络实现与主计算机通信。

图6.1.2　面向终端的网络

这一阶段的主要特点：数据集中式处理，数据处理和通信处理环节都通过主机完成，这样数据的传输速率就受到了限制；而且系统的可靠性和性能完全取决于主机的可靠性和性能，但与此同时，这样便于维护和管理，数据的一致性也较好；然而主机的通信开销较大，通信线路利用率低，对主机依赖性大。

6.1.2.2　多台计算机互连的计算机网络

20世纪60年代中期，计算机网络发展到以通信子网为中心的网络阶段，也称为从计算机到计算机的计算机网络阶段。此时的计算机网络由若干台计算机相互连接成一个系统，即利用通信线路将多台计算机连接起来，实现了计算机与计算机之间的通信。这一阶段主要有两个标志性成果：其一是提出分组交换的概念，其二是形成TCP/IP协议[①]的雏形，并建立了计算机与计算机之间的互联与通信，实现了计算机资源的共享。这一阶段的缺点是没有形成统一的互联标准，使网络在规模与应用等方面受到了限制。另外，这一阶段最引人注目的是诞生了阿帕网（ARPANET）。

6.1.2.3　面向标准化的计算机网络

20世纪70年代末至20世纪80年代初，微型计算机得到了广泛的应用，各机关和企事业单位为了适应办公自动化的需要，迫切要求将自己拥有的为数众多的微型计算机、工作站、小型计算机等连接起来，以达到资源共享和相互传递信息的目的。与此同时，各单位还迫切要求降低联网费用，提高数据传输效率。然而，各大计算机制造厂商都推出了自己的网络体系结构，各厂商的网络体系结构互不兼容，因此当时计算机之间的组网是有条件的，在同一网络中只能存在同一厂家生产的计算机，其他厂家生产的计算机则无法接入。

为了使计算机网络能兼容各个计算机制造商生产的计算机等终端设备，国际标准化组织公布了ISO7498，即ISO/OSI-RM国际标准，这标志着计算机网络进入面向标准化的计算机网络阶段。然而，这一阶段已在ARPANET的基础上，形成了以TCP/IP为核心的因特网。任何一台计算机只要遵循TCP/IP协议簇标准，并有一个合法的IP地址，就可以接入Internet。最终，TCP/IP协议成为事实上的计算机网络标准。

6.1.2.4　面向全球互连的计算机网络

20世纪90年代以后，随着数字通信的出现，计算机网络进入第四个发展阶段，其主要特征是综合化、高速化、智能化和全球化。1993年，美国政府发布了名为《国家信息基础设施行动计划》的文件，其核心是构建国家信息高速公路。这一时期，在计算机通信与网络技术方面以高速率、高服务质量、高可靠性等为指标，出现了高速以太网、VPN、无线网络、P2P网络、NGN等技术，计算机网络的发展与应用渗入人们生活的各个方面，进入一个多层次的发展阶段。

6.1.3　计算机网络的功能

计算机网络具有如下功能，其中最主要的功能是资源共享和数据通信。

6.1.3.1　资源共享

接入计算机网络的计算机彼此之间能共享丰富的资源，包括硬件资源、软件资源、数据资源等。网络中有大量的免费资源，任何网络用户都可以无偿使用这些宝贵的资源，这样就可以节约大量的投资。所以说，资源共享是计算机网络最主要的功能之一。

（1）硬件资源共享。

计算机的许多硬件价格昂贵，不可能每台计算机都单独配备，例如高速激光打印机、

---

①　TCP/IP是Transmission Control Protocol/Internet Protocol的简写，中文译名为传输控制协议/互联网络协议。

大型绘图仪、大容量网络存储器、可以进行复杂计算的大型计算机等设备。一台低性能的终端，可以通过计算机网络使用各种类型的高性能硬件设备，既解决了部分资源贫乏的问题，同时也发挥了现有资源的潜能，提高了资源利用率。

（2）软件资源共享。

用户可以通过网络登录到远程计算机上去使用一些专用软件，也可以下载某些程序在本地计算机上使用。一些公用的网络版软件也可以安装在服务器上供网络用户调用，而不必在每台计算机上都安装。

（3）数据资源共享。

网络上许多计算机上建立的数据库与各种文件都存储着大量信息资源，如图书资料、新闻、电视电影、音乐等。通过计算机网络，这些资源可以被网络用户查询和使用。

6.1.3.2　数据通信

计算机网络可以让地理位置不同的计算机用户相互通信，实现信息交换，如电子邮件收发、新闻消息发布、网上购物、远程教育、远程医疗等。可以说，数据通信是计算机网络最基本的功能。

6.1.3.3　分布式处理

分布式处理是指在计算机网络中，将一项复杂的任务分成多个子任务，在软件系统的统一协调下，将子任务分别交给多个计算机系统来完成。这样不仅降低了软件设计的复杂性，而且大大提高了工作效率，降低了成本。

6.1.3.4　集中管理

对地理位置分散的组织和部门，可通过计算机网络实现集中管理，如数据情报检索系统、飞机订票系统、军事指挥系统等。

6.1.4　计算机网络的分类

计算机网络根据分类的依据不同，有不同的分类方法，常用的分类方法有按网络覆盖的地理范围分类、按使用范围分类、按传输技术分类、按网络的拓扑结构分类、按所使用的操作系统分类、按传输介质分类、按网络协议分类等。

6.1.4.1　按网络覆盖的地理范围分类

按网络覆盖的地理范围，可将计算机网络分为局域网、城域网、广域网三种。

1．局域网（Local Area Network，LAN）

局域网一般是指网络规模相对较小，通信线路不长，覆盖面的直径一般为几百米，至多几千米。整个网络通常安装在一个建筑物内，或一个单位的大院里。局域网的特点是距离短、延迟小、结构简单、布线容易、数据传输速率高、传输可靠。

2．城域网（Metropolitan Area Network，MAN）

城域网是指一个城市范围的计算机网络。例如，一个学校有多个校区分布在城市的多个地区，每个校区都有自己的校园网，这些网络连接起来就形成一个城域网。城域网的传输速度比局域网慢。由于把不同的局域网连接起来需要专门的网络互联设备，因此连接费用较高。

3．广域网（Wide Area Network，WAN）

广域网是将地域分布广泛的局域网、城域网连接起来的网络系统，它是分布范围更大的网络，可以大到一个国家，甚至整个世界。它的特点是速度慢、建设费用高。Internet是世界上最大的广域网。

6.1.4.2　按使用范围分类

按使用范围，可将计算机网络分为公用网和专用网两种类型。

1．公用网

由电信部门或其他提供通信服务的经营部门组建、管理和控制，网络内的传输和转接装置可供部门与个人使用。公用网常用于广域网络的构造，支持用户的远程通信，如我国的电信网、教育网、广电网等。

2．专用网

由特定的用户或部门组建经营的网络，不允许其他用户或部门使用。由于投资的因素，专用网常为局域网或者是通过租借电信部门的线路而组建的广域网，如由学校组建的校园网、由企业组建的企业网等。

6.1.4.3　按传输技术分类

按传输技术进行分类，计算机网络可分为广播式网络和点对点网络。

1．广播式网络

在广播式网络（Broadcast Network）中，仅有一条通信信道，网络上所有的计算机都共享这一条公共的通信信道。当一台计算机在信道上发送分组或数据包（分组和数据包实质上就是一种短的消息，按照特定的数据结构组织而成）时，网络中的每台计算机都会接收到这个分组，并且将自己的地址与分组中的目的地址进行比较，如果相同，则处理该分组，否则则将它丢弃。

在广播式网络中，若某个分组发出以后，网络上的每一台计算机都接收并处理它，这种方式则称为广播（Broadcasting）；若分组是发送给网络中的某些计算机，则称为多点播送或组播（Multicasting）；若分组只发送给网络中的某一台计算机，则称为单播（Unicasting）。

2．点对点网络

与广播式网络相反，在点对点（Point to Point）网络中，每条物理线路都连接两台计算机。假如两台计算机之间没有直接连接的线路，那么它们之间的分组传输就要通过一个或多个中间节点的接收、存储、转发，才能将分组从信源发送到目的地。由于连接多台计算机之间的线路结构可能更复杂，因此从源节点到目的节点可能存在多条路径。决定分组从通信子网的源节点到达目的节点的路径需要由路径选择算法实现，因此，在点对点的网络中，选择最佳路径显得特别重要。采用分组存储转发与路径选择机制是点对点网络与广播式网络的重要区别。

6.1.4.4 按其他方式分类

按网络的拓扑结构，计算机网络分为星型网络、总线型网络、环型网络、树型网络、网状型网络、混合型网络等。

根据所使用的网络操作系统，计算机网络可以分为UNIX网络、NOVELL网络、Windows NT网络等。

根据使用的传输介质，计算机网络可以分为有线网络、无线网络两大类。

根据所使用的网络协议分类，可以把计算机网络分为以太网（IEEE 802.3）、快速以太网（IEEE 802.3u）和千兆以太网（IEEE 802.3z和IEEE 802.3ab），以及万兆以太网（IEEE 802.3ae）和令牌环网（IEEE 802.5）等。

6.1.5 计算机网络拓扑结构

"拓扑"这个词是从几何学中借用而来的，网络拓扑结构是计算机网络中各节点和通信线路所组成的几何形状，其描述了网络中各节点相互连接的方法和形式，是网络的一个重要特性，影响着整个网络的设计、性能、建设和通信费用等。

6.1.5.1 总线型拓扑结构

总线型拓扑结构（图6.1.3）是将网络上的所有计算机都通过一条电缆相互连接起来。在总线上，任何一台计算机在发送信息时，其他计算机必须等待。而且计算机发送的信息会沿着总线向两端扩散，从而使网络中所有计算机都收到这个信息，但是否接收，还取决于信息的目标地址是否与网络主机地址相一致。若一致，则接收；若不一致，则不接收。

在总线型网络中，信号会沿着线缆发送到整个网络。当信号到达线缆的端点时，将产生反射信号，这种反射信号会与后续信号发生冲突，从而使通信中断。为了防止通信中断，必须在线缆的两端安装终结器，以吸收端点信号，防止信号反弹。

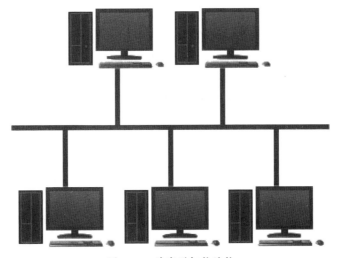

图6.1.3 总线型拓扑结构

总线型网络拓扑结构的优点：总线型拓扑结构有一条双向通路，便于进行广播式传送信息；属于分布式控制，无须中央处理器，故结构简单；节点的增、删和位置的变动较容易，变动过程不影响网络的正常运行，系统扩充性能好；节点的接口通常采用无源线路，系统可靠性高；设备少、价格低、安装使用方便。

总线型网络拓扑结构的缺点：传送数据的速度缓慢，总线型网络共享一条电缆，只能由其中一台计算机发送信息，其他计算机接收；维护困难，总线型网络一旦出现断点，整个网络将瘫痪，而且故障点很难查找。

6.1.5.2 星型拓扑结构

在星型网络拓扑结构（图6.1.4）中，每个节点都由一个单独的通信线路连接到中心节点上。中心节点控制着全网的通信，任何两台计算机之间的通信都要通过中心节点来转接。因此，中心节点是网络的瓶颈，这种拓扑结构又称为集中控制式网络结构。这种拓扑结构是目前使用得最普遍的拓扑结构，处于中心的网络设备可以是集线器（Hub）或交换机（Switch）。

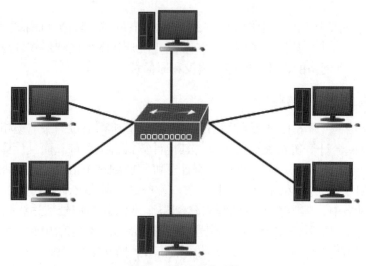

图6.1.4　星型拓扑结构

星型网络拓扑结构的优点：结构简单、便于维护和管理，因为当中某台计算机或某条线缆出现问题时，不会影响其他计算机的正常通信，维护比较容易。

星型网络拓扑结构的缺点：通信线路专用，电缆成本高；中心节点是整个网络的瓶颈，中心节点出现故障会导致网络的瘫痪。

6.1.5.3 环型拓扑结构

环型拓扑结构是以一个共享的环型信道连接所有设备，称为令牌环（Token Ring）。在环型拓扑结构中，信号会沿着环型信道按一个方向传播，并通过每台计算机。而且，每台计算机对信号进行放大后，会传给下一台计算机。同时，在网络中有一种被称为令牌的特殊的信号。令牌按顺时针方向传输。当某台计算机要发送信息时，必须先捕获令牌，再发送信息，发送信息后释放令牌。环型结构有两种类型，即单环结构和双环结构。令牌环是单环结构的典型代表，光纤分布式数据接口（Fiber Distributed Data Interface，FDDI）是双环结构的

典型代表。环型拓扑结构的显著特点是每个节点的用户都与两个相邻节点的用户相连。（图6.1.5）

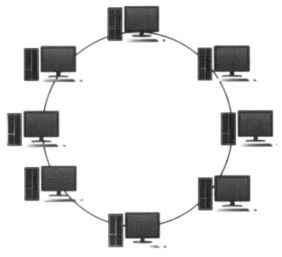

图6.1.5　环型拓扑结构

环型拓扑结构的优点：电缆长度短，环型拓扑网络所需的电缆长度和总线型拓扑网络相似，但比星型拓扑结构要短得多；可使用光纤，传输速度高，非常适用于单向传输；传输信息的时间是固定的，从而便于实时控制。

环形拓扑结构的缺点：节点过多时，影响传输效率；环某处断开会导致整个系统失效，节点的加入和撤出过程复杂；检测故障困难，故障检测需在网络中各个节点中进行。

6.1.5.4　树型拓扑结构

树型拓扑结构（图6.1.6）是星型拓扑结构的扩展，它由根节点和分支节点所构成。其优点是结构比较简单、成本低、扩充节点方便灵活；缺点是对根节点的依赖性大，一旦根节点出现故障，将导致全网不能工作，电缆成本高。

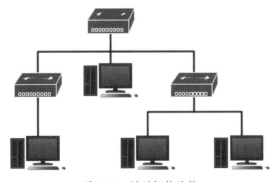

图6.1.6　树型拓扑结构

6.1.5.5　网状型拓扑结构

网状型拓扑结构（图6.1.7）在广域网中得到了广泛应用。它的优点是不受瓶颈问题和失效问题的影响，由于节点之间有许多条路径相连，可以为数据流的传输选择适合的路由，从而绕过失效或过忙的节点。这种结构虽然比较复杂、成本也比较高，提供上述功能的网络协议也较复杂，但由于它的高可靠性，仍然受到用户的欢迎。

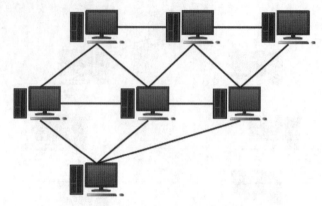

图6.1.7　网状型拓扑结构

6.1.6　计算机网络体系结构

计算机网络是一个复杂的系统。为了降低系统设计和实现的难度，应把计算机网络要实现的功能进行结构和模块化设计，将整体功能分为几个相对独立的子功能层次，各个功能层次间进行有机的连接，下一层次为上一层次提供必要的功能服务。这种层次结构的设计称为网络层次结构模型。其优点是各层次之间相对独立，各层次实现技术的改变不影响其他层次，易于实现和维护，有利于促进标准化，为计算机网络协议的设计和实现提供了很大方便。

6.1.6.1　网络协议

网络中的两个实体要实现通信，必须具有相同的语言，交流什么、怎么交流以及何时交流等，都必须遵守实体间双方都能互相接受的一些规则，这些规则的集合称为协议（Protocal）。这个协议定义通信内容是什么、如何进行通信以及何时进行通信。

协议的关键要素是语法、语义和时序。语法是指数据和控制信息的结构与格式；语义是指控制信息的含义；时序是指双方相互应答的次序。为进行网络中的数据交换而建立的规则、标准或约定即为网络协议（Network Protocol）。目前局域网中最常见的三个协议是Microsoft的NetBEUI、NOVELL的IPX/SPX和交叉平台的TCP/IP。

6.1.6.2　网络体系结构

计算机网络的层次及各层次协议的集合，即是网络体系结构（Network Architecture）。具体地说，网络体系结构是关于计算机网络应设置哪几个层次，每个层次又应提供哪些功能的精确定义。

在计算机网络的发展历史中，曾出现过多种不同的计算机网络体系结构，其中包括IBM公司于1974年提出的系统网络结构（SNA）模型、DEC公司于1975年提出的分布式网络的数字网络体系（DNA）模型等。这些由不同厂商自行提出的专用网络模型，在体系结构上差异很大，甚至互不兼容，更谈不上将运用不同厂商生产的网络相互连接起来构成更大的网络系统。体系结构的专用性实际上代表了一种封闭性，尤其是在20世纪70年代末至80年代初，一方面是计算机网络规模与数量的急剧增长，另一方面是许多按不同体系结构实现的网络产品之间难以相互进行操作，这就严重阻碍了计算机网络的发展。于是，计算机网络体系结构的标准化工作被提上了国际标准化组织（International Organization for Standardization，ISO）的议事日程。

6.1.6.3 开放系统互联参考模型

计算机网络体系结构的核心是如何合理地划分层次，并确定每个层次的特定功能及相邻层次之间的接口。由于各种局域网不断出现，迫切要求计算机网络体系结构的标准化，使不同体系结构的网络能够互联，以满足信息交换及资源共享的需求。

为了使不同体系结构的计算机网络能互联，国际标准化组织于1977年提出了一个试图使各种计算机在世界范围内互相联网的标准框架，即著名的开放系统互联参考模型（Open System Interconnection/Reference Model，OSI/RM），如图6.1.8所示。

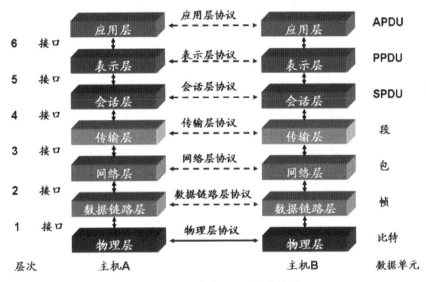

图6.1.8 开放系统互联参考模型

OSI参考模型的开放性是指只要遵循OSI标准，一个系统就可以和位于世界上任何地方遵循同一标准的其他任何系统进行通信。目前，还没有完全遵循OSI的网络产品，但OSI给人们提供了一个概念和功能上的框架，作为网络实现的参考。

OSI参考模型将所有互联的开放系统划分为功能上相对独立的七个层次，描述了信息流自上而下通过源设备，然后自下而上穿过目标设备七个层次的过程。这七个层次从低到高依次为物理层、数据链路层、网络层、传输层、会话层、表示层、应用层。信息交换在底层由硬件实现，而到了高层（第4～7层），则由软件实现。例如，通信线路及网卡就承担物理层和数据链路层两层协议所规定的功能。

6.1.6.4 TCP/IP协议

TCP/IP是Transmission Control Protocol/Internet Protocol的简写，中文译名为传输控制协议/互联网络协议。TCP/IP协议是Internet最基本的协议。

虽然从名字上看，TCP/IP协议包括TCP和IP两个协议，但TCP/IP实际上是一组协议，它包括上百个各种功能的协议，如远程登录、文件传输和电子邮件等，而TCP协议和IP协议是保证数据完整传输的两个基本的重要协议。通常说TCP/IP是Internet协议簇，而不仅是TCP和IP两个协议。

TCP/IP协议模型不完全与OSI模型相对应，它把网络分成应用层、传输层、互联层、网络接口层4层结构，如图6.1.9所示。

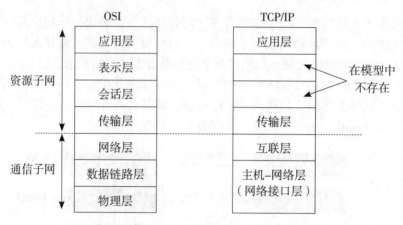

图6.1.9　OSI模型与TCP/IP协议模型

1．应用层

应用层是应用程序间沟通的层，如简单邮件传输协议（SMTP）、文件传输协议（FTP）、网络远程访问协议（Telnet）等都是在应用层进行的。

2．传输层

传输层提供了节点间的数据传送服务，如传输控制协议（TCP）、用户数据报协议（UDP）等，TCP和UDP给数据包加入传输数据并把它传输到下一层中，这一层负责传送数据，并且确定数据已被送达并接收。

3．互联层

互联层负责提供基本的数据包传送功能，让每一个数据包都能够到达目的主机（但不会检查是否被正确接收）。

4．网络接口层

网络接口层是TCP/IP协议的最底层，该层对实际的网络媒体进行管理，定义如何使用实际网络（如电话网、局域网等）来传送数据。

TCP/IP协议的基本传输单位是数据包。TCP协议负责把数据分成若干个数据包，并给每个数据包加上包头（就像给一封信加上信封），包头上有相应的编号，以保证数据接收方能将数据还原为原来的格式；IP协议在每个包头上再加上接收方的主机地址，这样数据包就能找到自己要去的地方，如果传输过程中出现数据丢失、数据失真等情况，TCP协议会自动要求重新传输，并重新组包。总之，IP协议保证数据的传输，TCP协议保证数据传输的质量。

TCP/IP协议模型最早起源于ARPANET，在应用中不断发展完善，ARPANET发展成为Internet后，使得TCP/IP成为Internet网络体系结构的核心。TCP/IP协议使用范围极广，适用于连接多种机型，既可以用于局域网，又可以用于广域网，许多厂商的计算机操作系统和网络操作系统产品都采用或含有TCP/IP协议。目前，TCP/IP协议已成为事实上的国际标准和工业标准。

6.2 局域网及其组网技术

局域网，是指在某一区域内由多台计算机互联成的计算机组。"某一区域"指的是同一办公室、同一建筑物、同一公司和同一学校等，一般是方圆几千米以内。局域网可以实现文件管理、应用软件共享、打印机共享、扫描仪共享、工作组内的日程安排、电子邮件和传真通信服务等功能。局域网是封闭型的，可以由办公室内的两台计算机组成，也可以由一个公司内的上千台计算机组成。局域网是计算机网络的一个重要组成部分，也是组成互联网的基础网络。

6.2.1 局域网概述

局域网产生于20世纪70年代。微机的普及以及人们对信息交流、资源共享的迫切需求，推动了局域网的迅速发展。进入20世纪90年代，局域网技术的发展更是突飞猛进，新产品大量涌现，局域网成为计算机网络发展的一个热点。

6.2.1.1 局域网的定义

局域网的定义需要从功能性和技术性两方面进行描述。从功能性层面来看，局域网是一组计算机和其他设备，在物理位置上彼此相隔不远，以允许用户相互通信和共享诸如打印机与存储设备之类的计算机资源的方式互连在一起的系统。从技术性层面，局域网是由特定类型的传输媒体（如电缆、光缆和无线媒体）和网络适配器互连在一起的计算机，并受网络操作系统监控的网络系统。功能性定义强调的是外界行为和服务，技术性定义强调的则是构成局域网所需的物质基础和构成方法。

6.2.1.2 局域网的特点

局域网覆盖范围有限，它适用于机关、公司、校园、工厂等有限范围（半径不超过数公里）内的计算机、终端与各类信息处理设备联网的需求。局域网的数据传输速率（10MB/s～100MB/s）较高、误码率（10^{-8}～10^{-11}）较低，具有较高质量的数据传输环境。局域网一般由一个单位所拥有，易于建立、维护和扩展。

6.2.1.3 局域网的优点

局域网传输速度快，能方便地共享昂贵的外部设备、主机，以及软件和数据。局域网可灵活地扩展和演变，以提高网络的可靠性、可用性和残存性。在局域网中各设备的位置可灵活地调整和改变，有利于数据处理和办公自动化。

6.2.1.4 局域网分类

局域网通常按拓扑结构、传输介质、访问传输介质与信息的交换方式进行分类。按照不同的分类方法，同一个局域网可能属于多种类型。

（1）按拓扑结构分类：局域网经常采用总线型、环型、星型和混合型拓扑结构，因此可以把局域网分为总线型局域网、环型局域网、星型局域网和混合型局域网等类型。这种分类方法最常用。

（2）按传输介质分类：若局域网的传输介质采用同轴电缆、双绞线、光纤等，可把局域网称为有线局域网；若局域网的传输介质采用红外线、微波等，则可以称为无线局域网。

（3）按访问传输介质分类：可以分为以太网（Ethernet）、令牌网（Token Ring）、FDDI网、ATM网等。

（4）按信息的交换方式分类：可以分为交换式局域网、共享式局域网等。

6.2.2 局域网常见设备

局域网常用的设备有各种类型的终端设备（如服务器、客户机等）、双绞线等传输介质、网卡、通信连接部件（如交换机、路由器等）与通信协议软件。

6.2.2.1 网卡

网卡是一种被设计用来允许计算机在计算机网络上进行通信的计算机硬件，如图6.2.1所示。网卡的主控制芯片是网卡的核心元件。一块网卡性能的好坏，主要就是看这块芯片的质量。网卡芯片的型号决定了网卡的型号，如图6.2.2所示。网卡芯片的厂商主要有Intel、Realtek、3Com、Marvell、Broadcom、Davicom、Atheros、VIA、SIS等。

图6.2.1 网卡   图6.2.2 网卡芯片

每块网卡的ROM中烧录了一个世界唯一的ID号，即MAC地址。这个MAC地址表示安装这块网卡的主机在网络上的物理地址，由48位二进制数组成，通常分为6段，一般用十六进制表示，如00-17-42-6F-BE-9B。局域网中根据这个地址进行通信。在Windows控制台命令窗口中，用ipconfig /all命令可查看网卡芯片型号、MAC地址和网络连接等信息。图6.2.3为用ipconfig/all命令查看网卡MAC地址。

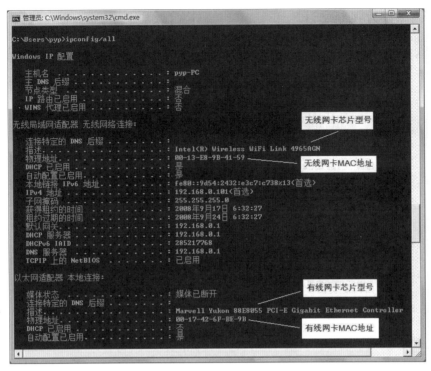

图6.2.3 用ipconfig/all命令查看网卡MAC地址

6.2.2.2 双绞线

双绞线（Twisted Pair，TP）是一种综合布线工程中最常用的传输介质，是由两根具有绝缘保护层的铜导线组成的。把两根绝缘的铜导线按一定密度互相绞在一起，每一根导线在传输中辐射出来的电波会被另一根导线上发出的电波抵消，有效降低信号干扰的程度。双绞线一般由两根22～26号绝缘铜导线相互缠绕而成，"双绞线"的名字也是由此而来。实际使用时，常把多对双绞线一起包在一个绝缘电缆套管里。如果把一对或多对双绞线放在一个绝缘套管中便成了双绞线电缆，但日常生活中一般把"双绞线电缆"直接称为"双绞线"。

与其他传输介质相比，双绞线在传输距离、信道宽度和数据传输速度等方面均受到一定限制，但价格较为低廉。

（1）双绞线的分类。

根据有无屏蔽层，双绞线分为屏蔽双绞线（Shielded Twisted Pair，STP）与非屏蔽双绞线（Unshielded Twisted Pair，UTP）。按照频率和信噪比进行分类，双绞线分为一类线（CAT1）、二类线（CAT2）、三类线（CAT3）、四类线（CAT4）、五类线（CAT5）、超五类线（CAT5e）、六类线（CAT6）、超六类线（CAT6A）与七类线（CAT7），其中最常用的是五类线、超五类线与六类线。双绞线类型的数字越大，则版本越新、技术越先进、带宽越宽，当然价格也越贵。

（2）双绞线的连接标准。

EIA/TIA定义了两个双绞线连接的标准：T568A和T568B，如图6.2.4所示。T568A所定义的RJ-45连接头各引脚与双绞线各线对排列的线序是白绿、绿、白橙、蓝、白蓝、橙、白棕、棕。而T568B的线序是白橙、橙、白绿、蓝、白蓝、绿、白棕、棕。我们最常用的是T568B的连接标准。双绞线的两端都采用T568A或T568B，称为直通线。双绞线的一端采用T568A，而另一端采用T568B，则称为交叉线。目前，交叉线的使用场景已不多见。

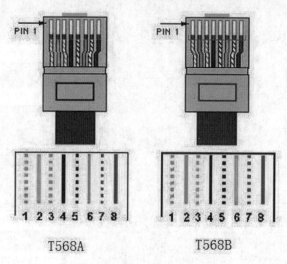

图6.2.4　双绞线连接标准

6.2.2.3　交换机

交换机是一种用电（光）信号转发的网络设备。它可为接入交换机的任意两个网络节点提供独享的电信号通路。最常见的交换机是以太网交换机，如图6.2.5所示，还有电话语音交换机、光纤交换机等。以太网交换机工作于OSI参考模型的第二层，即数据链路层。交换机拥有一条高带宽的背部总线和内部交换矩阵，在同一时刻可进行多个端口对之间的数据传输。交换机的传输模式有全双工、半双工、全双工/半双工自适应。

目前市场上交换机可分为网管交换机和非网管交换机。网管交换机主要有通过管理端口执行监控交换机端口、划分VLAN、设置trunk端口等功能。由于网管交换机具备VLAN、CLI、SNMP、IP路由、QoS等功能，故它经常被使用在网络的核心层与汇聚层。非网管交换机是一种即插即用的以太网交换机，由于非网管交换机不需要任何设置，插上网线即可使用，也被称为傻瓜型交换机。

在复杂的数据中心和大型企业网络中，网络需要不断传输大量数据，这时交换机要承担成千上万的数据流量传输，在此情况下选择一款网管交换机是非常明智的做法，因为网管交换机可以根据交换机上的设备和用户，对网络设备进行检测管理和用户控制管理。而在小型办公室、家庭等简单的网络环境中，不需要复杂的管理功能，因此可以选择非网管交换机，因为非网管交换机的价格相对于网管交换机来说更便宜、更实惠。

图6.2.5　以太网交换机

6.2.2.4 路由器

路由器是连接两个或多个网络的硬件设备，在网络间起网关的作用，是读取每一个数据包中的地址然后决定如何传送的专用智能性的网络设备。它能够理解不同的协议，例如某个局域网使用的以太网协议、因特网使用的TCP/IP协议。这样，路由器可以分析各种不同类型的网络传来的数据包的目的地址，把非TCP/IP网络的地址转换成TCP/IP地址，或者反之；再根据选定的路由算法把各数据包按最佳路线传送到指定位置。路由器一般位于局域网的边界，起到连接多个局域网或连接局域网与Internet的作用。我们最常接触的路由器是家用的无线路由器，如图6.2.6所示。

图6.2.6 无线路由器

无线路由器一般都有一个WAN端口，也就是连接因特网等外部网络的接口；其余2～4个端口为LAN端口，用于连接局域网内部设备或主机；其内部有一个网络交换机芯片，专门处理LAN接口之间的信息交换，如图6.2.7所示。无线路由器的WAN端口和LAN端口之间的路由工作模式一般都采用NAT（Network Address Translation）方式。当然，其实无线路由器也可以作为有线路由器使用。

图6.2.7 无线路由器的接口

6.2.2.5 服务器

服务器（Server）是为网络上的其他计算机提供信息资源的功能强大的计算机。根据服务器在网络中所起的作用，其进一步划分为文件服务器、打印服务器、通信服务器等。例如，文件服务器可提供大容量磁盘存储空间为网络中各微机用户共享；打印服务器负责接收来自客户机的打印任务，管理安排打印队列和控制打印机的打印输出；通信服务器负责网络中各客户机对主计算机的联系，以及网与网之间的通信等。

在基于PC的局域网中，网络的核心是服务器。服务器可由高档微机、工作站或专门设计的计算机（即专用服务器）充当。各类服务器的职能主要是提供各种网络上的服务，并实施网络的各种管理。

6.2.2.6　客户机

客户机是连接服务器的计算机，使用服务器共享的文件、打印机和其他资源。客户机是网络软件运行的一种形式，通常采用客户机/服务器（C/S）结构的系统，有一台或多台服务器以及大量的客户机。服务器配备大容量存储器并安装数据库系统，用于数据存放和数据检索；客户端安装专用的软件，负责数据的输入、运算和输出。客户机和服务器都是独立的计算机。当一台连入网络的计算机向其他计算机提供各种网络服务（如数据、文件的共享等）时，就被叫作服务器。那些访问服务器资料的计算机则被叫作客户机。

6.2.3　IP地址基础

网络上的所有计算机，从大型计算机到微型计算机都是以独立的身份出现的。为了实现各主机间的通讯，每台主机都必须有一个唯一的网络地址，就好像每一个住宅都有唯一的门牌号一样，这样才不至于在数据传输时出现混乱。网络上计算机的地址必须是唯一的，它由TCP/IP协议中的IP协议提供，故称为IP地址。

6.2.3.1　IP地址的格式

根据TCP/IP协议标准，IP地址是一个32位的二进制数（即四个字节）。为了简化表示，在书写时，通常每个字节用十进制表示，即将IP地址记为四个十进制数（0～255），每相邻两个十进制数之间用英文小圆点（.）分隔，通俗地称之为点分十进制。IP地址的格式如图6.2.8所示。例如，210.37.0.32表示海南教育科研网的某台主机的IP地址。采用这种编址方式可使Internet容纳约40亿台主机。

图6.2.8　IP地址的格式

6.2.3.2　IP地址的结构

IP地址采用分层结构，由网络标识和主机标识两部分组成，如图6.2.9所示。网络标识即网络地址，用来标识一个网络。主机标识即主机地址，用来标识一台主机。采用分层结构的目的是便于寻址，即按照IP地址中的网络地址找到Internet中的一个物理网络，再在该网络中找到主机地址。

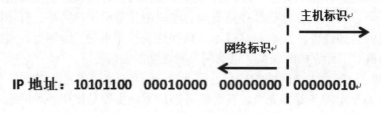

图6.2.9　IP地址的结构

6.2.3.3　IP地址的分类

Internet地址根据网络规模的大小分为A类、B类、C类、D类和E类五种类型，其中A、B和C类是基本的Internet地址，为主类地址（表6.2.1）；D、E类为次类地址，D类被称为多播地址，而E类地址尚未被使用。

（1）A类地址。

网络地址空间占7位，允许126个不同的A类网络，起始地址为1～126，0和127两个地址用于特殊目的。每个网络的主机地址多达2^{24}（16777216）个，格式为1～126.X.Y.Z。适用于有大量主机的大型网络。

（2）B类地址。

网络地址空间占14位，允许2^{14}（16384）个不同的B类网络，起始地址为128～191。每个网络能容纳主机多达2^{16}（65536）个，格式为128～191.X.Y.Z。适用于中型网络，如国际大公司和政府机构等。

（3）C类地址。

网络地址空间占21位，允许2^{21}（2097152）个不同的C类网络，起始地址为192～223。每个网络能容纳主机多达2^{8}（256）个，格式为192～223.X.Y.Z。适用于小型网络，如一些小公司或研究机构等。

表6.2.1　主类地址

网络类别	最大网络数	IP 地址范围	最大主机数	私有 IP 地址
A	126（2^7-2）	1.0.0.0—126.255.255.255	$2^{24}-2$	10.0.0.0—10.255.255.255
B	16384（2^{14}）	128.0.0.0—191.255.255.255	$2^{16}-2$	172.16.0.0—172.31.255.255
C	2097152（2^{21}）	192.0.0.0—223.255.255.255	2^8-2	192.168.0.0—192.168.255.255

6.2.3.4　IP地址的分配

IP地址由于国际组织网络信息中心（Network Information Center, NIC）负责统一分配。NIC直接分配A类地址并授权全球各大洲的网络信息中心来分配B类地址。InterNIC、ENIC和APNIC负责分配B类地址：InterNIC负责北美地区的分配工作；ENIC负责欧洲地区的分配工作；APNIC负责亚太地区的分配工作。C类地址由地区网络中心向国家级信息中心申请分配。

6.2.3.5　子网与子网掩码

1．子网

在计算机网络的实际应用中发现，32位长的IP地址表示的网络数是有限的，在分配网络号时会遇到网络数不够的问题。解决方法之一是将IP地址格式中的主机地址部分划分出一定的位数用来作为本网的各个子网，剩余部分作为相应子网的主机地址。划分多少位给子网，主要根据实际应用中需要子网的数目来定。这样，IP地址在逻辑上就分为"类别—网络—子网—主机"四个部分。通过子网技术将某个大型网络划分为若干个小的子网，可以有效提高网络性能。解决方法之二是采用更长的二进制来表示IP地址，正在研究试验中的下一代IP协议IPv6即采用128位IP编址方案。IPv6（128位）向下兼容现行的IPv4（32位）。

2．子网掩码

为了识别子网，需要使用子网掩码，通过子网掩码来告诉本网如何划分子网。子网掩码也是一个32位的二进制地址，其中IP地址的类别位、网络标识位和子网标识位，用二进制数1表示，而主机位用二进制数0表示。

例如，将一个C类地址划分为两个子网，两个子网需要2位来表示，那么主机位剩下6位。该C类地址的子网掩码的二进制表示为11111111 11111111 11111111 11000000，用点分十进制可表示为255.255.255.192。

如果某类地址不划分子网，则该类地址的子网掩码称为默认子网掩码。A类地址的默认子网掩码为255.0.0.0；B类地址的默认子网掩码为255.255.0.0；C类地址的默认子网掩码为255.255.255.0。

6.2.4　小型局域网的组建

两台计算机用交叉网线相连，即可组成最简单的局域网，我们称之为对等网。当然，根据构成局域网的设备、终端数量的不同，局域网具有不同的规模，图6.2.10是最简单的对等网。

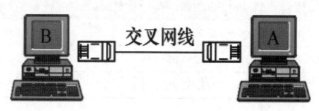

图6.2.10　对等网

局域网组网的步骤一般为网络规划、布线、网线制作、网卡配置与网络设备调试等。下面根据一个家庭局域网组网为例，分析小型局域网组网过程中，指导网卡、路由器配置等操作，布线与网线制作仅需了解即可，非专业人员不建议自己布线和制作网线。

6.2.4.1　硬件组成

（1）计算机：台式计算机两台。
（2）网线：超五类非屏蔽双绞线，两端采用T568B标准。
（3）无线路由器。
（4）ADSL modem。

6.2.4.2　设备连接

如图6.2.11所示，将两台台式计算机用双绞线连接无线路由器的LAN口，将ADSL Modem用双绞线连接无线路由器的WAN口。

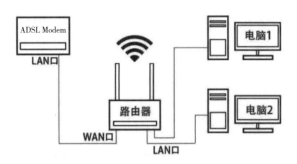

图6.2.11 局域网设备连接示意

6.2.4.3 网卡的安装与设置

目前最常见的网卡是PCI网卡和主板集成网卡，台式机与笔记本电脑都有集成的网卡，不需要另行安装，PCI网卡需另外单独购买与安装。

1．PCI网卡的安装

在断电的状态下将网卡插入计算机的PCI插槽中，固定好；装配好其他配件。启动计算机，Windows操作系统会自动检测到新硬件——网络适配器（网卡），根据安装向导完成网卡驱动程序的安装。还可以在启动后单击【控制面板】窗口中的【添加设备】，根据打开的【添加设备向导】完成网卡驱动程序的安装。

2．IP地址的设置

打开【控制面板】，在【控制面板】中，打开【网络和共享中心】界面，如图6.2.12所示。

图6.2.12 【网络和共享中心】界面

在【网络和共享中心】界面，单击【更改适配器设置】，打开【网络连接】界面（图6.2.13）。

图6.2.13 【网络连接】界面

在【网络连接】界面找到【以太网】或【本地连接】（根据操作系统版本不同，选项不同），点击鼠标右键，选择【属性】，打开【以太网属性】窗口，如图6.2.14所示。

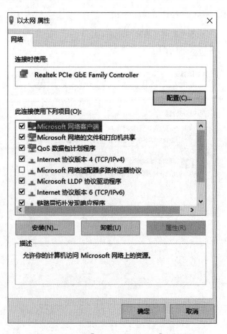

图6.2.14 【以太网属性】窗口

在【以太网属性】窗口中，找到【Internet协议版本4（TCP/IPv4）】，双击打开IP地址配置界面。在这个界面可以对计算机进行IP地址的配置，如图6.2.15、图6.2.16所示。

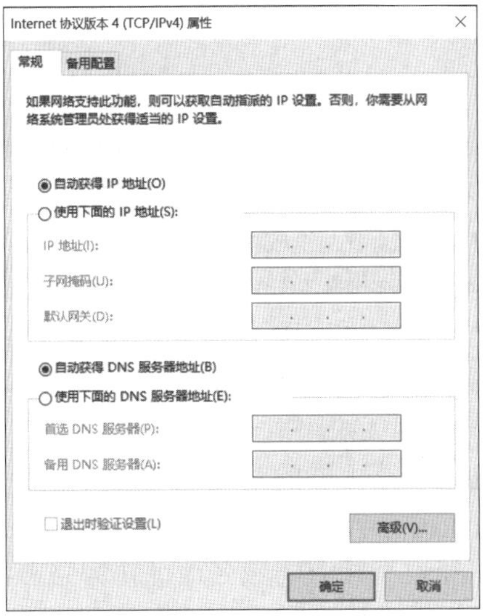

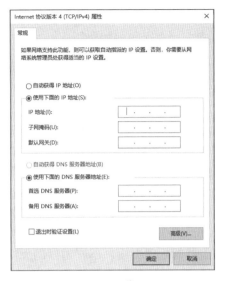

图6.2.15　自动获得IP地址　　　　　图6.2.16　手动给计算机配置IP地址

在网络中，计算机等终端配置IP地址有两种方式。一种是让计算机从DHCP服务器自动获得IP地址，在我们这个小型局域网中，无线路由器具有DHCP服务的功能，可以给接入无线路由器的两台计算机分配IP地址，可以在计算机中用ipconfig指令查看自动获取到的IP地址。另一种是手动给计算机配置IP地址。为了保证局域网的计算机间能正常通信，网络中的计算机配置的IP地址必须处于同一个网段，并且互不相同，不然会出现IP地址冲突的情况。在实际的网络环境中，我们将这两台计算机的IP地址配置为与无线路由器LAN口网段一致的私有IP地址。

我们可以通过ping指令对网络连通性进行测试。这里使用ping命令测试两台计算机间以及计算机与无线路由器间的通信情况，如图6.2.17所示。

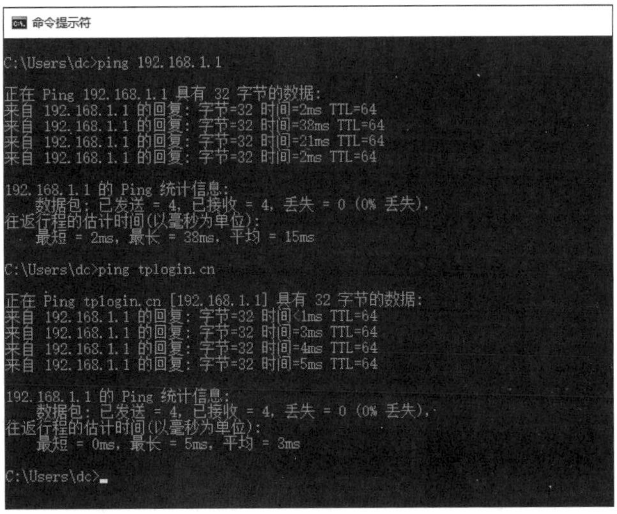

图6.2.17　局域网连通性测试

经测试，目前局域网内两台计算机间网络通信正常，计算机与无线路由器间的网络通信也正常，因此局域网内目前通信正常，但局域网内的计算机暂时还无法访问因特网。为了使局域网内的计算机与无线终端等设备能访问因特网，还需要对无线路由器进行配置。

6.2.4.4　无线路由器配置

无线路由器是连接局域网与Internet的主要设备，为了保证局域网内的计算机能正常访问Internet，无线路由器必须进行正确的配置。如果无线路由器没有配置正确，局域网内的计算机只能进行内部通信，而无法访问因特网。前面，我们已经用双绞线连接了计算机的网卡与无线路由器的LAN口，并且计算机网卡配置了与无线路由器LAN口相同网段的IP地址，使得计算机与无线路由器间可以进行正常网络通信。因此，我们可以通过计算机对无线路由器进行相关配置，当然我们也可以通过手机等无线终端连接无线路由器的无线信号，然后通过手机等对无线路由器进行配置。这里我们通过计算机对无线路由器进行配置。

打开计算机的浏览器，输入路由器的管理地址，路由器的管理地址也就是无线路由器的LAN口IP地址，即局域网的网关。例如，我们在浏览器中输入http://192.168.1.1，既可打开无线路由器的管理页面，不同型号的无线路由器也有相应的域名地址作为路由器的管理页面的网址，一般无线路由器的管理地址或域名以及路由器的系统管理员默认账号与密码均会标识于无线路由器底部的铭牌上，如图6.2.18所示。

图6.2.18　无线路由器铭牌

我们采用TP-LINK AC1200双频无线路由器为例，通过浏览器打开无线路由器的管理主页面，如图6.2.19所示。

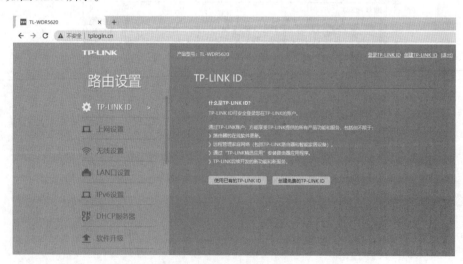

图6.2.19　无线路由器管理主页面

在无线路由器的管理主页面点击【上网设置】，打开【基本设置】页面，如图6.2.20所示。在该页面中设置无线路由器连接Internet的方式，由于我们采用PPPOE拨号上网的方式连接Internet，在【上网方式】选项中我们选择【宽带拨号上网】，与此同时，输入上网的ISP提供的宽带账号与密码。通过这种方式无线路由器的WAN口在拨号成功后会自动获取到合法的公网IP地址，局域网内的计算机等设备均会通过无线路由器的NAT功能将内部设备的私有IP地址转换为WAN口的公网IP地址与互联网进行通信，使局域网内的设备均可以访问互联网。NAT的过程由无线路由器自动进行，无须用户干预。

图6.2.20　无线路由器上网设置

由于无线路由器还可提供无线信号供手机、平板等终端使用，因此还需配置无线路由器的SSID信息和无线网络密码等。在无线路由器的管理主页面点击【无线设置】进入【无线设置】页面，在【无线设置】页面可以对无线路由器的SSID信息和无线网络密码进行配置，如图6.2.21所示。

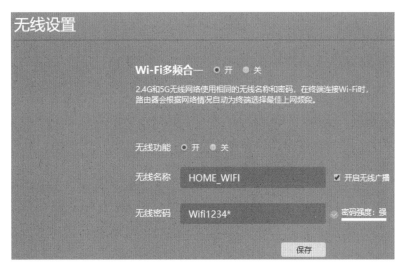

图6.2.21　无线路由器SSID与密码设置

至此，无线路由器已经配置完成，在计算机上打开浏览器，测试是否可以正常访问互联网，也可以通过前文介绍的ping指令测试互联网的访问是否正常。我们用ping指令测试局域网中的主机到搜狐门户网站的网络通信情况，如图6.2.22所示，这说明局域网中的主机已经能正常访问互联网。

图6.2.22　网络连通性测试

经过以上步骤，整个小型局域网的组网全部完成，并通过测试。经过该小型局域网的组网过程，相信读者对局域网的相关知识、网络设备及配置过程均有了较为全面的了解。

6.3　Internet及其应用

Internet的中文译名为"因特网"，又称为"互联网"，它是由全球范围内的开放式计算机网络连接而成的计算机互联网，也可以简单定义为网络的网络、网络的集合。Internet将分布在全世界各地成千上万的结构不同的计算机和规模不一的局域网、广域网等计算机网络通过网络互联设备和通信线路连接起来，其使用的核心协议是TCP/IP协议，并在此基础上形成了像蜘蛛网一样的网状结构，各种信息在上面快速地自由传递，构成一条信息的高速公路，使得人们可在全球范围内自由地交换各种各样的信息。因此，Internet是当今世界上最大的信息网，是人类最大的知识宝库。

在当今信息技术高速发展的社会里，信息是非常关键的资源。那么，如何实现不受时间、空间的限制而自由、广泛、快速地获取各种信息呢？Internet的出现使人们梦想成真。由于Internet的广泛应用，掌握Internet的基础知识和基本应用已是当今社会生存的基本技能。

6.3.1　Internet的起源与发展

Internet起源于历史上美苏冷战时期美国军方的一项研究计划，它的前身是1969年美国国防部下属的高级研究计划局（Advanced Research Project Agency，ARPA）资助建立的实验性网络——ARPANET。

当时美国国防部认为，如果仅有一个集中的军事指挥中枢，万一这个中枢被敌方摧毁，全国的军事指挥系统可能处于瘫痪状态，后果将不堪设想。因此，需要设计出一个通信网络系统，能把各个分散的军事指挥中心连接起来，当部分指挥中心被摧毁后，其他指挥中心仍可通过通信网络保持联系，从而统一指挥。

为了对这一构思进行研究，ARPA资助建立了一个名为ARPANET的实验性网络，最初只连接加州大学伯克利分校、斯坦福大学和犹他州立大学的4台计算机主机，研究的目标是当网络中的一部分遭到破坏时，其余部分仍能正常工作。

20世纪70年代，美国国防部为了使卫星通信网和无线分组通信网也能加入ARPANET中，研制出TCP/IP协议，它使得原本互相独立的体系结构中不同的网络得以连接成为一个整体。ARPANET不断发展壮大。到1972年，有50多所大学和研究所加入与ARPANET的连接。1983年，已有100多台不同体系结构的计算机连接到ARPANET上。TCP/IP协议成为ARPANET上的标准通信协议，Internet的雏形已经形成。

20世纪80年代，由于个人计算机性能不断提高，价格不断降低，个人计算机得到蓬勃发展，基于信息交换和资源共享的需求越来越迫切。当时，美国国家科学基金会（National Science Foundation，NSF）也认识到要使美国在未来的竞争中保持不败，应该使众多科学家和工程人员都能使用网络。20世纪80年代后期，局域网得到了迅速的发展和广泛的应用，网络技术也取得了巨大进展，为建立大规模广域网奠定了基础。NSF获取美国国会的资金支持开始建立一个新的广域网，称为NSFNET。最初，NSF曾试图利用ARPANET作为NSFNET的通信干线，但由于ARPANET的军用性质，并且其受控于政府机构，故该计划没有取得成功。1989年，由ARPANET分离出来的MILNET实现和NSFNET连接后，开始使用Internet这个名称。此后，许多其他计算机网络开始相继并入Internet，如能源科学网ESNET、航天技术网NASNET、商业网COMNET等。在ARPANET宣布解散后，真正的Internet出现了。

20世纪90年代，Internet全面开放，全球各大商业机构纷纷进入Internet，使Internet原来以科研教育为主的运营性质发生了突破，开始了Internet商业化的新进程。以美国为中心的网络互联迅速向全球发展，联入的国家和地区日益增加，逐渐形成一个覆盖全球的网络。Internet自建立和发展过程中所持的开放策略，使许多大公司发现Internet是与遍及全球的雇员保持联系以及与其他公司合作的极好方式，这使得Internet进入一个极速增长期。这时，特别是个人计算机大量涌入家庭，Internet服务提供商（ISP）开始为个人访问Internet提供各种服务，Internet的成员呈指数式增长。

Internet以惊人的速度发展，从而引发了一场"信息大爆炸"。今天，人们可以在Internet上进行学习、工作、娱乐，开始崭新的生活，标志人类社会进入了网络信息时代。

6.3.2　Internet信息服务与应用

Internet是世界上最大的信息资源库，同时也是最方便、快捷、廉价的通讯媒介。人们足不出户就能获取各种信息、寻求帮助、进行交流和接受各种信息服务。Internet可以提供以下主要的信息服务与应用。

6.3.2.1 WWW服务

1．WWW简介

WWW（World Wide Web，简称Web或3W）即万维网，是一个分布的、动态的、多平台的交互式图形化界面信息查询、发布系统。在Internet上，分布着许许多多Web站点（或称为网站），这些Web站点上存储了各种各样的信息。这些信息是以超文本标记语言HTML（Hypertext Markup Language）编写的，它们以网页形式存储、以超文本传输协议HTTP（Hyper Text Transfer Protocol）进行传送。世界各地的用户在浏览器软件（如IE浏览器、Firefox浏览器等）的地址栏输入网页的地址，就可以浏览到各种图文、音乐、动画等。WWW服务（3W服务）是目前应用最广泛的一种基本的互联网应用，我们每天上网都要用到这种服务。由于WWW服务使用的是超文本链接（HTML），用户可以很方便地从一个信息页转换到另一个信息页，如图6.3.1所示。

图6.3.1　WWW服务

2．统一资源定位器

在Internet中，要浏览某些信息，就必须知道这些信息所在的位置，WWW使用统一资源定位器（Uniform Resource Locator, URL）定义资源所在地址。URL即通常所说的"网址"。每一个资源文件无论以何种方式存放在何种服务器上，都有唯一的URL地址。通过URL，用户可以访问Internet上任何一台主机或者主机上的文件。

URL的一般格式为<协议>://<主机名>[:端口号]/<路径>/<文件名>。其中，常用的协议有超文本传输协议（http）、文件传输协议（ftp）、电子邮件协议（mailto）、远程登录协议（telnet）与本地文件访问（files）；主机名是指访问的服务器的主机域名或IP地址；端口号一般不需要指定，只有当服务器的相关服务所使用的端口号不是缺省端口号时才指定（例如HTTP的缺省端口号为80）；路径是指访问的资源文件在WWW服务器上的路径；文件名是指访问的资源文件的名称，如果是网站的主页则可以缺省。

6.3.2.2　电子邮件

电子邮件（E-mail）是Internet中目前使用最频繁、最广泛的服务之一，利用电子邮件不仅可以发送文本信息，还可以传送声音、图像等信息。邮件服务器有两种服务类型：

"发送邮件服务器"（如SMTP服务器）和"接收邮件服务器"（如POP3服务器）。发送邮件服务器采用SMTP（Simple Mail Transfer Protocol）协议，即简单邮件传输协议，其作用是将用户的电子邮件转交到收件人的邮件服务器中。接收邮件服务器采用POP3协议（Post Office Protocol），用于将发送的电子邮件暂时寄存在接收邮件服务器里，等待接收者从服务器上将邮件取走。E-mail地址中"@"后的字符串就是一个POP3服务器名称。图6.3.2为电子邮件收发示意图。

与传统的邮政通信相比，E-mail不仅具有传输速度快、费用低、效率高等优点，而且不受时间和地点的限制。随着Internet的不断发展，众多Internet服务提供商（ISP）与互联网企业向公众提供了免费的E-mail服务。E-mail也迅速普及，成为最受用户欢迎的网络通信方式之一。

图6.3.2　电子邮件收发示意

6.3.2.3　域名解析

网络中，主机进行相互通信必须要知道对方的IP地址信息。由于数字形式的IP地址很难记忆和理解，不方便使用，因此，Internet采用英文符号来给网络中的主机命名，用来表示主机地址，这就是域名地址。

域名系统（Domain Name System, DNS）是Internet采用字符给主机命名的一种系统。DNS可以给Internet上的每一台主机赋予一个唯一的有直观意义的标识名，并与IP地址一一对应，这个标识名就是域名。域名系统主要由域名空间的划分、域名管理和地址转换三部分组成。Internet上采用域名服务器来实现域名系统的功能，Internet上服务器的主机名及其IP地址存储在一台或多台DNS服务器中，以便Internet中的用户通过主机的域名来搜索对应的IP地址。图6.3.3为域名解析过程示意图。

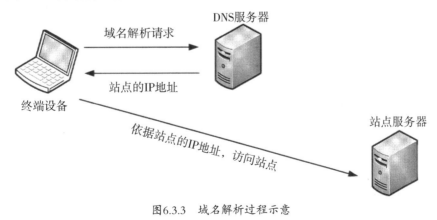

图6.3.3　域名解析过程示意

服务器的主机名必须在DNS服务器中注册，才能使客户端通过服务器的主机名访问服务器以获取服务器提供的各项服务。所谓域名注册，是将主机名和IP地址记录在DNS服务器中数据库的一个列表中，据此DNS服务器才能为客户端提供存储和搜索服务器的主机名和IP地址，使两者唯一地对应起来。

正是由于Internet的域名解析服务，人们才能方便地访问网络上的各类信息资源，如果没有域名解析服务，访问网络上的资源必须熟记众多服务器的IP地址，这不利于各类信息资源的发布与获取。比如我们访问海南医学院的门户网站，若没有域名解析服务，我们只能通其IP地址进行访问，如图6.3.4所示。

图6.3.4　通过IP地址获取WWW服务

我们通过210.37.79.1这个IP地址成功访问了海南医学院的门户网站。通过Internet提供的域名解析服务，我们也可以通过其域名www.hainmc.edu.cn来访问海南医学院的门户网站，如图6.3.5所示。

图6.3.5　通过域名获取WWW服务

6.3.2.4 搜索引擎

Internet上蕴藏着非常丰富的信息资源，要从这个信息海洋中准确、方便、迅速地找到并获取自己所需的信息，就要借助Internet上的搜索引擎。搜索引擎实际上是一个专用的Web服务器，其主要工作是收集网络上成千上万的网站页面信息，使其组成庞大的索引数据库。用户使用关键词或关键字的简单逻辑组合在搜索引擎上提出查询请求，搜索引擎便会使用相应的匹配方式在索引数据库中查找，然后显示含有该关键词的所有网站、页面和新闻等匹配信息。

搜索引擎已经成为人们在Internet上查询信息的主要工具之一。目前国内最常用的搜索引擎是百度（图6.3.6）、搜狗等，国外常用的搜索引擎有Google等。

图6.3.6　百度搜索引擎

6.3.2.5 博客/微博

博客（Blog），也称为网络日志，是一种通常由个人管理、不定期张贴新的文章的网站。博客上的文章通常根据张贴时间，以倒序方式由新到旧排列。许多博客专注在特定的课题上提供评论或新闻，一个典型的博客结合了文字、图片、其他博客或网站的链接、其他与主题相关的媒体。能够让读者以互动的方式留下意见，是许多博客的重要元素。大部分的博客内容以文字为主，也有一些博客专注于艺术、摄影、视频、音乐、播客等各种主题。

微博即微博客（MicroBlog）的简称，以140字左右的文字更新信息，并实现即时分享，对用户的技术要求较低，而且在语言的编排组织上，没有博客要求那么高。

6.3.2.6 即时通信

即时通信（Instant Messaging）是个实时通信系统，允许两人或多人使用网络实时地传递文字消息、文件、语音与视频交流。不容置疑，即时通信已成为Internet上最为流行的通讯方式，各种各样的即时通信软件也层出不穷，服务提供商也提供了越来越丰富的通讯服务功能。国内最常用的即时通信软件有QQ、微信等。

腾讯QQ是1999年2月由腾讯公司自主开发的基于Internet的即时通信工具，支持在线聊天、视频电话、点对点断点续传文件、文件共享、网络硬盘等多种功能，并可以与移动通信终端等多种通信方式相连。图6.3.7为QQ电脑版登录界面。

微信（WeChat）也是腾讯公司开发的，它诞生于2011年初，是一款跨平台的、支持多人语音对讲的实时通信软件。用户可以通过微信快速发送语音、视频、图片与文字。微信还提供了公众平台、朋友圈、消息推送等功能，用户可以通过"摇一摇""搜索号码""附近的人"以及扫二维码方式添加好友和关注公众平台，同时可以将内容分享给好友以及将看到的精彩内容分享到微信朋友圈。图6.3.8为微信电脑版登录界面。

图6.3.7　QQ电脑版登录界面

图6.3.8　微信电脑版登录界面

第七章

信息安全

7.1 信息安全概述

信息是社会发展的重要资源，随着网络的发展和计算机的普及，计算机网络已经成为人们获得信息的重要途径。然而，网络的开放性使得一些非法组织不断对信息进行"侵犯"和"攻击"，如对信息的篡改、对信息资源的窃取和删除、泄露信息等，使人们在享受信息资源带来的巨大利益的同时，也面临着信息安全的重大考验。

7.1.1 信息安全的定义

国际标准化组织将信息安全定义为："信息安全是为数据处理系统建立和采取的技术和管理的安全保护，保护计算机硬件、软件和数据不因偶然和恶意的原因而遭到破坏、更改和泄漏。"

信息安全涉及信息的保密性、可用性、完整性和可控性。其主要目的是要保障电子信息的有效性。在信息科学研究领域，信息安全是指信息在生产、传输、处理和储存过程中不被泄露或破坏，确保信息的可用性、保密性、完整性和不可否认性，并保证信息系统的可靠性和可控性。

7.1.2 信息安全的内容

一般来说，信息安全主要包括五个方面的内容，即需保证信息的保密性、真实性、完整性、未授权拷贝和所寄生系统的安全性。信息安全本身包括的范围很大，其中包括如何防范商业企业机密泄露、防范青少年浏览不良信息、防范个人信息的泄露等诸多方面。网络环境下的信息安全是指信息系统（包括硬件、软件、数据、人、物理环境及其基础设施）受到保护，不受偶然的或者恶意的原因而遭到破坏、更改、泄露，系统连续、可靠、正常地运行，信息服务不中断，最终实现业务连续性。

从安全范围来说，信息安全包括实体安全、运行安全、信息资产安全和人员安全等内容。所谓实体安全是指保护计算机设备、设施（含网络）以及其他媒体免遭地震、水灾、火灾、有害气体和其他环境事故破坏的措施和过程，包括环境安全、设备安全和媒体安全。运行安全是为了保障系统功能的安全实现，提供的一套安全措施（风险分析、审计跟踪、备份与恢复、应急处理等）来保护信息处理过程的安全。信息资产安全是防止文件与数据等信息资产被故意或偶然地非授权泄露、更改、破坏或使信息被非法的系统辨识、控制，即确保信息的完整性、可用性、保密性和可控性。信息资产安全包括操作系统安全、数据库安全、网络安全、病毒防护、访问控制、加密、鉴别等。人员安全主要是指信息系统使用人员的安全意识、法律意识、安全技能等，人员的安全意识与其所掌握的安全技能有关，而安全技能又与其所接受的安全技能培训有关。因此，人员的安全意识通过培训以及安全技能的积累才能逐步提高，人员安全在特定环境下、特定时间内是一定的。

7.1.3　信息安全的发展

信息安全的发展大致经历了四个时期，如图7.1.1所示。

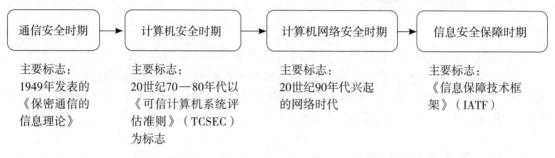

图7.1.1　信息安全发展的四个重要时期

在通信安全时期，通信技术还不发达，计算机存放在不同的地理位置，此时的信息系统安全仅限于保证存放数据的计算机的物理安全以及相应的保密问题。

在计算机安全时期，日益成熟的半导体和集成电路技术推动了计算机的发展，计算机及其网络技术的应用进入了崭新的阶段。人们对信息安全的要求渐渐地扩展为以信息的保密性、完整性和可用性为目标。

在计算机网络安全时期，由于互联网技术的飞速发展，信息的开放性得到了充分展现。信息安全的关注点跨越了时间和空间，传统的信息安全的三个原则逐渐衍生为更加深层次和全面的目标，诸如可控性、抗抵赖性、真实性等。

在信息安全保障时期，人类开始经历从传统安全理念到信息化安全理念的转变过程，更多地从信息化的角度来考虑信息的安全。信息安全从业人员将带着体系性的安全保障理念，除了关注系统的漏洞，还会从业务的生命周期着手，对业务流程进行分析，找出逻辑关键控制点，进行前、中、后三个阶段的防护。

7.2　信息安全技术

为保证信息系统连续、可靠、正常地运行，提供稳定、有效的信息服务，保障业务的连续性，一些现代化信息安全保障技术，诸如访问控制、防火墙、数据加密、数字签名与数字证书等技术被运用于信息安全保障工程的实施。下面主要介绍这些信息安全技术。

7.2.1　访问控制技术

7.2.1.1　访问控制技术的定义

访问控制技术就是通过各种策略对信息访问实施控制，目的是保证信息资源只能够被合理合法地使用，避免和杜绝不必要的麻烦。

访问控制与相应的安全措施之间的关系可以通过图7.2.1来简要说明。该机制会根据预先设定好的规则去检查提出信息访问请求的主体及其行为是否合法，根据检查结果判定该请求是否被允许。

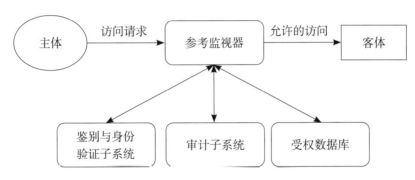

图7.2.1　访问控制与其他安全措施的关系模型

7.2.1.2　访问控制技术的分类与比较

当下比较流行的访问控制技术有自主访问控制、强制访问控制、基于角色的访问控制。

1．自主访问控制

自主访问控制（Discretionary Access Control，DAC）是一种常用的访问控制方式。简单来说，DAC将访问规则存储在访问控制矩阵中，该矩阵的行表示主体，列表示客体，矩阵的每个元素表示某个主体对某个客体的访问授权。每次访问都需要检查该矩阵，如果矩阵中相应元素的值表示允许访问，那么访问就被允许，否则就被拒绝。DAC提供了较强的灵活性，适合许多系统和应用，是安全级别较低的一种访问控制技术。

2．强制访问控制

强制访问控制（Mandatory Access Control，MAC）依据主体和客体的安全级别来决定主体有无对客体的访问权。MAC机制要求预先设定好所有主体和客体的安全级别，比如绝密级、机密级、秘密级和无密级。不同级别标记是实施强制访问控制的重要依据。系统将根据安全级别决定一个主体是否能够访问某个客体。但这种机制容易造成管理不便，因此其灵活性较差。

3．基于角色的访问控制

在基于角色的访问控制（Role-based Access Control，RBAC）中，引入角色（Role）的概念，角色可以根据实际的工作需要随时删除和生成，用户可以根据需要动态地激活被授权的角色，提高了系统灵活性。RBAC技术由于其对角色和层次化管理的引进，非常适用于用户基数大、对可拓展性要求高的大型系统。

7.2.2 防火墙技术

防火墙就是用来阻挡外部不安全因素影响的内部网络屏障，其目的就是防止外部网络用户未经授权的访问。它是一种计算机硬件和软件的结合，使局域网与Internet之间建立起一个安全网关（Security Gateway），从而保护内部网免受非法用户的侵入。防火墙实质上是一种隔离控制技术，其主要目的是在不安全的网络环境下构造一种相对安全的内部网络环境。从逻辑上讲，它既是个分析器又是个限制器，它要求所有进出网络的数据流都必须遵循安全策略，同时将内外网络在逻辑上进行分离。

7.2.2.1 防火墙的分类

防火墙根据分类的依据不同，有不同的分类方法。常用的分类方法有按软硬件形式分类、按防火墙所采用的技术分类等。

1. 根据软硬件形式分类

根据防火墙的软硬件形式，可将防火墙分为软件防火墙、硬件防火墙与芯片级防火墙。

2. 根据防火墙所采用的技术分类

根据防火墙所采用的技术，可将防火墙分为包过滤型防火墙、应用网关型防火墙、混合或复杂网关型防火墙、代理服务型防火墙与状态检测型防火墙五种类型。

7.2.2.2 防火墙的功能

防火墙的功能主要有包过滤、审计和报警、代理、网络地址转换与虚拟专用网络等。

1. 包过滤

作为防火墙的一项基本功能，包过滤通过限制数据包通过防火墙来保证信息安全。

2. 审计和报警

审计功能对防火墙来说是相当重要的，日志会被保存到自身或者独立的主机上，采用各种手段进行分析审计。此外，防火墙也具备一定的报警功能，当发现紧急情况时，可以通过邮件、简讯等方式及时地通知安全管理人员。

3. 代理

网关防火墙的主要功能之一就是代理，代理服务器可以代表客户主机发送请求。防火墙一般有两种形式的代理功能：透明代理、传统代理。

4. 网络地址转换

网络地址转换主要有两种类型：源地址转换和目的地址转换。它们可以解决IP地址短缺的问题，对外屏蔽内部网络结构，同时增加安全性。

5. 虚拟专用网络

最近比较流行的虚拟专用网络一般不使用价格高昂的专线，而是直接传输于公共网络，运用数据加密技术保障信息传输安全。防火墙是构建虚拟专用网络不可或缺的重要成分。

7.2.3　数据加密技术

数据加密（Data Encryption）技术是指将明文（plain text）经过加密钥匙（Encryption key）、加密函数转换，变成不可读的密文（cipher text），而接收方则将此密文经过解密函数、解密钥匙（Decryption key）还原成明文。数据加密技术需要密钥。常用的加密算法有哈希算法、古典密码算法、对称密钥加密算法和非对称密钥加密算法等。

7.2.3.1　哈希算法

哈希算法，又称文件摘要算法，使用单向散列函数，将输入数据转换成具有固定长度的不同结果，这个结果称为哈希值。一般无法根据哈希值推测输入值，而利用单向散列函数则很容易由输入值得到对应的哈希值。这就要求该函数是一个不可逆函数，且结果值与其输入数据之间必须存在一个一一对应的关系。目前常用的哈希算法有SHA，MD5，MD2等。

7.2.3.2　古典密码算法

古典密码算法是根据字母的统计学特性和语言学知识来提出的加密策略。在计算机技术如此发达的今天，使用古典密码加密的密文很容易被破译。古典密码算法主要有代码加密、一次性加密簿加密、替换加密、变位加密等。

7.2.3.3　对称密钥加密算法

较早投入使用且技术比较成熟的，要数对称密钥加密算法，其加密的简化原理如图7.2.2所示。注意，单次加密及其解密使用的加密密钥是一样的。

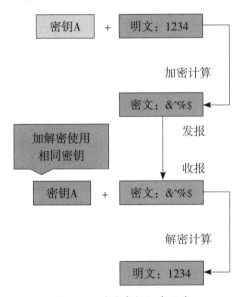

图7.2.2　对称密钥加密示意

7.2.3.4　非对称密钥加密算法

非对称密钥加密算法需要两个不同的密钥：公开密钥和私有密钥。其加密的简化原理如图7.2.3所示。

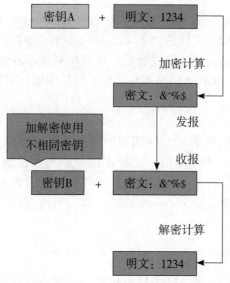

图7.2.3　非对称密钥加密示意

7.2.4　数字签名技术和数字证书

数字签名技术是一种数字技术，为了防止数据发送方的欺骗，运用密码学技术和方法，确认信息发送方的合法性，以期达到和现实生活中一样具有法律效力的签名效果，因此也称为电子签名。

数字证书采用了公开密钥体制，是认证体制中可信任的第三方，通过其可以实现公钥的分配和身份认证。通过使用对称或非对称密码体制等技术建立一套严密的身份验证系统，达到通过签名的数字证书来确认接收方身份的合法性、发送方对自己的行为不能抵赖、信息不被第三人获取、数据传输完好的目的。

7.3　计算机病毒

计算机病毒属于恶意代码的一种，在广义上来讲，计算机病毒就是各种恶意代码的统称。下文将给出计算机病毒的定义，简述计算机病毒的分类、特性、传播方式，同时介绍计算机病毒所带来的危害及防治措施。

7.3.1　计算机病毒的定义

《中华人民共和国计算机信息系统安全保护条例》将计算机病毒明确定义为："计算机程序中插入的破坏计算机功能或者破坏数据，影响计算机使用并且能够自我复制的一组计算机指令或者程序代码。"

7.3.2　计算机病毒的分类

各种不同种类的计算机病毒有着各自不同的特征，它们产生的危害也各不相同。

7.3.2.1　按传染方式分类

计算机病毒按传染方式可分为引导型病毒、文件型病毒、混合型病毒和网络病毒。

7.3.2.2　按传播媒介分类

计算机病毒按传播媒介可分为单机病毒与网络病毒。

7.3.2.3　按破坏性分类

根据病毒破坏性，计算机病毒可划分为良性病毒和恶性病毒。

1．良性病毒

良性病毒是指对计算机系统不产生直接破坏作用代码的计算机病毒。这类计算机病毒为了表现其存在，只是不停地进行传播，并不破坏计算机内的数据。但它会使系统资源急剧减少，可用空间越来越少，最终导致系统崩溃。

2．恶性病毒

恶性病毒是指代码中包含损伤和破坏计算机系统的操作，在其传染激发时会对系统产生直接破坏作用的计算机病毒，例如破坏磁盘扇区、格式化磁盘导致数据丢失等的计算机病毒。

7.3.2.4　按链接方式分类

根据病毒的链接方式，计算机病毒可分为源码型病毒、嵌入型病毒、外壳型病毒、译码型病毒、操作系统型病毒等。

7.3.2.5　按攻击机器对象分类

按病毒攻击的机器类型，计算机病毒可分为攻击微型机的计算机病毒、攻击小型机的计算机病毒和攻击工作站的计算机病毒。

7.3.3　计算机病毒的特性

计算机病毒一般具有可执行性、传染性、触发性、主动攻击性、针对性、非授权性、隐蔽性、潜伏性、衍生性、破坏性、寄生性、不可预见性、欺骗性，以及持久性等特征。

7.3.3.1　传染性

传染性是病毒的基本特征。计算机病毒也会像生物病毒一样通过各种渠道从已被感染的计算机扩散到未被感染的计算机，在某些情况下造成被感染的计算机工作失常甚至系统瘫痪。

7.3.3.2　非授权性（非法性）

一般正常的程序是由用户调用，再由系统分配资源，完成用户交给程序的任务。其目的对用户是可见的、透明的。而计算机病毒具有正常程序的一切特性，它隐藏在正常程序中，当用户调用正常程序时窃取到系统的控制权，先于正常程序执行，未经授权而执行。计算机病毒的动作、目的对用户是未知的，是未经用户授权的。

7.3.3.3 隐蔽性

计算机病毒一般是十分简短的一小段程序代码，可能嵌入正常程序或磁盘中，也有个别的以隐含文件的形式出现，目的是不让用户发现它的存在。大部分计算机病毒的代码之所以设计得非常短小，也是为了隐藏。计算机病毒一般只有几百字节或1 KB，而PC机对DOS文件的存取速度可达每秒几百KB以上，所以计算机病毒转瞬之间便可将短短的几百字节附着到正常程序中。

7.3.3.4 潜伏性

一个编制精巧的计算机病毒程序进入系统之后一般不会马上发作，可以在几周、几个月甚至几年内隐藏在合法文件中传染给其他系统，而不被人发现。潜伏性越好，其在系统中的存在时间越长，传染范围就越大。

7.3.3.5 破坏性

所有的计算机病毒都是一种可执行程序，而这一可执行程序又必然要运行，所以对系统来讲，所有的计算机病毒都存在一个共同的危害，即降低计算机系统的工作效率、占用系统资源，其具体情况取决于入侵系统的计算机病毒程序。

7.3.4 计算机病毒的传播方式

计算机病毒的传播方式有通过网络传播和通过硬件设备传播两种。

7.3.4.1 通过Internet传播

在互联网上，计算机病毒主要有如下传播方式。
（1）通过电子邮件传播。
（2）通过浏览网页和下载软件传播。
（3）通过即时通信软件传播。
（4）通过网络游戏传播。

7.3.4.2 通过局域网传播

局域网是在本地进行组网的一组计算机，它们之间一般有比较频繁的数据传输。因此，计算机病毒极有可能在此类网络进行传播，而且造成的影响十分明显。

7.3.4.3 通过不可移动的计算机硬件设备传播

计算机的专用集成电路芯片（application specific integrated circuit, ASIC）和硬盘是计算机病毒的重要传播媒介。

通过ASIC传播的计算机病毒极为少见，但其破坏力却极强，一旦遭受计算机病毒侵害将会直接导致计算机硬件的损坏。

硬盘是计算机数据的主要存储介质，因此也是计算机病毒感染的重灾区。硬盘传播计算机病毒的途径有向光盘上刻录带毒文件、硬盘之间的数据复制，以及将带毒文件发送至其他地方等。

7.3.4.4 通过移动存储设备传播

更多的计算机病毒逐步转为利用移动存储设备进行传播。常见的磁带、光盘、移动硬盘、U盘等移动存储设备携带方便，因此也成为计算机病毒寄生的"温床"。此外，大容量可移动存储设备，如Zip盘、可擦写光盘、磁光盘（MO）等，也是计算机病毒寄生的场所。

7.3.5 计算机病毒的防治

计算机病毒危害极大，一旦传播开来，会对计算机系统造成一定的损害甚至严重破坏，给广大计算机用户造成严重的甚至无法弥补的损失。但是，只要了解了计算机病毒知识，并有效地防治计算机病毒，就能大大减少其带来的危害。

7.3.5.1 计算机病毒预防措施

事实证明，预防才是解决问题的关键。做好计算机病毒预防工作能够给用户带来可观甚至超出预期的经济回报。计算机病毒的预防措施可以有以下几项。

（1）不使用盗版或来历不明的软件，尤其不能使用盗版的杀毒软件。

（2）安装正版有效的防毒软件，并经常升级病毒库。

（3）购买的计算机在使用之前首先要进行病毒检查，以免机器带毒。

（4）制作一张系统引导盘，妥善保管。一旦系统受到计算机病毒侵犯，就可以使用该盘引导系统，进行检查、杀毒等操作。

（5）对外来程序要使用查毒软件进行检查，未经检查的可执行文件不能拷入硬盘，更不能使用。

（6）将硬盘引导区和主引导扇区进行备份，并经常对重要数据进行备份。

7.3.5.2 检测计算机病毒

除了利用反病毒软件进行检测，我们还可以通过观察计算机出现的异常现象来判断计算机是否染毒。下列现象可作为检查计算机病毒的参考。

（1）计算机系统出现异常死机和重启现象。

（2）屏幕出现与用户行为无关的异常滚动现象。

（3）屏幕出现一些无意义的显示画面或异常的提示信息。

（4）系统不承认硬盘或硬盘不能引导系统。

（5）机器喇叭自动产生鸣叫。

（6）系统应答或程序载入时速度明显减慢。

（7）文件或数据无故丢失，或文件长度自动发生变化。

（8）磁盘出现坏簇或可用空间变小，或不识别磁盘设备。

（9）编辑文本文件时，频繁自动存盘。

7.3.5.3 清除计算机病毒的方法

发现计算机病毒应立即清除，将病毒危害降到最低。发现计算机病毒后的解决方法如下。

（1）备份重要的数据文件。

（2）下载、更新并启动最新的杀毒软件，对整个计算机系统进行病毒扫描。

（3）查出病毒后，利用杀毒软件进行自动化处理。若遇到自己需要的可执行文件染毒，却又无法正常删除病毒，可以删除整个可执行文件再重新安装相应的应用程序。

（4）若遇到某些病毒在当前操作系统下无法完全清除，可使用事先准备好的系统引导盘进行相应操作，进入其他系统运行相关杀毒软件进行清除。

7.3.6 常用杀毒软件

为了对付计算机病毒，人们设计了许多查杀病毒的软件。以下是四种常见的杀毒软件。

7.3.6.1 360杀毒软件

360杀毒软件是360安全中心出品的一款免费的云安全杀毒软件，具有查杀率高、资源占用少、升级迅速等优点。它创新性地整合了五大领先病毒查杀引擎，包括国际知名的BitDefender病毒查杀引擎、小红伞病毒查杀引擎、360云查杀引擎、360主动防御引擎以及360第二代QVM人工智能引擎，为用户提供安全、专业、有效、新颖的查杀防护体验。其防杀病毒能力得到多个国际权威安全软件评测机构认可，荣获多项国际权威认证。图7.3.1为360杀毒软件的主界面。

图7.3.1　360杀毒软件

7.3.6.2 金山毒霸杀毒软件

金山毒霸（Kingsoft Antivirus）是金山网络旗下研发的云安全智扫反病毒软件，融合了启发式搜索、代码分析、虚拟机查毒等经业界证明成熟可靠的反病毒技术，使其在查杀病毒种类、查杀病毒速度、未知病毒防治等多方面达到先进水平，同时它还具有病毒防火墙实时监控、压缩文件查毒、查杀电子邮件病毒等多项先进的功能，可为个人用户和企事业单位提供完善的反病毒解决方案。图7.3.2为金山毒霸杀毒软件的主界面。

图7.3.2　金山毒霸杀毒软件

7.3.6.3　腾讯电脑管家杀毒软件

腾讯电脑管家是腾讯公司出品的一款免费的专业安全软件。其集专业病毒查杀、智能软件管理、系统安全防护于一身，开创了杀毒+管理的创新模式。腾讯电脑管家为国内首个采用"4+1"核"芯"杀毒引擎的专业杀毒软件，其8.0版应用了腾讯自研第二代反病毒引擎，资源占用少，其基于CPU虚拟执行技术能够根除顽固病毒，大幅度提升深度查杀能力。在VB100、AVC、AV–TEST、Check Mark等国际权威杀毒软件评测中，腾讯电脑管家的专业安全能力得到权威认可，成为获得国际权威认证的国产杀毒软件，已跻身国际一流杀毒软件行业。图7.3.3为腾讯电脑管家的主界面。

图7.3.3　腾讯电脑管家杀毒软件

7.3.6.4 Avira AntiVir（小红伞）杀毒软件

Avira AntiVir（小红伞）是一套由德国的Avira公司所开发的杀毒软件。Avira 除了商业版本外，还有免费的个人版本。它的接口并不华丽，也没有要噱头而无用的多余项目，是一款最知名的免费杀毒软件，其用户超过七千万。它改变了许多人"免费杀毒软件就一定比较差"的观念，在系统扫描、即时防护、自动更新等方面，其表现都不输给知名的付费杀毒软件，甚至比部分商业杀毒软件还要好，因此成为许多用户挑选杀毒软件的首选。图7.3.4为Avira AntiVir软件的主界面。

图7.3.4　Avira AntiVir杀毒软件

第八章 计算机一般维护

8.1 计算机的使用环境

计算机的使用环境是指计算机在使用过程中对各类物理环境的相关要求。在日常使用中，计算机对工作环境没有特殊要求，如果要求计算机能更稳定、更高效地工作，就需要为其提供良好的工作环境，一般应满足以下基本要求。

温度：计算机的最佳工作温度是15～30℃，在保证适当温度的前提下，还应该将计算机安置在通风较好的环境中。

湿度：计算机的最佳工作湿度是30%～80%。其中，相对湿度不应超过80%，较高的湿度环境容易导致计算机内的元器件受潮而变质，甚至发生短路导致机器损坏及线路故障；相对湿度不应低于30%，较低的湿度环境容易产生静电干扰，误导计算机发出错误的动作指令。

洁净：计算机长时间工作，容易产生大量热量及静电。为了加快散热，机箱不可以密封；同时，静电的存在会使内部部件吸附较多灰尘，为了避免灰尘的覆盖而导致内部线路的短路或断路，应保持计算机房的洁净。

静电：静电的存在会导致计算机部件失灵，严重情况下可能击穿主板或其他元器件，造成计算机硬件损坏。适当提高周围环境的湿度、带上防静电手套或预先接触一下别的金属物均可以防止产生静电。

干扰：在计算机的附近应避免干扰。计算机在工作状态下，应尽量避免附近有强电设备的相关操作。

电压：一是要确定电压的稳定；二是要保证能在计算机工作的时候不间断供电。电压不稳会使磁盘驱动器运行不稳定，导致读写数据错误，也会对显示器、打印机等各类外接设备的工作产生影响。可以通过使用交流稳压电源获得稳定的电压，配备不间断供电电源（UPS），争取短暂的时间让使用者及时处理工作并保存数据，正常关闭计算机，避免突然断电对计算机软硬件产生影响。

在计算机的日常使用过程中，应注意以上关于使用环境的注意事项，此外，还应该避免长期闲置不用和频繁开关计算机。

8.2　计算机系统故障的起因

8.2.1　硬件故障的起因

硬件故障，简称硬故障。该类故障一般是因为计算机硬件使用不当或硬件遭到物理损坏而造成。例如，主机箱无法供电、主机箱喇叭鸣响、显示器不能显示、显示器提示出错信息且无法启动系统等。

8.2.1.1　"真"故障

"真"故障是指各类板卡、外设等出现电气故障或机械故障，属于硬件物理损坏。该故障会导致发生故障的板卡或外设功能丧失，甚至导致整机瘫痪，如不及时排除，还可能导致相关部件的损坏。主要起因有外界环境不良，操作不当，硬件自然老化，产品质量问题。

8.2.1.2　"假"故障

"假"故障是指计算机主机部件和外设均完好无损，但计算机无法正常运行或部分功能丧失。该故障一般与硬件安装、硬件设置不当或外界环境等因素有关。主要起因有长时间自然形成的接触不良，BIOS设置错误，负荷过大，电源的功率不足，CPU超频使用等。

8.2.2　软件故障的起因

软件故障，简称软故障。这类故障一般是因为计算机软件安装不当或相关设置不正确造成。例如，软件无法打开、卡死以及系统无法启动等。

8.2.2.1　软件与系统不兼容

计算机运行环境配置与软件安装版本不兼容，出现计算机无法运行、系统死机、某些文件被改动或丢失等状况。解决此类故障，应该将不兼容的相关软件卸载并用合适版本替换。

8.2.2.2　软件相互冲突

两种或多种软件的运行环境、存取区域、工作地址等发生冲突，造成系统混乱、文件丢失。解决此类故障，应该查找发生冲突的软件，更换合适版本，在必要的情况下卸载相关软件。

8.2.2.3　操作不当

操作不当是指误删文件或非法关机等不正确操作，造成计算机相关程序无法正常运行，甚至造成计算机无法启动。修复此类故障应该将被删除或破坏的文件恢复，若系统文件无法修复，需要考虑系统还原或是安装新的系统。

8.2.2.4　计算机感染病毒

感染病毒会导致计算机运行速度慢、死机、系统文件丢失甚至无法启动等。解决此类故障，首先应该利用各类杀毒软件进行杀毒，然后将被破坏的文件恢复，并保证与之相连的设备没有被病毒感染，建议安装网络杀毒软件。

8.2.2.5 系统配置（参数）不正确

系统配置错误是指因为修改了操作系统的设置参数，导致计算机系统不能正常运行。解决此类故障，只需将修改过的系统参数还原即可。

8.3 计算机系统故障的维护

经研究表明，计算机故障基本上都是由于误操作、病毒感染、设置不当等原因引起的。在无法确定硬件是否为"真"故障之前，请勿盲目将计算机拆卸维修或送返商家检修。因为计算机的软件、硬件故障并没有明确的界限，部分硬件故障都是因为软件使用不当引起的，而很多软件故障也是因为硬件无法正常工作导致的。因此，在实际处理故障时应该做到全面分析。

计算机硬件故障处理分为板卡级故障维修和芯片级故障维修两个层次。板卡级故障维修是指查找出有故障的板卡，利用同型号板卡进行替换，以排除计算机系统的硬件故障。这种维修方式的重点在于故障板卡的定位，然后更换就可以解决问题。芯片级故障维修是指查找出具体发生故障的芯片和电子元件在板卡上的位置，然后更新该元器件。这种维修方法一般能节省维修费用，但要求配备完善的检测设备，具有相关专业知识和维修经验。一般不提倡用户自己进行芯片级故障维修。

计算机软件故障处理分为应用软件故障处理和系统软件故障处理两个层次。应用软件是指用户自己安装的用于工作、学习及娱乐等相关软件，一般该类软件故障的处理方法是将出现故障的软件卸载，安装最近更新的版本或者官方建议安装的较稳定的版本。系统软件故障一般是指操作系统文件丢失、系统引导故障等导致计算机无法正常启动，此时，应该将系统还原到较近的还原点或者重新安装操作系统。

8.3.1 计算机系统故障诊断

计算机系统故障诊断的方法主要有四种。

1．设备替换法

设备替换是维修中最为常用的一种方法。通常使用该方法，是为了排除设备是否损坏，在此过程中，应使用具有同样功能（同一型号）的设备进行替换。若替换后故障排除，则说明该设备出现故障。此方法较为简单，通常能迅速查找出故障所在的设备。设备替换法特别适用于两台型号及配置相同的计算机，假如其中一台出现故障，只需要将功能相同的板卡相互交换位置，如果此故障转移到没有问题的计算机上，就可以判断该交换板卡出现故障。

设备替换法不仅适用于部件级别硬件，如硬盘、电源、显示器及打印机等，也适用于板卡级，如声卡、网卡、显卡等，甚至适用于芯片级，如内存条、CPU及BIOS芯片等。

2．程序诊断法

使用诊断程序来定位故障的方法有以下三种。

（1）ROM BIOS的上电自检程序POST。

POST程序固化在ROM中，计算机启动时，POST程序依次对CPU及其基本的数据通道、内存RAM和I/O接口各功能模块进行自检，自检不通过，就会输出错误信息和报警声等提示，提示用户故障所在设备。

（2）计算机高级诊断程序DIAGNOSTICS。

通过系统启动盘进入系统，使用高级诊断程序对计算机进行检查，通过诊断程序的出错代码定位故障设备和故障性质。

（3）利用系统诊断和维护的工具软件。

这类软件包含QAPLUS、NORTON等，依据诊断结果基本可以定位硬件的故障部位。

3．直接观察法

通常情况下，硬件故障会有提示信息或者出现对应警报声。计算机接通电源启动时，系统会在BIOS芯片控制下执行自检和初始化。如果计算机因故障无法正常启动时，加电自检程序会通过计算机扬声器发出警报声。警报声对应的含义及处理方式如表8.3.1所示。

表 8.3.1　警报声对应的含义及处理方式

警报声	含义	处理方式
1短	系统正常启动	
2短	内存ECC校验错误	应进入BIOS设置，将ECC校验关闭
1长1短	内存或主板故障	应（拔插）更换内存条或更换主板
1长2短	显卡错误	应检查显卡插槽接触
1长3短	键盘控制器错误	应（拔插）更换键盘
连续长响	内存条未插紧或损坏	应（拔插）更换内存条
重复短响	电源故障	应更换电源
高频率长响	CPU过热警告	应检查CPU风扇

4．测量法

利用万用表测电阻功能检测电路板的通路、断路及短路情况，也可以用测电压功能测量元器件的静态工作电压，从而分析元器件故障的原因。

8.3.2　计算机系统故障排除

8.3.2.1　CPU故障及其排除

1．CPU常见故障

（1）计算机接通电源后，电源灯亮，无其他反应。

（2）系统可以进入BIOS界面，屏幕正常显示，却无法正常进入系统。

（3）计算机正常启动，但是在操作过程中，运行不稳定。

2．排除故障的流程

检查CPU散热片和风扇能否正常工作→CPU引脚有无弯曲、锈蚀→CPU与底座是否接触良好。

8.3.2.2　主板故障及其排除

1．主板常见故障

（1）能正常开机，出现卡机现象。

（2）开机报错。

（3）接通电源，无任何反应。

2．排除故障的流程

利用工具修复驱动、查杀病毒→检查CMOS参数设置，重置不正确参数值→利用CMOS警报声，判断故障设备→使用测量法定位故障部件。

8.3.2.3　内存故障及其排除

1．内存常见故障

（1）计算机接通电源后，电源灯亮，无其他反应。

（2）启动过程中死机（有时可以通过BIOS自检，但表现不稳定）。

（3）系统启动时，出现蓝屏。

（4）运行软件时，提示内存不足。

2．排除故障的流程

检查内存条与主板的兼容性→检查内存在BIOS中的参数设置→拔插内存，保证内存与主板接触良好→检查内存大小是否满足系统资源需求。

8.3.2.4　硬盘故障及其排除

1．硬盘常见故障

（1）计算机加电后找不到硬盘。

（2）系统盘无法引导操作系统。

（3）文件或数据丢失。

（4）计算机工作时，系统经常死机或自动重启。

2．排除故障的流程

检查硬盘电源线、硬盘与主板连接数据线→利用BIOS自检、设置硬盘启动→利用工具修复引导、驱动，重装系统→磁道或者芯片组是否损坏。

第九章　微信应用

9.1　微信简介

微信是腾讯公司于2011年1月21日推出的一个为智能终端提供即时通信服务的免费应用程序，由张小龙所带领的腾讯广州研发中心产品团队打造。微信支持跨通信运营商、跨操作系统平台，通过网络快速发送免费的（需消耗网络流量）语音短信、视频、图片和文字，同时，也可以使用通过共享流媒体内容的资料和基于位置的社交插件"摇一摇""漂流瓶""朋友圈""公众平台"等。

微信具备以下基本功能。

1．聊天

微信聊天支持发送语音短信、视频、图片（包括表情）和文字，还支持多人群聊。

2．添加好友

微信添加好友的方式包括查找微信号、查看QQ好友、查看手机通讯录、分享微信号、"摇一摇"、二维码查找和"漂流瓶"等。

3．微信小程序

2017年4月17日，微信小程序推出"长按识别二维码进入小程序"的功能。经腾讯科技测试，该功能在iOS以及Android系统均可使用，如果无法正常打开，请将微信更新至最新版本。

4．微信支付

微信支付向用户提供安全、快捷、高效的支付服务，以绑定银行卡的快捷支付为基础。微信支持的支付场景包括微信公众平台支付、App（第三方应用商城）支付、二维码扫码支付等。用户可以通过手机快速完成支付流程。

5．微信公众平台

微信公众平台主要包括实时交流、消息发送和素材管理等功能。用户可以对公众账户的粉丝进行分组管理、实时交流，同时也可以使用高级功能（编辑模式和开发模式）对用户信息进行自动回复。

6．其他功能

其他功能包括朋友圈、语音提醒、通讯录安全助手、QQ邮箱提醒、私信助手、"漂流瓶"、查看附近的人、语音记事本、微信"摇一摇"、群发助手、流量查询、游戏中心、账号保护等。

9.2　微信的基本操作

9.2.1　账号注册

微信推荐使用手机号注册，并支持100余个国家的手机号。微信不可以通过QQ号直接登录注册或者通过邮箱账号注册。第一次使用QQ号登录时，是登录不了的，只能用手机注册绑定QQ号才能登录。注册账号时微信会要求设置微信号和昵称。微信号是用户在微信中的唯一识别号，有特定的命名规则，注册成功后，只能按规定修改。昵称是微信号的别名，允许多次更改。

9.2.2　密码找回

1．通过手机号找回

用手机注册或已绑定手机号的微信账号，可用手机找回密码，在微信软件登录页面点击【忘记密码】→通过手机号找回密码→输入注册的手机号，系统会下发一条短信验证码至手机，打开手机短信中的地址链接（也可在电脑端打开），输入验证码重设密码即可。

2．通过邮箱找回

通过邮箱注册或绑定邮箱、已验证邮箱的微信账号，可用邮箱找回密码，在微信软件登录页面点击【忘记密码】→通过Email找回密码→填写绑定的邮箱地址，系统会下发重设密码邮件至注册邮箱，点击邮件的网页链接地址，根据提示重设密码即可。

3．通过注册QQ号找回

用QQ号注册的微信，微信密码同QQ密码是相同的，在微信软件登录页面点击【忘记密码】→通过QQ号找回密码→根据提示找回密码即可，也可以进入QQ安全中心找回QQ密码。

9.2.3　二维码扫描

用户可以通过微信二维码扫描微信账户以添加好友，方法是点击【扫一扫】，并将二维码图案置于取景框内，微信会识别好友的二维码。微信推出网页版后，在网页版中，不再使用传统的用户名和密码登录，而是使用手机扫描二维码的方式登录。

9.2.4 企业邮箱绑定

企业成员登录邮箱后，选择【设置】→【提醒服务】→【微信提醒】，点击【绑定微信】。页面会显示一个二维码，此时打开微信，使用【扫一扫】功能扫描此二维码。扫描成功后，微信会提示【确认绑定企业邮箱？】，点击【确认】即可完成绑定。

9.3 微信公众平台

9.3.1 微信公众平台的基本概念

微信公众平台，简称公众号，曾命名为官号平台、媒体平台、微信公众号，最终命名为微信公众平台。用户可以利用微信公众平台进行自媒体活动，即进行一对多的媒体性行为活动，如商家通过申请公众微信服务号并进行二次开发，以此展示其微官网、微会员、微推送、微支付、微活动、微报名、微分享、微名片等，目前已经形成了一种主流的线上线下微信互动营销方式。

微信公众平台的账号目前分为订阅号、服务号、小程序和企业微信四种类型。各类型账号的功能如下。

9.3.1.1 订阅号

订阅号为企业、组织、个人提供了一种新的信息传播方式，让其与用户能进行更好的沟通。主要功能是通过微信向用户传达资讯，并与用户进行交流互动。订阅号（认证用户、非认证用户）一天内可群发一条消息。

9.3.1.2 服务号

服务号能为企业和组织提供更强大的业务服务与用户管理，帮助企业快速实现全新的公众号服务平台，主要偏向服务类交互，提供绑定信息、服务交互等服务。服务号一个月（按自然月）内可发送四条群发消息。

9.3.1.3 小程序

小程序提供了一种新的开放能力，开发者可以快速地开发一个小程序。用户可以在微信内便捷地获取和传播小程序，同时拥有出色的使用体验。小程序提供了一个简单、高效的应用开发框架和丰富的组件及API，帮助开发者在微信中开发具有原生App体验的服务。

9.3.1.4 企业微信

企业微信，其前身是企业号，是企业的专业办公管理工具。企业微信具有与微信一致的沟通体验功能，能提供丰富免费的办公应用，并与微信消息、小程序、微信支付等互通，以助力企业高效办公和管理。图9.3.1为微信公众平台四种账号的图示。

A. 订阅号　　　　　　B. 服务号　　　　　　C. 企业微信　　　　　　D. 小程序

图9.3.1　微信公众平台的四种账号类型

9.3.2　个人微信号与微信公众平台的区别

个人微信号与微信公众平台有以下区别。

9.3.2.1　使用的定位不同

个人微信目前主要用于对话互动，比传统短信更方便，通过短语音即可交流。同时通过个人微信，可以看到朋友发的近况和其他信息。而微信公众平台则更加倾向于商业用途，在这个平台上，用户主要出于个人品牌推广、企业品牌宣传等目的。

9.3.2.2　社交圈不同

个人微信主要用于个人的人际社交，通过手机号或QQ号就可以实现相互加好友，然后可以进行文字、语音和视频的交流，包括一对一、多对多的交流。微信公众平台则是包括个人关系圈在内更大的社交圈，通过微信公众平台关注你的人你可能不认识。

9.3.2.3　应用介质不同

个人微信主要在手机端使用，而微信公众平台则是在PC端使用，也可以通过在微信公众平台上面绑定个人微信号，在手机上通过向微信公众助手发送信息，间接发给微信公众平台的用户。

9.3.2.4　功能不同

个人微信登录的时候会同时自动地导入手机通讯录，系统会给你推荐你的通讯录当中开通了微信的人，这就建立了初步的通讯录和朋友圈，知道朋友的微信号以后，则可以通过里面的查找添加来加好友。在朋友圈中可以看到大家发布的最近信息，也可以通过微信的"摇一摇"和"查找附近的人"来寻找陌生人。而这些个人微信功能在微信公众平台里是没有的。

微信公众平台提供三项最基本的功能。

一是当粉丝关注你，你可以对其进行分类，进行用户管理，如何分类由你自己决定。

二是提供智能回复和图文回复等其他功能，图文编辑后能让传送的信息更丰富。

三是提供信息群发功能，这个功能是目前微信公众平台用得最多的，节约了很多用短信或其他方式群发的成本，而且内容要丰富得多。

9.3.2.5　关注方式不同

个人微信可以互相关注，而微信公众平台需要让别人关注，不能添加别人。当有超过一定数量的人关注时，在微信公众平台上面，相应的微信公众平台才可以通过相应关键词被搜索到。

9.3.2.6　推广方式不同

由于功能的不同，个人微信和公众微信的推广方式是不一样的。个人微信的推广大部分是通过介绍，也就是口碑来达成的。另外，使用"摇一摇"和"查找附近的人"这两个功能来拓展一些本地的客户，也是目前很多个人微信拓展客户的一种手段。

而推广公众微信，功夫是在微信之外的，即需要利用手里的资源进行推广，包括线上和线下的。

9.3.3　微信公众平台操作基础

9.3.3.1　注册

如果用户之前未开通微信公众平台账号，需要在微信公众平台先注册账号。具体步骤如下。

（1）打开微信公众平台官网（https://mp.weixin.qq.com），点击【立即注册】。

（2）在【注册】页面的四种账号类型中选择一种账号类型，此处以【订阅号】为例。

（3）在【基本信息】页面中，填入邮箱账号，然后点击【激活邮箱】，激活邮箱后输入邮箱验证码，设置密码，并确认密码，勾选【我同意并遵守《微信公众平台服务协议》】，点击【注册】。

（4）在【选择类型】页面选择企业注册地，默认【中国大陆】，点击【确定】，如图9.3.2所示。

注册

请选择注册的帐号类型

订阅号
具有信息发布与传播的能力
适合个人及媒体注册

服务号
具有用户管理与提供业务服务的能力
适合企业及组织注册

小程序
具有出色的体验，可以被便捷地获取与传播
适合有服务内容的企业和组织注册

企业微信
原企业号
具有实现企业内部沟通与协同管理的能力
适合企业客户注册

A

1 基本信息 —— 2 选择类型 —— 3 信息登记 —— 4 公众号信息

每个邮箱仅能申请一种帐号 ②

邮箱　　　■■■■■@126.com　　　　激活邮箱
作为登录帐号，请填写未被微信公众平台注册，未
被微信开放平台注册，未被个人微信号绑定的邮箱

邮箱验证码　■■■■
激活邮箱后将收到验证邮件，请回填邮件中的6位验
证码

密码　　　●●●●●●●●●●●●●●●
字母、数字或者英文符号，最短8位，区分大小写

确认密码　　●●●●●●●●●●●●●●●
请再次输入密码

☑ 我同意并遵守《微信公众平台服务协议》

1 基本信息 —— 2 选择类型 —— 3 信息登记 —— 4 公众号信息

请选择企业
注册地，暂
只支持以下
国家和地区
企业类型申
请帐号

中国大陆　　▼

确定

B

图9.3.2　注册账号基本信息

（5）选择账号类型，此处选择【订阅号】，点击【选择并继续】。

（6）进入【用户信息登记】页面，在【主体类型】中选择【个人】，在【主体信息登记】栏中输入身份证姓名和身份证号码，通过手机扫描二维码完成管理员身份验证，在【管理员信息登记】栏中输入管理员手机号码，点击【发送验证码】，在【短信验证码】文本框中输入手机收到的验证码，点击【继续】，如图9.3.3。

A

B

图9.3.3　注册账号信息登记

（7）完成以上步骤后，在【公众号信息】页面即可看到成功注册的订阅号的账号信息。

9.3.3.2 登录

完成注册后，即可在微信公众平台官网输入邮箱和密码完成登录，如图9.3.4所示。

图9.3.4 账号登录

9.3.3.3 群发功能

微信公众平台群发消息的人数没有限制，但只能群发给粉丝，不支持群发给非订阅用户。目前支持群发的内容包括文字、语音、图片、视频、图文消息。

上传至素材管理中的图片、语音可多次群发，没有有效期。群发图文消息的标题上限为64个字节。群发内容为文字的字数上限为600个字符或600个汉字。群发语音限制：最大5 M，最长60 min，支持mp3、wma、wav、amr格式。群发视频限制：最大20 M，支持rm、rmvb、wmv、avi、mpg、mpeg、mp4格式（上传视频后为了便于粉丝通过手机查看，系统会自动进行压缩）。

公众平台群发方法：登录微信公众平台，进入账号首页，在【最近编辑】栏中点击

【新建群发】，进入【新建群发】页面，根据需要填写文字、语音、图片、视频、录音等内容后，选择群发对象、性别、群发地区，点击【群发】即可，如图9.3.5所示。

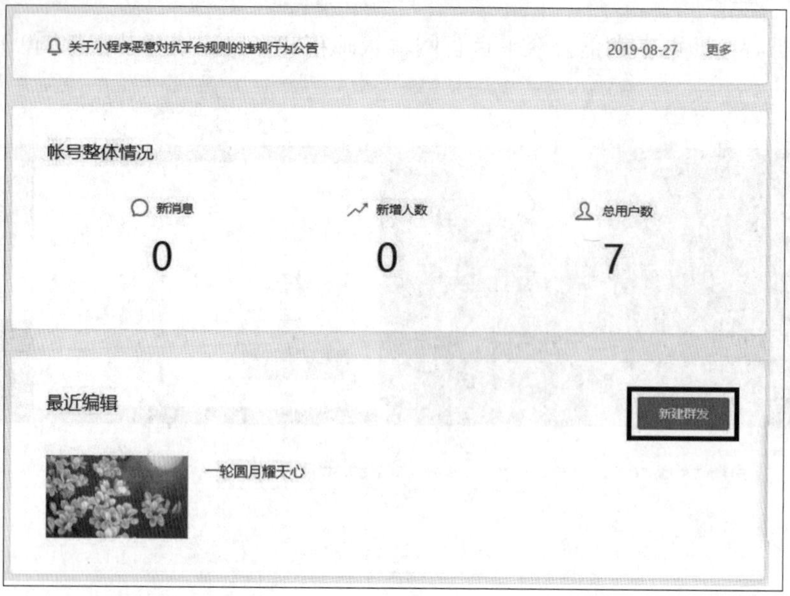

A

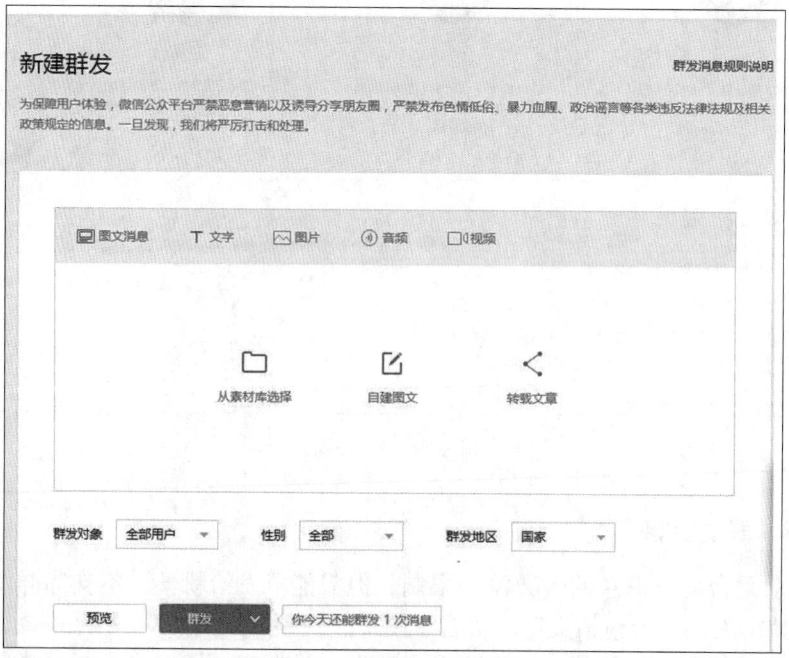

B

图9.3.5 群发功能

在【图文消息】编辑栏中，用户可以选择新建图文消息，里面有自建图文和分享图文。还可以在素材库中选择，这项功能要求用户在群发这个消息之前，先将内容在【素材管理】页面中编辑好，然后再点击【从素材库选择】选取相应的素材。

以下通过建立一个典型的图文消息，来介绍自建图文的过程，操作方法如下。

（1）在【新建群发】页面中点击【自建图文】，打开【自建图文】页面。

（2）页面左侧是图文列表，显示的是目前编辑的图文所使用的封面和标题。如果是单篇图文消息，可以直接在右侧编辑标题、作者以及正文。如果要编辑多篇图文消息，可点击左侧加号，出现一个添加图文消息，就可以直接编辑了。

（3）在编辑栏中输入文字并插入图片，在【封面和摘要】中选择相应的图片上传作为封面，并输入文字作为摘要。上传图片时，微信会调整和压缩图片素材以适应手机阅读。微信公众平台发送图文消息的图片有默认的尺寸。

（4）用户可自行选择是否进行原创声明。

（5）在【原文链接】栏中，可输入需要链接的网址，如图9.3.6所示。

图9.3.6　自建图文

（6）点击【保存并群发】，即可在【新建群发】页面中看到该图文消息，点击【群发】即可发布，如图9.3.7所示。

图9.3.7 群发消息

9.3.3.4 自动回复功能

登录微信公众平台，在左侧【功能】菜单中选择【自动回复】选项，右侧页面会自动转到【被关注回复】页面，如图9.3.8所示。微信公众平台的自动回复包括关键词回复、收到消息回复和被关注回复三种类型。

图9.3.8 【被关注回复】界面

（1）关键词回复。

当用户发的消息中包含关键词，系统会自动回复事先编辑好的消息内容。

（2）收到消息回复。

只要用户给你发消息，系统就会自动给该用户回复你事先编辑的自动回复的消息。

（3）被关注回复。

先编辑好被关注时自动回复的内容，当用户关注你的时候，系统会将此内容自动回复给关注你的用户。

总之，关键词回复是当用户发送的消息中包含关键词时，事先编辑好的回复消息才会被发送；自动回复是只要用户发送消息，回复就会被发送；被关注回复是当用户关注该公众号时，回复就会被发送。

下面以"关键词回复"为例，说明关键词自动回复的流程。选择【关键词回复】，在【规则名称】文本框中输入"Excel"，在【关键词】下拉菜单中选择【全匹配】，添加关键词"Excel"，在【回复内容】栏中输入"Excel源文件的下载链接是：https://www.baidu.com"，【回复方式】勾选【回复全部】，点击【保存】，回到【自动回复】页面，即可看到添加成功的关键词回复，如图9.3.9所示。

当用户向公众号发送的消息中包含"Excel"关键词时，系统即自动回复"Excel源文件的下载链接是：https://www.baidu.com"，如图9.3.10所示。

图9.3.9　关键词回复　　　　　图9.3.10　用户手机端的公众号自动回复界面

317

9.3.3.5　自定义菜单

微信公众账号可以在会话界面底部设置自定义菜单，菜单项可按需设定，并可为其设置响应动作。用户可以通过点击菜单项，收到已设定的响应，如收取消息、跳转链接。

（1）开通方法。

进入微信公众平台→【功能】→【自定义菜单】→开启，即可开启自定义菜单。

（2）设置方法。

进入微信公众平台→【功能】→【自定义菜单】→点击"+"添加子菜单→设置动作→【保存并发布】，如图9.3.11所示。

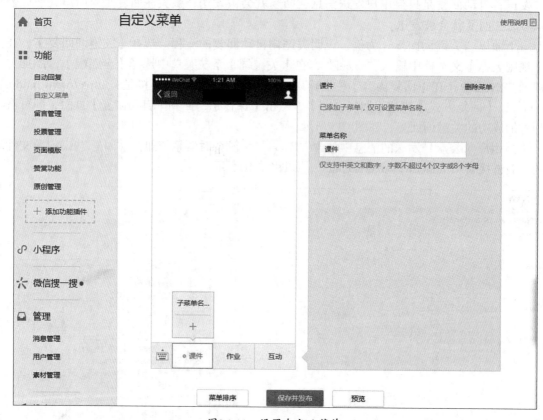

图9.3.11　设置自定义菜单

有以下四点需注意。

（1）最多创建3个一级菜单，一级菜单名称名字不多于4个汉字或8个字母；每个一级菜单下的子菜单最多可创建5个，子菜单名称名字不多于8个汉字或16个字母；在子菜单下可设置动作。

（2）发送信息：可发送信息类型包括文字、图片、语音、视频和图文消息等。但未认证的订阅号暂时不支持发送文字类型信息。

（3）跳转到网页：所有公众账号均可在自定义菜单中直接选择素材库中的图文消息作为跳转到网页的对象。认证订阅号和服务号还可直接输入网址。

（4）编辑中的菜单不会马上被用户看到，点击发布后，会在24小时后在手机端同步显示，关注的用户不会收到更新提示，若多次编辑，以最后一次保存为准。

9.3.3.6　实时消息

微信公众平台的实时消息来自添加你的微信账号的用户通过手机端或网页端发过来的反馈提示。有的用户喜欢用文字反馈，也有一些用户倾向于用语音和图片交流。快速回复不得超过140字，一对一回复则可以输入600字。微信目前只保留有限天数的实时消息，重要消息需自行复制保留。

登录微信公众平台，进入账号后台，可以看到在【管理】菜单栏下的【消息管理】选项，点击进入即可看到用户留下的消息。在用户回复的消息记录里，可以看到用户的各条消息，如果用户比较重要，或者消息比较重要，即可进行【标记星标】，便于查看和找到该成员。

9.3.3.7　用户管理

对于所有关注你微信公众账号的用户，微信公众平台都有一个统一的管理页面对其进行管理，该页面可通过点击【管理】菜单栏下的【用户管理】选项打开。点击【新建标签】可以对用户进行分组，也可编辑标签的名称，编辑完成后，在【全部用户】栏下可看到添加的标签组。对于每个用户，其名称下面有个三角标签，点开后会看到有几个标签组，为其选择一个组，即可将该用户添加到该组，同时该用户名称下方将显示对应标签组，如图9.3.12所示。

图9.3.12　用户管理

9.3.4　微信公众平台二次开发

9.3.4.1　二次开发能够实现的功能

微信公众平台自带很多功能，但难以满足所有企业的特定化的需求，所以企业需要通过微信公众平台二次开发来实现更多功能需求，使得其能够更好地为企业所用。企业利用微信公众平台进行二次开发可以实现以下功能。

（1）自定义底部功能菜单。

利用微信服务号自定义菜单管理功能，用户无须再通过输入关键词触发回复，直接点击菜单就可以看到相关的内容，同时可以定制个性化功能、使用HTML5新技术进行无限拓展，帮助企业打造最便捷、易推广的微信内置App。

（2）企业微官网。

企业微官网主要是将企业信息、服务、产品、活动等内容通过微信网页的形式展现给用户，用户可以通过微信关注企业微信公共账号，查看公司的企业动态、产品信息等。

（3）会员卡系统。

会员卡系统能让企业在微信内植入会员卡，建立集品牌推广、会员管理、营销活动、统计报表于一体的微信会员管理平台。企业不但省去了制卡成本，而且管理企业方便简洁。同时会员也可以实时查看该企业的最新动态，并通过微信推广给更多的会员。

（4）优惠抽奖。

通过限时大促销、免费抢购、秒杀等各类优惠活动，全面调动用户的购物热情。

（5）微信机器人。

提供方便、快捷、24小时的全天候服务，包括功能查询、信息咨询、问答等场景。在大多数情况下，微信机器人都能面向用户自动回复，无须人工解答。

（6）微餐饮。

微餐饮能提供活动推送、在线下单、通过微信平台展示具有餐饮行业特色的微网站等服务，具体包含会员卡体系、线上订餐系统、线上支付系统、优惠活动展示、折扣信息、抽奖、刮刮乐等功能。

（7）微商城。

微商城主要是指微信在线购物平台，是国内首款基于移动互联网的商城应用服务产品，以时下最热门的互动应用微信为媒介，配合微信支付功能，实现商家与客户的在线互动，即时推送最新商品信息给微信用户，是集在线订购、会员系统、在线支付、优惠活动、团购、抽奖等功能于一体的现代化移动商城。

（8）一键功能。

提供一键拨号、一键导航、一键连接WiFi等功能，使用户真正享受一键功能带来的方便与快捷。

（9）慕课教育平台。

在线课程这种基于现代技术的教学模式为传统的教学模式带来了新的活力和可能性，并推动了教学观念的转变和教学方式的不断提升，提高了学习质量和效率。

9.3.4.2　二次开发的关键技术

微信公众平台二次开发关键技术主要是开发环境的搭建，在搭建的开发环境上利用PHP（JAVA）、HTTP、XML、MYSQL和HTML5等技术来实现。

（1）开发环境的搭建。

首先到AppServ官网上下载AppServ软件，该软件包括AppServ HTTP服务器软件、网页设计语言PHP、数据库管理软件MySQL和图形界面的数据库管理软件。因此，AppServ是HTTP服务的开发环境之一。解压并打开下载的AppServ文件夹，在里面找到Setup.exe安装可执行文件，选择好安装的路径，点击【下一步】，在弹出的对话框里选择要安装的组件，因为是搭建开发环境，建议把四个组件都全部勾选上，单击【下一步】，在弹出的对话框里，设置好服务的地址、电子邮箱、端口号等信息。最后配置MySQL服务器的管理员账号root和密码，开发环境搭建完成，并勾选启动Apache和MySQL。

（2）PHP。

PHP是一种创建动态交互站点的通用开源脚本语言，它吸收了Perl、C和Java语言的特点，创建了自己灵活独特的语法特点。PHP与Apache服务器一起使用，最大的优势就是能方便快捷地处理HTTP的请求，同时对MySQL的支持也比较完美，本身就有很好的访问扩展库。

（3）HTTP。

HTTP是超文本传输协议，一般来说，当微信（腾讯）的后台向其开发的公众平台服务器发送消息的时候，就要使用超文本传输协议。在我们搭建的开发环境中，其实在PHP使用HTTP的服务器端时，Apache就已经为我们公众平台的服务器解析了协议，并以全局变量$_SET和$HTTP_RAW_POST_DATA把GET数据和POST变量值写入其中，收取微信后台传给公众平台的数据。

（4）XML。

XML是一种可扩展的标记语言，当微信后台给公众平台发来信息时，是一个没有属性的字段简称条目，条目的值可以是数字和字符串，该条目可以是一条或多条，条目可以进行嵌套。为此，PHP为我们提供了一个简单的函数来解析XML，该函数首先会解析XML字符串，当解析成功时就会返回一个SimpleXMLElement的对象，解析失败的话就返回False。

（5）MYSQL。

MYSQL是开源的关系型数据库，和SQL Server类似，支持SQL语句的查询和数据的存储，使用方便、移植性强。PHP 通常采用ext/MySqli、PDO_MySql、ext/MySql等连接方式访问MYSQL的封装。

（6）HTML5。

HTML5其实是HTML4更高级别的版本，这并不是一种全新的技术，它包含CSS3和相关的JavaScript，通过这套技术，可以在不同的浏览器上实现复杂的应用，这也是微信公众平台二次开发所急需的关键技术。

基于庞大的用户基础，微信公众平台的应用场景越来越广泛，做好二次开发意义重大。

其一，可促进从传统PC端网站平台向移动端信息平台的转变。政府、企业等组织开发移动端独立App，需要付出不菲的开发费用，并会面临维护和推广的困难，微信公众平台的二次开发解决了此类困难，成为未来各行业开发移动端应用的主流形式。

其二，可为政府、企业等组织打造推广便捷、高效的应用信息平台。由于微信普及率极高，用户扫码即可实现信息平台的接入服务。而用户在其朋友圈的推广，相对而言大大节省了推广费用。

其三，可为企业提供众多电商领域的创新应用，如基于微信公众平台二次开发的网上商城（功能可实现与独立App完全一致）、基于LBS位置服务开发的生活娱乐类平台、客户系统设计、移动支付、餐厅在线点餐及预约系统等。

参考文献

［1］陈焕东，林加论，宋春晖. 大学计算机基础：Windows 7+Office 2010［M］. 北京：高等教育出版社，2017.

［2］本书编委会. Excel 2013办公应用从入门到精通［M］. 2版. 北京：北京大学出版社，2016.

［3］九州书源. Excel 2013电子表格处理［M］. 北京：清华大学出版社，2015.

［4］Excel Home. Excel 2016应用大全［M］. 北京：北京大学出版社，2018.

［5］李姝博，王闻. Office 2010办公软件实用教程［M］. 北京：清华大学出版社，2017.

［6］萧秋水，秋叶语录，油杀臭干. 微信控　控微信［M］. 北京：人民邮电出版社，2013.

［7］付永刚. 计算机信息安全技术［M］. 2版. 北京：清华大学出版社，2017.

［8］毛碧波，孙玉芳. 角色访问控制［J］. 计算机科学，2003（1）：121-123，89.

［9］陈文惠. 防火墙系统策略配置研究［D］. 合肥：中国科学技术大学，2007.

［10］张鹏. 浅谈计算机访问控制技术［J］. 科技信息（学术研究），2008（9）：554，556.

［11］魏佳. 基于PKI的数字证书应用研究［D］. 成都：四川大学，2008.

［12］王维. 数字证书验证系统的设计与实现［D］. 武汉：华中科技大学，2008.

［13］雷万云，等. 信息安全保卫战：企业信息安全建设策略与实践［M］. 北京：清华大学出版社，2013.

［14］周为民. 计算机组装和维护操作教程［M］. 西安：西北工业大学出版社，2008.

［15］成昊. 新概念计算机组装与维护教程（升级版）［M］. 长春：吉林电子出版社，2008.

［16］彭钢，等. 电脑故障排除靠自己［M］. 北京：机械工业出版社，2003.

［17］龚让声，李素桂，林敏. 微信公众平台二次开发关键技术［J］. 电子技术与软件工程，2018（3）：46-47.

［18］郭鹏飞，王刚，韩美伶. 基于微信公众平台二次开发的创新应用研究［J］. 青岛职业技术学院学报，2018，31（2）：76-81.